河南省高校哲学社会科学优秀学者项目(编号:2017-YXXZ-07)
河南省高校科技创新人才支持计划(人文社科类)(编号:2017-cx-001)

专利多重共现分析方法及应用

ZHUANLI DUOCHONG GONGXIAN FENXI FANGFA JI YINGYONG

温芳芳 著

中国社会科学出版社

图书在版编目(CIP)数据

专利多重共现分析方法及应用/温芳芳著. —北京：中国社会科学出版社，2018.12

ISBN 978-7-5203-3860-8

Ⅰ.①专… Ⅱ.①温… Ⅲ.①专利—分析方法—研究 Ⅳ.①G306.0

中国版本图书馆 CIP 数据核字(2018)第 296230 号

出版人	赵剑英
责任编辑	田 文
责任校对	张爱华
责任印制	王 超
出 版	中国社会科学出版社
社 址	北京鼓楼西大街甲 158 号
邮 编	100720
网 址	http://www.csspw.cn
发行部	010-84083685
门市部	010-84029450
经 销	新华书店及其他书店
印 刷	北京君升印刷有限公司
装 订	廊坊市广阳区广增装订厂
版 次	2018 年 12 月第 1 版
印 次	2018 年 12 月第 1 次印刷
开 本	710×1000 1/16
印 张	19
插 页	2
字 数	274 千字
定 价	79.00 元

凡购买中国社会科学出版社图书，如有质量问题请与本社营销中心联系调换
电话：010-84083683
版权所有 侵权必究

前　言

科学中的新发现与技术上的新发明层出不穷，新一轮的科技革命和产业革命即将启动，放眼世界，各个国家和地区都在积蓄变革的能量。人类从事技术创新的热情空前高涨，随之而来的是创新成果的不断涌现与持续累积，其中，以专利的形式对创新成果进行保护成为各国普遍的做法。如果将技术创新看作是新技术或新产品从理论设想到研发设计、再到开发应用的连续过程，专利文献无疑是整个技术创新过程的完整记录。目前，全世界范围内已有的专利文献数量已经突破 5000 万件，且每年新增专利 100 多万件，全球约有 80% 的技术信息出现在专利文献中并且常常不会在其他成果中再现。

海量的专利文献为技术创新问题研究提供了重要的数据支撑，专利文献包含了大量的技术细节，具有内容具体、格式规范、可靠性高、易于计量等诸多优良属性，允许我们对技术创新的活动和规律，以及技术创新过程中所包含的各类创新主体和各种创新要素进行定量化的考察和分析。专利文献包含发明人、专利权人、许可人、被许可人、分类号、引文等诸多类型的特征项，围绕专利所开展的合作、引证、耦合等现象，本质上都是共现，分别从不同的角度反映专利文献所包含的知识单元之间的共现关系，其中蕴含的特征和规律都可以通过共现分析的方法进行计量研究。所以，文献计量学中常见的合作（合著）研究、共词分析、引文分析、耦合分析等，从根本上来说都是共现分析。

在科学计量学、文献计量学、专利计量学等领域，共现分析是一种比较成熟的计量方法，其应用领域非常广泛。尽管如此，以往国内外计量学家所开展的相关研究大多是一重共现分析，仅从单一维度出发考察文献的某一类特征项，能够揭示的信息毕竟有限。同一类特征项的共现关系具有同质性，文献所包含的不同类型的特征项之间存在着千丝万缕的关联性，一重共现分析方法仅关注于某一类特征项，只适合于对同质性的共现关系进行分析，揭示维度有限，且无法反映特征项之间的交叉共现关系，不同特征项之间的交叉关联和复杂关系需要通过多重共现分析的方法才能实现。

鉴于以上情况，本书将专利计量、多重共现分析、多模异质网络、社会网络分析及可视化等多个方面的理念和方法结合起来，提出"专利多重共现分析"的研究设想。以专利文献所包含的专利权人、专利分类号和专利引文等三种重要的专利特征项为例，基于专利文献所包含的合作、引文、共类、隶属等多种关系构建具有多模、异质特性的专利多重共现关系网络，对多种特征项和共现关系及其交叉关联进行集中展示和综合分析，以期能够全面系统、生动直观地描述技术创新现状，探寻技术创新活动中的模式与规律，揭示技术创新主体之间的复杂关系。相关的研究成果不仅能够丰富多重共现分析的理论和方法体系，而且可以被应用于科学研究、科研管理、商业经营等领域，为改善创新环境、优化资源配置、揭示创新规律、把握技术前沿、寻找合作伙伴、获取竞争情报等活动提供参考信息和决策依据。

本书共包含七章内容：

第一章"绪论"系统阐述了选题背景与研究意义，对相关研究主题的国内外研究进展进行了梳理和归纳，指出了创新之处，并简要说明了本书的研究思路，以及采用的主要方法和工具。

第二章"理论基础"，对基本概念进行了解释和界定，对相关的基础理论进行了一定的总结和提炼，分别阐释了本书的三个研究视角。理论部分的研究，旨在为随后开展的方法研究和实证研究提供理论依据。

第三章"多重共现分析的基本原理"，分析了共现分析的方法论基础，提出了面向专利数据的大共现分析思想，对专利文献所包含的主要特征项的属性特征及其计量意义进行了分析和说明，以专利权人、专利分类号、专利引文等三类特征项为例，列举了以上三类特征项能够生成的共现关系的类型及特征。

第四章"多重共现分析的方法研究"，首先对计量学领域已有的共现分析方法进行归类整理和分析比较，寻找各种共现分析方法的共性和个性特征，在此基础之上，进行多重共现分析方法的设计，提出以多个标准化矩阵进行合并的方式构建多重共现关系网络的思路和方法，以及将不同类型的共现关系进行归类整理和矩阵加总的方式，将多种特征项和多重共现关系整合在同一网络矩阵中进行综合计量和集中展示。

第五章"实证研究Ⅰ专利多重共现网络分析"，从DII专利数据库中获取样本数据，围绕专利权人（AE）、专利分类号（DC）和专利引文（CP）等三个特征项，分别构建AE-DC多重共现关系网络和AE-DC-CP多重共现关系网络，并对其进行社会网络分析和可视化展示。通过多重共现网络与一重共现网络的比较，检验了多重共现分析方法的可行性与有效性。

第六章"实证研究Ⅱ专利权人多重共现关系研究"对样本专利权人之间结成的合作关系网络、耦合关系网络、引文关系网络分别进行计量分析和可视化展示，然后生成多重引文关系网络，对几种类型的网络进行多个方面的比较分析。实证研究的结果表明，与传统的一重共现分析相比，多重共现分析将多种类型的特征项和共现关系集于一体，从而能够对其进行综合分析和集中展示，在分析维度的多样性、包含内容的丰富性等方面具有一定的优越性，尤其擅长揭示不同类型特征项之间的交叉关联性和间接潜在的关系。

第七章"专利多重共现分析在技术创新网络中的应用"以入选"2017世界500强企业名单"的汽车企业为例，从德温特专利数据库获取样本数据，采用多重共现分析方法构建样本企业的专利技术创新网络，并对其进行社会网络分析和可视化展示，定量地描述了全球主要汽车企业的技术创新现状，对专利背后折射出的全球汽车行业的市场格局和竞争态势进行多维度、综合性的计量分析和直观展示，对这些汽车企业在专利技术创新网络中的特征和表现进行综合分析，重点关注入选世界500强榜单的6家国内汽车企业的技术创新情况，并将其与国外企业的专利表现进行比较，旨在发现我国汽车产业和企业在专利技术创新方面所面临的主要问题，为其未来发展提供一定的参考和启示。

本书涉及理论、方法、实证、应用等多个方面的内容，从多个层次和角度对专利多重共现分析问题进行较为系统全面的阐释和分析。面向情报学、计量学等相关专业的师生，广大从事科技创新工作和科技管理工作的人员，以及对专利计量问题感兴趣的社会大众，读者群体较为广泛。

本书是作者近年来主要研究成果的总结与提炼，在撰写过程中参考和借鉴了大量的中外文资料，由于篇幅所限或工作疏忽，个别文献及作者未能一一列出，在此一并表示感谢。本书在写作和出版过程中得到了一些同行专家学者的指导和帮助，在此向所有对本书付出辛勤劳动的单位和个人表示诚挚的谢意。

海量的专利文献背后蕴藏着丰富的情报信息，专利多重共现分析是一片前景广阔而又亟待开发的未知领域，本书只是一次初级的探索和尝试，抛砖引玉，以期唤起更多的专家同行对这一新兴研究领域的关注和发掘。由于研究资源和条件所限，加之作者的学识和水平有限，对部分问题的研究还不够深入，书中不免存在错漏和不妥之处，恳请广大读者批评指正，以便在后续研究中或再版时予以纠正和完善。

目 录

第一章 绪论 ··· (1)
  一 选题背景与研究意义 ························· (1)
    （一）选题背景 ······························· (1)
    （二）研究意义 ······························ (10)
  二 国内外研究综述 ····························· (14)
    （一）国外研究综述 ·························· (14)
    （二）国内研究综述 ·························· (20)
    （三）国内外研究述评 ························ (29)
  三 创新之处 ···································· (32)
  四 研究思路 ···································· (32)
  五 研究方法及工具 ····························· (35)

第二章 理论基础 ··································· (36)
  一 基本概念 ···································· (36)
    （一）专利与专利文献 ························ (36)
    （二）专利计量 ······························ (38)
    （三）共现分析 ······························ (41)
    （四）多重共现分析 ·························· (43)
    （五）专利共现网络 ·························· (48)
    （六）技术创新 ······························ (49)
  二 相关理论 ···································· (51)
    （一）社会网络理论 ·························· (51)

（二）知识结构理论 ································ (52)
　　（三）技术创新理论 ································ (54)

第三章　多重共现分析的基本原理 ···················· (57)
　一　共现分析的方法论基础 ···························· (58)
　　（一）社会学的群体理论 ···························· (58)
　　（二）心理学的邻近联系法则 ························ (60)
　　（三）语言学的语义关联 ···························· (61)
　　（四）数学的图论 ·································· (62)
　　（五）创新方法论 ·································· (64)
　二　面向专利文献的大共现分析思想 ···················· (66)
　　（一）专利计量观的嬗变：从一维到多维 ·············· (66)
　　（二）多重共现分析是专利计量的必然趋势 ············ (68)
　　（三）多维信息计量分析的方法依据 ·················· (70)
　三　专利文献的特征项及其计量意义 ···················· (78)
　　（一）专利权人 ···································· (79)
　　（二）专利分类号 ·································· (82)
　　（三）专利引文 ···································· (85)
　四　专利文献特征项的多重共现关系 ···················· (88)
　　（一）专利文献常见特征项之间的关联性分析 ·········· (88)
　　（二）专利权人—分类号—引文三类特征项之间的
　　　　　共现关系 ···································· (89)
　　（三）专利权人—分类号—引文三类特征项的多重
　　　　　共现关系 ···································· (100)

第四章　多重共现分析的方法研究 ···················· (105)
　一　传统共现分析方法的归类 ························ (105)
　　（一）合著分析方法 ······························ (106)
　　（二）共类分析方法 ······························ (116)
　　（三）耦合分析方法 ······························ (122)

（四）引文分析方法 …………………………………… (126)
　二　多重共现分析方法的设计 ………………………………… (133)
　　（一）基础网络的生成 …………………………………… (134)
　　（二）基础网络的标准化 ………………………………… (145)
　　（三）多重共现网络的构建 ……………………………… (148)
　　（四）多重共现关系的合并 ……………………………… (154)

第五章　实证研究 I
　　　　——专利多重共现网络分析 ……………………… (157)
　一　样本数据 ………………………………………………… (157)
　　（一）样本数据的来源 …………………………………… (157)
　　（二）样本数据的检索 …………………………………… (159)
　　（三）样本数据的整理 …………………………………… (160)
　二　AE‑DC 多重共现网络分析 ……………………………… (164)
　　（一）AE‑AE 合作关系网络 …………………………… (164)
　　（二）DC‑DC 共类关系网络 …………………………… (171)
　　（三）AE‑DC 隶属关系网络 …………………………… (176)
　　（四）AE‑DC 多重共现关系网络 ……………………… (179)
　　（五）小结与讨论 ………………………………………… (184)
　三　AE‑DC‑CP 多重共现网络分析 ………………………… (190)
　　（一）CP‑CP 引文关系网络 …………………………… (191)
　　（二）AE‑CP 共现关系网络 …………………………… (198)
　　（三）DC‑CP 共现关系网络 …………………………… (201)
　　（四）AE‑DC‑CP 多重共现关系网络 ………………… (205)
　　（五）小结与讨论 ………………………………………… (208)

第六章　实证研究 II
　　　　——专利权人多重共现关系研究 ………………… (213)
　一　专利权人耦合关系网络 ………………………………… (213)
　　（一）专利权人（分类号）耦合关系研究 …………… (213)

（二）专利权人（引文）耦合关系研究 ………… (218)
　二　专利权人引文关系网络 …………………………… (222)
　　（一）专利权人引证关系网络 …………………… (222)
　　（二）专利权人互引关系网络 …………………… (228)
　　（三）专利权人同被引关系网络 ………………… (230)
　三　专利权人多重引文关系网络 ……………………… (234)
　　（一）多重引文关系网络的可视化分析 ………… (234)
　　（二）多重引文关系网络的因子分析 …………… (239)
　四　几种共现关系网络的比较 ………………………… (242)
　　（一）网络 QAP 相关性分析 …………………… (243)
　　（二）网络 SNA 属性特征比较 ………………… (246)
　　（三）节点中心性指标比较 ……………………… (247)
　　（四）可视化效果比较 …………………………… (250)
　五　小结与讨论 ………………………………………… (251)
　　（一）现实的合作关系与潜在的合作关系 ……… (251)
　　（二）多重引文关系网络的分析效果 …………… (252)
　　（三）合作网络、分类号耦合网络与引文网络的
　　　　　比较 …………………………………………… (253)

第七章　专利多重共现分析在技术创新网络中的应用 ……… (255)
　一　样本企业主要专利指标和经济指标的比较 ……… (255)
　二　基于 AE – DC 多重共现关系网络的竞争态势研究 … (258)
　　（一）AE – DC 多重共现关系网络分析 ………… (258)
　　（二）专利权人现实合作关系的分析 …………… (263)
　三　基于专利分类号耦合关系网络的技术相似性研究 …… (266)
　　（一）专利分类号耦合关系网络分析 …………… (266)
　　（二）基于因子分析的技术派系研究 …………… (268)
　四　基于专利家族的企业全球专利布局研究 ………… (271)
　　（一）专利家族空间分布情况的计量分析 ……… (272)
　　（二）专利家族主要规模指标的统计分析 ……… (273)

（三）专利家族共现关系网络可视化分析 …………（276）
五　基于引文关系网络的技术扩散研究 ……………（280）
　　（一）专利权人自引率和他引率的比较分析 ………（280）
　　（二）专利权人引文关系网络的可视化分析 ………（282）
六　研究结论与启示 …………………………………（284）
　　（一）专利合作在揭示技术创新问题时的局限 ……（285）
　　（二）专利分类号耦合分析的双重功效 ……………（286）
　　（三）技术创新网络是混合型网络 …………………（287）
　　（四）中国汽车企业面临的专利问题 ………………（288）

第一章 绪论

一 选题背景与研究意义

习近平同志多次强调：科技创新是提高社会生产力和综合国力的战略支撑，必须摆在国家发展全局的核心位置；即将出现的新一轮科技革命和产业变革与我国加快转变经济发展方式形成历史性交汇，为我们实施创新驱动型发展战略提供了难得的重大机遇①。对技术创新的理解和把握，不能仅限于一个科技概念，也不能局限于一般意义上的科学发现和发明，而应该准确把握其作为新的经济发展观的核心内涵和定位。

（一）选题背景

1. 创新是引领发展的第一动力

改革开放 40 年间，我国社会经济飞速发展，经济平均增速 9.7%，财政收入较之改革开放初期增长百余倍②，经济总量仅次于美国，居世界第二位，主要经济指标在全球范围内名列前茅。与此同时，必须清醒认识到，我国经济发展大而不强、快而不优、全而不精的问题依然没有得到根本扭转。创新驱动力不足是其重要原因。长期以来我国经济增长沿袭传统的粗放式增长模式，主要依靠资源消耗和人口红利来维持较长时期的高速增长态势。但是，进入

---

① 中共中央文献研究室：《习近平关于科技创新论述摘编》，中央文献出版社 2016 年版。

② 林念修：《创新是引领发展的第一动力》，《行政管理改革》2015 年第 10 期。

21世纪以后，粗放式经济增长模式的弊端逐渐暴露，对经济发展的推动力显著下降，此发展模式已难以为继。美国知名经济学家Michael Porter调研和分析了全球范围内几十个国家和地区的竞争优势以及各国经济增长的驱动力，认为创新驱动型才是推动经济增长的最佳状态和最优路径。

创新驱动是一个国家和地区走向现代化的必由之路，对于身处经济转型关键时期的中国而言，创新驱动无疑是当前及未来发展的必然选择。世界上主要发达国家的发展历程表明，唯有遵循经济发展规律，顺应技术发展大势，主动识变、积极应变、勇于求变，才能顺利实现经济社会发展方式向创新驱动的转型。当前，新时期、新形势、新任务对我国科技创新工作提出了新要求，创新驱动发展战略亟待在更宽领域、更多层次、更深程度上贯彻实施。科技创新与经济社会发展的关系将更加紧密，创新主体、形式、方式将更加多元化，建立健全顺应科技创新形势、符合科技创新规律、满足科技创新需求的创新体制机制的任务更加紧迫。对于广大的科技创新工作者来说，创新驱动战略既是机遇也是挑战，需要全面深刻地认识和把握新时期科学技术发展的特征和规律，探索更为科学有效的科技创新模式和方法。

2. 我国专利事业蓬勃发展

近年来，我国科技创新事业取得了显著的成就，统计数据显示，2014年我国R&D支出达13400亿元，其中企业支出占76%以上；国际科技论文发表量稳居世界第2位，被引次数攀升至第4位；拥有有效发明专利66.3万件，每万人口发明专利拥有量4.9件；全国技术合同成交额8577亿元；高技术产业主营收入达13万亿元；科技进步对经济增长的贡献率提升至54%[①]。在一些传统和新兴科技领域，我国充分发挥后发优势，综合运用各种有利因素，逐渐从"跟跑者"变为"同行者"，并敢为人先地进行多种多样的

---

① 万钢：《"十二五"以来特别是党的十八大以来我国科技创新能力建设的辉煌成就》，《中国青年报》2015年10月16日第3版。

原始创新，不断发起向科技创新"领跑者"的冲锋，奠定了我国科技大国的地位。然而，我们也认识到，世界和中国始终处在联动、同步发展过程中，与传统发达国家和科技强国相比，我国科技创新基础不牢、水平层次不高的局面尚未得到根本改变，特别是在一些核心领域和关键环节，我们与发达国家的差距不是在缩小，而是在拉大，这一点需要引起足够的重视，并采取新的思路和举措加以解决。

专利是科技创新的主要产出形式，是科研成果的重要载体，并且经法定程序授予，通常被视为表征科技创新水平和实力的关键指标[①]。目前全球范围公认的创新型国家约 20 个，这些国家在科技创新方面表现出一些共性特征：科技贡献率保持在 70% 以上，研发投入在 GDP 中所占比重超过 2%，技术对外依存度低于 30%，持有的三方专利数量也具有显著的领先优势。与欧美日等国相比，我国专利事业起步虽晚，但发展速度惊人，在短短的几十年间，专利申请量和授权量跃居世界前列。但是，我们必须清醒地认识到体量大未必说明实力强，规模大而非实力强，数量多而非质量高，我国专利事业蓬勃发展背后也蕴含着一些不容忽视的危机和隐患。

问题 1：专利申请量与有效专利持有量不均衡。

2015 年底，世界知识产权组织发布的《世界知识产权指标》显示，2014 年全球专利申请总量约 270 万件，授权专利数量约 118 万件，自 2011 年始，中国的年度专利申请量已连续 5 年排名世界第一。报告还公布了各国专利申请、授权和有效专利持有情况，我们从中选取中国、美国、日本以及其他国家的相关统计数据进行比较，如图 1-1 所示。

我国专利申请量世界第一，在全球专利总量中的比重超过 1/3，但是，我国有效专利持有量却明显落后于美国和日本，美国有效专利持有量世界第一，总量是中国的两倍有余。通过以上两组数据的

---

① 栾春娟：《专利文献计量分析与专利发展模式研究——以数字信息传输技术为例》，大连理工大学，2008 年，第 1 页。

比较可知，我国专利申请量很大，但是美国和日本在有效专利持有数量方面更有优势。导致该现象产生的原因主要来自两个方面：一是我国专利授权率较低；二是我国专利寿命较短。

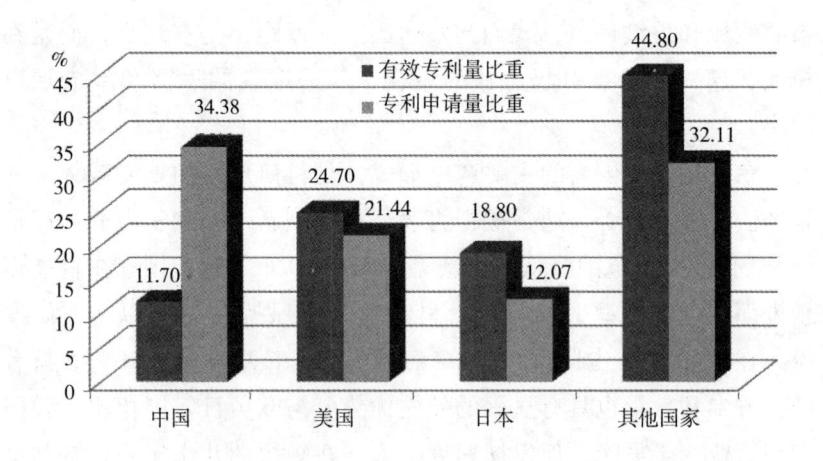

图 1-1　各国有效专利量与专利申请量占全球专利总量比重的比较

据统计，在过去的十几年间，我国发明专利授权率均值为 23.14%；外国创新人员此数据为 44.28%；美国和日本的专利平均授权率分别为 36.4% 和 45.3%[①]。我国各类创新主体具有较高的专利申请积极性，相比之下授权率却较低，历年来审查不合格的专利数量占总受理量的比重普遍高达 70%—80%。高申请量低授权率导致研发资源的巨大浪费，也使得大量的技术信息向全世界无偿公开，未能获得授权的专利信息中也可能蕴含着一些有价值的创新成果，这些技术信息的流失无疑是我国创新资源的极大浪费。

国家知识产权局对国内外失效专利的寿命年限的统计数据表明，国内发明专利、实用新型专利、外观设计专利的平均寿命分别为 4.8 年、3.9 年和 3.4 年，国外三种专利的平均寿命分别为 8.2

---

① 汤旭翔、张君飞、邹阳洋：《我国发明专利申请现状及提高授权率对策研究》，《科学管理研究》2014 年第 32 期。

年、5.3年和6.8年；国外三种类型专利中达到法定最长年限的数量分别占其总量的2.6%、18.2%和29.7%，而国内三种类型专利的相应数据分别为0.6%、5.4%和2.3%，分别相差为2%、12.8%和27.4%。以上几组数据对比表明，国内专利的平均寿命明显低于国外。

问题2：专利成果应用转化率偏低

我国专利申请量全球第一，持有的有效专利数量全球第三，但是质量、转化率、竞争力和影响力却比较落后。我国的专利情况是"丰产"不"丰收"，虽然专利申请量已经跃居世界第一，但是通过专利所获得的收益却非常低[①]。大量的专利成果束之高阁，其中绝大部分尚未到专利保护期结束就已经提前失效，前期大量的研发投入付之东流。中外知识产权网（2014年更名为汇桔网）的CEO在接受专访时曾表示："中国知识产权市场转化率最多只有3%，甚至更低。"[②] 另据教育部的统计资料显示，我国高校的专利转化率普遍低于5%。世界银行数据资料显示，我国专利技术应用商品化率不足20%。而2012年美国商务部发布的报告显示，知识产权密集型产业对美国经济的贡献占GDP比重约为34.8%；欧洲此数据为40%；而中国尚不足27%。

来自各方面的统计数据的背后，有一个共同的问题指向，我国专利的应用率和转化率较低，科技成果对经济增长的拉动力不足，我国专利申请数量持续增长，但是绝大多数都未付诸实施，未能转化为现实的生产力，这个问题成为我国专利事业的"阿喀琉斯之踵"。知识产权的转化通常分为三种模式，即产业化、商品化、证券化或金融化，只有转化了的科学技术才能创造财富和价值，才能有益于国家和社会，成为现实生产力或者推动生产力发展。因此，习近平总书记提出的"创新驱动力"，强调了科技创新的应用性特征，以专利为代表的科技创新成果只有通过应用和转化，才能真正

---

① 王瑜：《从高校角度谈科研机构与企业合作》，《中国科技产业》2011年第1期。
② 黄宙辉：《中国知识产权转化率仅3%》，《羊城晚报》2013年11月14日第A21版。

为经济发展和社会进步提供不竭的动力。

3. 专利计量学研究兴起

科学计量学是以探索科学活动规律性为目的的一门科学学分支学科，基本的研究方法和原理是通过数学方法和计算机辅助技术进行定量分析。客观性和科学性是该学科的显著特征，科学的研究方法、客观的研究结论，既能够为深化科学发展内在规律的认识提供有力支撑，又能够为科技管理工作和科技政策完善等活动提供参考信息和决策依据。近半个世纪以来，科学计量学呈现出良好的发展势头，其理论体系和方法体系不断丰富和完善，涌现出一批科学有效的理论、方法和工具，被广泛地应用于专利计量领域，为专利计量学的发展奠定了坚实的基础。

知识经济时代，全世界范围内科技创新活动日益活跃，各个国家和地区对于知识产权问题的关注程度不断提高。全球专利产出急剧增长，需要对其进行定量化分析，专利计量研究随之兴起。随着部分科学计量学领域的学者纷纷涉足专利计量研究领域，科学计量学的理论、方法和工具被广泛地引入专利计量学，专利计量成为科学计量学的一个重要分支。专利计量学的诞生和发展，使得我们能够采用科学有效的方法、模型和工具对专利文献所呈现出的各种规律和特征进行计量分析，进而考察和评估一个国家或企业的技术实力和创新能力，追踪和预测一个行业或一项技术的发展与变迁。

专利计量对应的英文译文为"patent bibliometrics"或者"patentometrics"，既表明专利计量与传统的文献计量学（bibliometrics）的深厚渊源，又指出了专利计量的对象是专利而非其他类型的文献。自20世纪90年代以来，专利计量研究升温，相关研究成果大量涌现，专利计量随着情报信息工作与科学技术管理工作的融合应运而生，其理论体系和方法体系不断丰富和完善，其研究视角、方法和工具越来越新颖和独特。

专利是一类比较特殊的科技创新成果，兼具技术、经济、法律三重属性，美国汤姆森公司曾指出："专利文献为科学研究、技术发展和商业经营提供了珍贵的数据支撑，约80%的可得技术信息包含在专利文献当中,并且很难在其他地方再现。"因此,专利计量学具有更为广阔的应用前景和经济效益,这一点是传统的文献计量学所无法比拟的[①]。企业借助于专利计量分析,可以探寻技术路线、监测竞争环境、揭示竞争态势、找出竞争对手和合作伙伴,其研究成果不仅能够为科技战略规划、科技政策制定等活动提供指引和依据,而且是企业获取商业情报的重要来源。近年来专利计量学成为一个热门的研究领域,研究主题不断丰富,研究成果大量涌现,其中,专利计量方法的研究可谓是重中之重,可以预见专利计量方法的研究在今后一段时期仍将是专利计量学的焦点。

4. 社会网络分析及可视化的广泛应用

过去较长时期内,社会科学研究领域开展的实证研究和定量分析基本上都以属性数据为样本,惯用的研究方法是抽样调查。事实上,任何个体都不可能孤立存在,无论是个人还是机构都处在一定的社会环境当中,个体之间存在着千丝万缕的关联,其行为必定受到其他个体及其所处群体的影响和制约。传统的抽样调查只关注特定个体的属性特征,而忽视个体之间的关系,这种把个体从其所在的社会情境中剥离出来的研究方法,受到了一定的批判和质疑,国外有学者将其形象地比喻为社会科学研究的"绞肉机"。

社会网络分析方法的出现,是对传统的抽样调查方法的有效补充,它关注于关系以及身处于关系网络中的个体。社会网络分析的研究对象为关系数据,完全不同于常规数理统计方法单纯以属性数据为研究对象的情况,社会网络分析着重从"关系"的视角出发,通过对社会现象的表征,探寻其背后的社会结构,进而发现在既定的社会结构中,在外界的影响下,个体可能会采取的态度和行为。社会网络分析在研究具有复杂关系的社会问题时具有显著的优越性和不可替代性,从而成为管理学、经济学、社会学、传播学、图书情报学等多个学科共用的热门研究方法,其科学性和有效性已经获

[①] 乐思诗、叶鹰:《专利计量学的研究现状与发展态势》,《图书与情报》2009年第6期。

得了多个学科领域学者的广泛认可。社会网络分析着眼于对上述社会结构进行量化分析，它突破了工具性的范畴，具备了基于关系论的思维性，成为一种思维方式。

社会网络分析的对象是关系数据，个体的属性特征、个体之间的关系及强度都可以借助于数字加以表达，形成社会网络矩阵。矩阵所包含的大量数据信息难以通过肉眼观察直接解读，而需要以更加直观的形式加以呈现，以知识图谱形式生动直观地展示网络关系和网络结构，所以，社会网络分析与可视化实现了完美的融合，目前，已经出现了多种较为成熟的社会网络分析和可视化工具，如Ucinet、Pajek、Netdraw、Citespace、VOSviewer等。图书情报学和科学计量学领域的学者普遍采用这些方法和工具开展合作、引文、耦合、共现、链接等方面的计量研究，全方位、多角度地展示科学研究与技术创新的现象和规律。社会网络分析及可视化方法和工具同样被引入专利计量领域，主要集中于以专利为载体的合作、引文、共类、技术转移等方面。与其他的专利计量方法相比，社会网络分析不仅提供了一种新的研究视角，而且有助于揭示出更深层次的关系、结构和规律。

5. 大数据时代带来的大变革

在《第三次浪潮》一书中，未来学家Alvin Toffler将"大数据"（Big Data）热情地赞颂为"第三次浪潮的华彩乐章"。大数据时代已经来临，大数据的应用能够给人类的生产生活带来新的巨大变化，大数据作为基本数据资源的属性被弱化，而被视为一座数据宝藏，对数据宝藏的深入挖掘和有效提炼，才能彰显出大数据的核心价值。一言以蔽之，"深加工"成为大数据实现价值"增值"的关键步骤和核心环节。与传统的统计分析手段相比，大数据分析更加强调数据的科学处理与价值开采，相关的分析工具在灵活性、高效性、实时性、可视性等方面的优势更加突出。

全球范围内技术创新活动日益活跃，加之各个国家和地区对于知识产权的高度关注，导致专利数量急剧增长。专利在其生命周期的各个阶段，包括申请、审查、授权、转让、失效等，均会产生一系列的相关信息，且能够通过专利数据库予以完整地收录，并在二次加工整理之后提供专利信息的检索服务。例如，含有技术细节的专利说明书、专利法律状态信息、引文信息和专利文献的题录信息等，这些信息的数量随着全世界专利申请量和授权量的增长而不断累积，其中包含着大量能够反映创新机构和人员活动轨迹，以及创新活动状态和规律的有价值信息。因此，无论从规模来看，还是从内容来看，海量的专利信息已经成为名副其实的大数据，借助于现代化的数据存储和数据挖掘技术，能够对其进行有效的分析和利用。

专利分析与大数据的结合，或许可以帮助分析人员解决长久以来困扰我们的时滞性难题，使得分析结果对未来的认知更准确、更及时。专利大数据的分析，能够帮助企业找到合适的技术路线，预测隐性的经营风险，指引未来发展目标。此外，通过可视化技术，专利分析结论更加形象具体，有利于分析人员深度解读数据信息，进而催生新的认识。同时，倘若专利分析向企业生产经营链上游拓展，则有可能实现对产业发展趋势和走向的精准判断，大数据的理念、方法和工具的应用和拓展，使得专利分析能够融入企业运营决策全过程，专利数据在企业竞争情报、产业预测分析、科技创新管理等领域的应用前景十分广阔。

事实上，大数据的兴起对于专利分析来说，不仅仅带来了一系列的机遇，更意味着挑战和变革。

一是数据的变革。数据源将一改以往的范式，呈现出离散化、多元化的特征，数据的存在状态不再是单一的结构化形式，而是较多地以半结构化或非结构化的形式存在，数据的处理方式呈现分布式特征，数据更新将在更短的时间内、以更高的频率进行，时效性特征更显著，当然最明显的是数据规模巨大且快速增长。

二是方法与工具的变革。数据的分析处理过程必须要依托计算机技术来实现，大数据时代的专利分析将体现出更加显著的自动化、智能化、实时化、可视化特征。为了使数据分析结果更生动灵活，更具决策力和洞察力，大数据分析对于新方法和新工具的依赖程度更大,当然提出的要求也更高。

三是应用领域的变革。大数据使得传统的数据应用领域进一步向广度和深度扩展,专利数据分析将面向用户需求,与企业、政府、高校等各类机构的决策和管理活动更加紧密地结合起来。

四是理念的变革。大数据时代,专利分析的理念将发生颠覆性的转变。大数据关注的焦点不是因果关系,而是相关关系。换言之,我们只需知道"是什么",而无须关心"为什么"。

五是计量方式的变革。大数据使得计量分析从以往的"局部抽样"向"全面考察"和"系统追踪"转化,专利分析工作也将从"盲人摸象"式的"拣着测、挑着存、采着样处理",逐步向"庖丁解牛"式的"全样本、多维度、动态实时化处理"方向发展①。

(二) 研究意义

本书提出面向专利文献的多重共现分析方法,在实证研究部分以目前比较热门的太阳能汽车技术领域为例,在应用研究部分以入选"2017 年度世界 500 强榜单"的汽车企业为例,从德温特专利文献数据库中下载样本数据,基于专利文献所包含的多个特征项的属性特征及其交叉关联性,构建多重共现网络,将合作研究、引文分析、耦合分析、共类分析等多种常见的共现分析方法整合起来,直观展示该技术领域的全貌,定量考察该领域技术创新的现状、模式和规律,全面描述全球主要汽车企业的技术创新现状,并对专利背后折射出的市场格局和竞争态势进行多维度、综合性的计量分析。相关的计量结果和研究发现,不仅能够丰富和完善专利计量学的理论体系和方法体系,而且可以被应用于科学研究、科研管理、商业经营等多个领域。

1. 为科技工作者提供参考信息

专利文献是十大情报源之一,是广大科技工作者常用的参考文

---

① 邓鹏:《大数据时代专利分析服务的机遇与挑战》,《中国发明与专利》2014 年第 2 期。

献，尤其是对于工程技术人员来说，专利文献更具参考价值。但是，科技工作者对于专利文献的关注往往囿于专利文献所包含的技术细节信息，专利文献对于科技工作者的参考价值主要表现为：启发科技工作者的创造性思维、为新的发明创新提供支撑、判定发明创造的新颖性和独特性。实际上，专利文献包含的情报价值不止如此，能够被广大科技工作者加以利用的有效信息绝不仅限于发明创造的技术细节。

通过对某一技术领域一定规模的专利文献的计量分析，尤其是借助于多重共现分析，对于广大的科技工作者来说，不仅能够看到局部，而且学科全貌一览无余。通过关键词或专利分类号的频次统计及共现关系的计量，使得科技工作者能够了解各自所从事的技术领域的技术热点、研究前沿和发展趋势，用于指导自己的选题和研究。通过发明人或专利权人之间合作、耦合、引文关系的计量分析，有助于科技工作者寻找潜在的合作伙伴和竞争对手。总之，围绕专利文献所开展的多重共现分析，使得广大科技工作者的技术创新活动更具针对性和目的性，这一点对于提升专利的授权率和转化率来说非常重要，特别是对于目前正处于"高申请量、低授权率、低转化率"困境中的中国科技工作者来说，显得更为紧迫和必要。

2. 为科研管理部门提供决策依据

近年来，我国的科技创新活动日益活跃，参与主体数量大、种类多、分布广，科技创新投入大幅增加，科技产出数量快速增加。但是，科技创新工作中的矛盾和问题也随之显现。以专利事业为例，目前在"质量与数量""规模与效益""科技效益与经济效益"等多个方面存在着较为严重的矛盾与冲突，并且不同程度地存在着资源配置不均衡、评价体系不合理、政策支持不到位、引导作用不突出等问题。科技创新事业的迅猛发展要求改进和提升科技管理工作水平，以适应科技创新事业发展的需要。科技管理部门必须彻底扭转工作方式和管理理念，降低科研管理工作的主观性和随意性，树立更为科学高效的管理新模式，当然这也要求科技管理部门的决策和行为必须依赖于翔实而准确的数据支持。

通过专利文献的计量分析，尤其是借助于多重共现关系网络，科研管理部门能够对科技创新的发展历程、现状和趋势进行更为全面系统、生动直观的认识和把握。从宏观层面，全国乃至全球的科技创新力量分布格局，几年甚至几十年间科技创新的活动轨迹和演变历程，科技产出的规模、质量、效益、数量、变化情况等均能有所反映。从微观层面，考察和了解每一个机构和个人的科技创新情况，包括科研实力、影响力、研究重点等。从数据中探寻规律、透过表象揭示本质，这是计量之于管理工作最大的价值和意义。本项目在研究过程中基于计量分析和实证研究所获得的研究发现和结论，能够为科技管理部门的管理和决策提供参考和依据，使其在制定创新政策、引导创新活动、配置创新资源、评价创新绩效等方面更为科学和客观。

3. 为企业经营管理提供行动依据

专利战略以采取专利方式在竞争中谋得主动和先机为目的，是企业发展战略的重要环节和关键部分。现代社会竞争日益激烈，对于信息的及时获取和有效分析是对企业的重大考验，专利文献是企业进行情报分析、获取商机的重要来源，且与其他情报源相比，专利文献的可靠度更高[①]。一家企业专利战略的成功与否，受制于专利信息的搜集、辨析、统筹以及专利竞争情报的精准运用，这些在某种程度上影响甚至决定着企业的盛衰。因此，专利计量在企业的技术研发、技术交易、投资项目评估、产品推广、企业并购、缔结联盟、监测竞争环境等活动中有着广泛的应用，专利分析在增强企业竞争力方面所体现出的作用和价值越来越受到产业界的关注。

专利的重要特点之一就是与产业活动紧密关联，专利的实用价值正源于此。通过专利文献的计量分析，可以追踪某个产业或某项技术的发展脉络，发掘技术演变规律，预测未来发展方向。在多重共现网络图中，每个企业在专利研发方面的情况被完整地展示出

---

① Sungjoo Lee. Business planning based on technological capabilities: Patent analysis for technology – driven roadmapping [J]. *Technology Forescasting & Social Change*, 2009 (76): 769–786.

来，与专利相关的其他情况也可以通过一定的预测和分析方法得到发掘。企业在专利产出方面的生产力和影响力如何？企业的现实和潜在合作伙伴有哪些？企业关注的主要技术主题有哪些？企业圈定的市场范围在哪里？企业的竞争对手和行业标杆是谁？某一行业或者某一国家或地区的竞争态势如何？以上信息对于企业的经营管理来说非常关键，这些信息均可以通过专利的计量分析来获得。

4. 为领域内学者提供方法支撑

共现分析是文献计量学、科学计量学、信息计量学等惯用的研究方法，以往这些学科领域中所开展的共现分析主要以一重共现分析为主。近年来，一些学者提出了多重共现分析的思想，少数学者就多重共现分析方法进行了一定的探索和尝试，但基本上都是以论文作为样本数据，未能对专利文献开展实证分析和深入探索。与此同时，专利计量领域的研究活动不断升温，专利计量学的理论体系和方法体系也在不断完善。专利计量学领域出现了一大批围绕专利文献的题录信息所开展的计量研究成果，共现分析是较为常用的计量方法，专利共现分析大多涉及合作、引文、耦合等现象及关系。但是，目前已有的相关研究成果基本上都是针对某一种特征项所开展的一重共现分析，或者对多个特征项分别进行共现分析，其本质仍然是一重共现分析。

鉴于以上情况，本书提出"面向专利数据的多重共现分析"思想，针对专利文献的特征项，剖析多重共现分析的基本原理，尝试设计多重共现分析方法，检验多重共现分析方法的科学性与可行性。最后利用专利文献构建多重共现关系网络，揭示某一技术领域的创新活动规律。研究内容同时包含理论、方法和应用三个方面，力争在理论和方法方面能够实现一定程度的创新。这些具有新颖性的思想、方法和工具，既是对专利计量学理论和方法体系的补充和完善，也对共现分析进行了一定的拓展和提升，将其由单纯的一重共现提升至多重共现，能够对更为复杂的关系进行全方位、多角度的展示和分析。本书具有一定的开拓性和探索性，获得的研究成果或许并不完善，抛砖引玉，希望能够引发同行的思考和关注，为一个新兴的研究领域积累成果,并为后续研究的开展奠定一定的基础。

二 国内外研究综述

(一)国外研究综述
1. 专利计量

全球范围内技术创新活动十分活跃,专利数量快速增长,社会各界对于专利给予了更高的关注。与此同时,依托于互联网的支撑,逐渐出现的大规模专利文献数据库实现了全球的检索服务。这些数据库收录广泛、格式规范、便于检索,部分数据库甚至提供专利题录信息的批量下载功能,从而为专利计量研究提供了较为充分的数据支撑条件。1994年,Narin[1]在《Patent Bibliometrics》一文中,利用专利数量、发明人、引文等指标,对多个国家的专利产出情况进行了多个角度的统计分析,并对专利和论文进行了比较,认为分别以专利和论文作为样本数据所获得的分析结果存在着较大程度的相似性。随后,Narin围绕专利计量问题展开了一系列的后续研究,使得专利文献的计量分析方法得以系统化和全面化。Narin的研究成果对后来从事专利计量的学者们产生了重要的启示和影响,Narin本人也被誉为专利计量学的奠基人。从20世纪90年代后期开始,专利计量研究兴起,专利计量研究成果开始大量出现,专利计量逐渐成为一门相对独立的学科领域。

对专利数量进行统计分析是早期专利计量的重要方面,其结论多用来进行企业竞争力评估或者技术发展前沿和趋势预测[2]。2000年以后,专利计量研究的重点开始从数量的统计转向专利所包含的知识单元的计量,研究视角更趋多样化、研究深度和广度都有较大

---

[1] Narin F. Patent Bibliometrics [J]. *Scientometrics*, 1994, 30 (1): 147–155.
[2] Archibugi D, Pianta M. Measuring technological through patents and innovation surveys [J]. *Technovation*, 1996, 16 (9): 451–468.

的提升①。尤其是近年来社会网络分析及可视化方法和工具引入专利计量领域以后，引发了专利计量研究的巨大变革，极大地推动了专利计量研究的发展和完善。

目前，国际范围内专利计量研究主要关注以下几个方面：一是专利数量的统计分析，将专利作为技术产出的主要表现形式，基于专利数量对一个国家、地区或企业的研发能力、经营业绩等方面进行评价②；二是专利合作研究，测度各类创新主体的合作程度，考察伴随专利合作而形成的知识交流③；三是专利引文分析，评估各类创新主体的影响力，梳理一项技术的发展脉络④；四是专利地图和技术路线图，描述一项技术的发展演变历程，探测可能出现的技术变革⑤；五是专利生命周期，判定一项技术所处的生命周期阶段，揭示其在各个生命周期阶段的特征和规律⑥；六是基于专利计量的技术预见，考察某个技术主题的热门程度，识别某一技术领域的发展前沿与趋势，预测可能出现的新兴技术，寻找更好的发展机会和方向⑦。

2. 多重共现分析

作者、引文、关键词、分类号，文献当中所包含的每一类特征

---

① Abraham BP, Moitra SD. Innovation assessment through patent analysis [J]. Technovation, 2001 (21): 245 – 252.

② Seol H, Lee S, Kim C. Identifying new business areas using patent information: ADEA and text mining approach [J]. Expert Systems with Applications, 2011, 38 (4): 2933 – 2941.

③ Christiane Goetze. An empirical enquiry into co - patent networks and their stars: The case of cardiac pacemaker technology [J]. Technovation, 2010 (30): 436 – 446.

④ Bruck Peter, Rethy Istvan, Szente Judit et al. Recognition of emerging technology trends: class - selective study of citations in the US patent citation network [J]. Scientometrics, 2016, 107 (3): 1465 – 1475.

⑤ Jeong Y, Lee K, Yoon B et al. Development of a patent roadmap through the Generative Topographic Mapping and Bass diffusion model [J]. Journal of Engineering and Technology Management, 2015 (38): 53 – 70.

⑥ Woo YD. The empirical study on determinants affecting patent life cycle: Using Korean patents renewal data [J]. The Journal of Intellectual Property, 2014, 9 (2): 79 – 108.

⑦ Lee Y, Kim SY, Song I et al. Technology opportunity identification customized to the technological capability of SMEs through two - stage patent analysis [J]. Scientometrics, 2014, 100 (1): 227 – 244.

项都具备独特的属性特征，能够从不同的角度反映问题[①]。与此同时，鉴于不同特征项之间往往存在着交叉关联的现实情况，有学者提出了多重共现的概念和方法，以期采用综合多个特征项或多种计量方法的方式去架构某一学科领域的综合性图谱，进而探求学科结构特征。Morris[②] 从论文和专利文献中提取有效信息，利用两个共现矩阵相同特征项之间的关联，发掘出交叉图和时间线技术，并把两种特征项之间的关联性展示在一张二维图中，从而利于领域专家开展技术预测。Leydesdorff[③] 在网络可视化分析中引入异质网络思想，构建了作者—关键词—期刊三重共现异质网络，在同一个网络图谱中对三种类型的特征项之间的交叉共现关系予以集中展现和分析。

Braam RR 等人[④]将共引分析与共词分析结合起来，描绘某一学科领域的研究图谱，与单纯的共引分析网络和共词分析网络相比，整合之后的网络结构更复杂，能够揭示的信息更为丰富。Aström 分别采用了关键词共现分析方法、作者共引分析方法、关键词共现—作者共引综合分析方法对图书情报学期刊论文进行计量分析和可视化展示，旨在考察该学科领域的研究现状，其中，第三种分析方法同时包含作者和关键词两类特征项、同时采用共引和共词两类共现分析方法，为典型的多重共现分析。

引文关系包含直接引用、间接引用、耦合、共引等多种类型，

---

① Lanjouw JO, Schankerman M. Patent quality and research productivity: Measuring innovation with multiple indicators [J]. *The Economic Journal*, 2004, 114 (495): 441–465.

② Yemenu D, Yong CD, Salman S, Morris S. DIVA: a visualizing system for exploring document database for technology forecasting [J]. *Computers & Industrial Engineering*, 2002 (4): 841–862.

③ Leydesdorf L. What can heterogeneity add to the scientometric map? Steps towards algorithmic historiography. [EB/OL]. [2016–01–22]. http://leydesdorff.net/mcallon/mcallon.pdf.

④ Braam RR, Moed HF, Van Raan AFJ. Mapping of science by combined co-citation and word analysis. I: Structural aspects [J]. *Journal of the American Society for Information Science*, 1991 (42): 233–266.

以往的引文分析通常是针对某一种关系进行计量分析①。学者们对引文分析的有效性提出质疑,认为任何单一类型的引文关系都不能全面准确地反映真实的引文状况。例如,Boyack KW 和 Klavans R 曾对共引、耦合、直接引用三种关系进行比较,对三种分析方法的分析效果进行检验和比较,结果发现每一种分析方法都会导致部分引文信息的丢失②。Huang MS 等人利用文献耦合分析和共引分析两种方法来弥补丢失的引文关系,更好地识别关键技术路径③。Guan CY 等人提出专利引文综合分析的思想,采用多个矩阵相乘的方式将直接引文、间接引文、耦合、共引等四种关系进行合并和过滤,构建专利引文综合网络,并以光盘技术的专利文献为例,利用该方法开展实证研究,研究结果表明该方法与传统的引文分析方法相比,在网络结构、图形特征、中心性分布、引文时滞和敏感度等方面,均具有明显的优势,能够揭示的信息也更为丰富。

Yan E 和 Ding Y ④对文献耦合网络、引文网络、共引网络、合著网络、共词网络等多种类型的共现网络进行比较,以考察几种网络之间的关联性,发现它们之间既有相似之处,但是彼此之间的区别也非常显著。Qiu JP 和 Dong K ⑤总结了四种作者共现关系网络:合著网络、作者共引网络、作者文献耦合网络、作者关键词耦合网

---

① Atallah G, Rodrı G. Indirect patent citations [J]. *Scientometrics*, 2006, 67 (3): 437-465.

② Boyack KW, Klavans R. Co-citation analysis, bibliographic coupling, and direct citation: Which citation approach represents the research front most accurately? [J]. *Journal of the American Society for Information Science and Technology*, 2010, 61 (12): 2389-2404.

③ Huang M, Chen D, Dong H. Identify technology main paths by adding missing citations using bibliographic coupling and co-citation methods in photovoltaics [C]. Proceedings of PICMET' 11, 2011.

④ Yan E, Ding Y. Scholarly network similarities: How bibliographic coupling networks, citation networks, cocitation networks, topical networks, co-authorship networks, and co-word networks relate to each other [J]. *Journal of the American Society for Information Science and Technology*, 2012, 63 (7): 1313-1326.

⑤ Qiu JP, Dong K, Yu HQ. Comparative study on structure and correlation among author co-occurrence networks in bibliometrics [J]. *Scientometrics*, 2014, 101 (2): 1345-1360.

络，以同一组样本数据为例分别构建了四种网络，并对四种网络进行直接比较和相关性分析，以揭示其相似性和相关性，研究结果表明，四种共现分析方法及其构建的共现关系网络能够揭示的维度各不相同。

3. 技术创新与技术创新网络

早在1912年，熊彼特[①]就提出了创新的概念，分析了创新在经济发展中发挥的作用，做出了经济发展是创新的结果的论断，由此开创了一种全新的经济发展理论，并相继提出了"生产要素结合""生产函数""五种创新"等一系列极具创造力的思想和论断，对后来从事创新问题研究的学者们产生了长远而深刻的影响。熊彼特提出的五种创新包括产品创新、技术创新、市场创新、资源配置创新、组织创新，技术创新是其中一种创新形式。

熊彼特创新理论提出以后，国外学者纷纷对技术创新概念进行诠释和梳理，主要形成了三种不同的理解方式：一是把技术创新等同于技术研发，将新的发明创造视为技术创新的标志；二是把技术创新等同于新技术的应用，将市场价值的实现视为技术创新的目标；三是认为技术创新同时包含技术研发和技术应用两个环节。本书认同第三种观点，认为技术创新是一个从研究到市场化的完整过程。尽管，技术创新研究出现时间较早，研究活动较为活跃，但是基本上以理论研究为主，早期实证研究的情况并不多见。其中，一个重要的原因是技术创新的过程和行为很难进行完整的记录，无法进行量化研究。

一项新的产品或技术从提出设想到最后投入市场应用，专利文献如实和详尽地记录了技术创新的完整过程。所以，专利文献的不断累积，尤其是大规模专利数据库的出现，使得技术创新的定量研究变得简单和可行[②]。在专利文献从公开到失效的完

---

① [美]约瑟夫·熊彼特：《经济发展理论》，何畏译，商务印书馆1990年版。

② Abraham BP, Moitra SD. Innovation assessment through patent analysis [J]. Technovation, 2001, 21 (4): 245–252.

整生命周期中，专利信息是完全公开的，包括技术细节信息、题录信息、引文信息、法律状态信息等。无论是技术研发活动还是技术应用活动都能够以专利为载体而进行，例如，技术研发活动可以通过专利数量及专利所包含的题录信息和引文信息进行计量，技术应用活动则可以通过专利的许可和转让信息加以计量。

专利数量的统计分析是专利计量学的一个重要研究方向，早期的相关研究大多利用专利数量指标衡量各个国家、地区、机构或个人的技术水平和生产能力。1994 年，Narin[1] 以专利数量为指标对国家科研生产力进行测度。Daim TU 等人[2]采取文献计量和专利分析方法，预测分析了即将出现的新兴技术。Albino Vito 等人[3]利用专利计量方法对低碳技术领域的创新活动进行计量分析，以便更好地认识和把握该技术领域的发展演变和发展趋势，寻找高产国家和高产机构。Dalton David M 等人[4]以专利和论文的数量及增长率指标对膝关节置换术领域的技术创新活动进行定量分析，考察和识别该领域的发展和趋势。

社会网络分析及可视化方法引入专利计量以后，打破了专利计量仅从数量角度进行计量分析的局限，为专利计量研究增加了新的维度和视角，尤其适合用于揭示技术创新活动中的关系与关联性特征。Luis Ortega Jose[5] 从微观角度构建了专利发明人之间的合作关

---

[1] Narin F. Patent bibliometrics [J]. *Scientometrics*, 1994, 30 (1): 147 – 155.

[2] Rueda G, Martin H, et al. Forecasting emerging technologies: use of bibliometrics and patent analysis [J]. *Technol Forecast Soc Change*, 2006 (73): 981.

[3] Albino V, Ardito L, Dangelico RM et al. Understanding eco – innovation evolution: A patent analysis in the field of Low – Carbon technologies [C]. 9th International Forum on Knowledge Asset Dynamics (IFKAD), Matera, ITALY, 2014.

[4] Dalton DM, Burke Thomas P, Kelly EG. Quantitative analysis of technological innovation in knee arthroplasty using patent and publication metrics to identify developments and trends [J]. *Journal of Arthroplasty*, 2016, 31 (6): 1366 – 1372.

[5] Luis O, Jose. Collaboration patterns in patent networks and their relationship with the transfer of technology: the case study of the CSIC patents [J]. *Scientometrics*, 2011, 87 (3): 657 – 666.

系网络，考察了专利合作模式，并证实了专利合作有助于推动技术转移。Zheng Jia 等人[①]从宏观角度构建了国家之间的专利合作关系网络，对全球纳米技术领域各个国家和地区的合作情况进行计量分析和可视化展示。Bruck Peter 等人[②]利用专利引文网络来识别和预测技术发展前沿和趋势。

（二）国内研究综述

1. 专利计量

相比国外，我国专利计量领域的相关研究开始较晚，直到 20 世纪 80 年代以后，国内一些学者才逐渐将专利分析的思想和方法应用到相关领域。迟少杰[③]指出，专利作为一种技术信息源，高灵敏度是其显著特征，专利分析是美国企业管理层普遍采用的一种技术预测手段，作者逐一介绍了四种专利指标及其应用领域，包括"活动性"指标、"近期性"指标、"控制性"指标和"集束性"指标。时中一[④]介绍了日本学者提出的专利分析方法，该方法以专利为主线，旨在对技术与市场、技术与产业、技术开发与产业活动（产业政策）等开展相关分析。

20 世纪八九十年代，国内专利计量研究并不活跃，研究成果数量较少，且大多是对国外研究成果的引介。早期对国外研究成果的引介为国内学者提供了重要的参考和借鉴。2000 年以后，专利计量研究领域的研究成果开始呈现出较为明显的增长态势，并于 2010 年以后形成了研究热潮。我们在中国知网中以"专利计

[①] Zheng J, Zhao Z, Zhang X et al. International collaboration development in nanotechnology: a perspective of patent network analysis [J]. *Scientometrics*, 2014, 98 (1): 683-702.

[②] Bruck P, Rethy I, Szente J et al. Recognition of emerging technology trends: class-selective study of citations in the US patent citation network [J]. *Scientometrics*, 2016, 107 (3): 1465-1475.

[③] 迟少杰:《预测技术发展趋势的新工具——专利分析》，《外国经济与管理》1986 年第 5 期。

[④] 时中一:《用专利分析技术—产业—政策之间关系的方法》（上、下），《情报理论与实践》1989 年第 3—4 期。

量"或"专利分析"为主题词进行检索,检索结果显示,自 2010 年开始国内每年的发文量都在 200 篇以上,并且发文量逐年增长。近年来,国内学者主要着眼于三个方面来开展专利计量问题的研究:

一是专利计量指标和方法研究。包括专利权人 h 指数研究[1],专利多词共现分析方法研究[2],技术聚类分析方法研究[3],构建分层次的专利计量指标体系[4],专利计量指标的总结归纳[5],专利分析方法的比较[6],建立专利情报分析方法体系[7]等。出现了一批相关的研究成果,专利计量指标不断更新,专利分析方法日益丰富,为专利计量学的研究提供了重要的方法支撑。

二是专利计量方法的应用研究。各类专利计量方法获得了广泛的应用,国内学者利用专利计量方法开展了一系列的实证研究,包括识别和追踪企业竞争对手[8],预测技术前沿[9]、技术演变[10]、技

---

[1] 次仁拉珍、乐思诗、叶鹰:《世界百强企业 h 指数探析》,《大学图书馆学报》2009 年第 2 期。

[2] 高继平、丁堃、潘云涛等:《多词共现分析方法的实现及其在研究热点识别中的应用》,《图书情报工作》2014 年第 24 期;高继平、姚长青、马峥等:《论文专利互引分析方法的应用及其不足——在科学技术关联分析方面》,《科学学与科学技术管理》2014 年第 12 期。

[3] 王贤文、刘趁、毛文莉:《基于专利共被引方法的技术聚类分析——以苹果公司专利为例》,《科学与管理》2014 年第 5 期。

[4] 邱均平、马瑞敏、徐蓓等:《专利计量的概念、指标及实证》,《情报学报》2008 年第 27 期。

[5] 高继平、丁堃:《专利计量指标研究述评》,《图书情报工作》2011 年第 20 期。

[6] 刘玉琴、彭茂祥:《国内外专利分析工具比较研究》,《情报理论与实践》2012 年第 9 期。

[7] 刘桂锋:《国内专利情报分析方法体系构建研究》,《情报杂志》2014 年第 3 期。

[8] 唐炜、刘细文:《专利分析法及其在企业竞争对手分析中的应用》,《现代情报》2005 年第 9 期;许玲玲:《运用专利分析进行竞争对手跟踪》,《情报科学》2005 年第 8 期。

[9] 栾春娟:《基于专利计量与可视化手段的技术前沿探测》,《情报理论与实践》2009 年第 8 期。

[10] 谢寿峰:《基于专利分析的技术演变与预测研究》,南京理工大学,2014 年。

术成熟度①、技术发展趋势②，识别技术创新机会③，判定技术生命周期④，揭示企业知识转移模式与规律⑤，评估研究实力⑥和企业竞争力⑦，知识产权预警⑧等。这样的实证研究和应用研究代表着当前国内专利计量的主流，该研究方向最为活跃，近年来国内涌现出的相关研究成果大部分都集中于该研究方向。

三是专利计量研究现状的综述。随着国内外专利计量研究的升温，部分学者开始对该领域的研究成果、研究现状、研究进展进行总结和分析，出现了一些研究综述类文章，但相对前两个方面的研究，综述类的研究相对较少。代表性的学者及成果包括叶鹰⑨、邱均平⑩、张志强⑪、文庭孝⑫等，对专利计量学领域的国内外研究现状、前沿及趋势、学科知识结构、主要研究主题、主要研究群体等方面进行了一定的梳理和总结。

---

① 张换高、赵文燕、檀润华：《基于专利分析的产品技术成熟度预测技术及其软件开发》，《中国机械工程》2006 年第 8 期。

② 于晓勇、赵晨晓、马晶等：《基于专利分析的我国电动汽车技术发展趋势研究》，《科学学与科学技术管理》2011 年第 4 期。

③ 康宇航、苏敬勤：《技术创新机会的可视化识别——基于专利计量的实证分析》，《科学学研究》2008 年第 4 期。

④ 李维思、史敏、肖雪葵：《基于专利分析的产业竞争情报与技术生命周期研究——以太阳能薄膜电池产业为例》，《企业技术开发》2011 年第 11 期。

⑤ 黄微、尹爽、徐瑶等：《基于专利分析的竞争企业间知识转移模式研究》，《图书情报工作》2011 年第 22 期。

⑥ 文庭孝、杨忠、刘璇：《基于专利计量分析的湖南省专利战略研究》，《情报理论与实践》2012 年第 1 期。

⑦ 乐思诗：《动态专利计量分析及企业竞争力测度研究》，浙江大学，2010 年。

⑧ 饶文平：《知识产权预警系统中的专利分析》，《中国高校科技与产业化》2010 年第 Z1 期。

⑨ 乐思诗、叶鹰：《专利计量学的研究现状与发展态势》，《图书与情报》2009 年第 6 期。

⑩ 邱均平、李慧：《国内外图书情报领域专利计量研究的对比分析》，《图书情报工作》2010 年第 10 期。

⑪ 谭晓、张志强：《图情领域中专利分析主题的研究进展——基于 WOS 的文献分析》，《图书情报工作》2012 年第 20 期。

⑫ 文庭孝：《专利信息计量研究综述》，《图书情报知识》2014 年第 5 期；文庭孝、李维：《我国专利分析研究成果的可视化分析》，《高校图书馆工作》2015 年第 1 期。

2. 多重共现分析

苏娜和张志强[①]认为科学计量学中通过单一关系解析研究领域，仅能体现出作者对研究领域的局部认知，而融合研究领域中各方面元素之间建立在科学文献基础上的不同关系，更能展现研究领域的整体结构。传统共现分析方法的不足已经引起了部分学者的注意，但是截至目前国内关于多重共现分析方面的研究成果较少，在中国知网检索时仅发现 10 余篇相关文献，主要由三组学者完成，这三组学者及其研究成果情况简介如下：

一是以庞弘燊和方曙为代表开展的多重共现研究。庞弘燊和方曙[②]认为当前许多共现研究都是仅针对两个特征项的共现进行剖析，而针对多个特征项的共现分析更能够展现出全面而具体的内容，通过构建作者—发表期刊—关键词三维矩阵能够进行更为全面的计量分析。作者把这种两个以上特征项共现的情况称作"多重共现"，认为通过多重共现分析可以获得更深入细致的信息内容。这是国内学者首次明确界定"多重共现"的概念并提出"多重共现分析"的思想。

2012 年，庞弘燊和方曙等人连续发表 3 篇论文，进一步阐释多重共现分析原理，并开展多重共现分析的实证研究。在《基于多重共现的可视化分析工具设计及其知识发现方法研究》[③]一文中，作者对多重共现的概念进行了界定，对多重共现与一般共现的差异进行了阐释，对 Morris 交叉图技术进行了完善，研发了多重共现的可视化分析工具，研究了多重共现的知识发现方法。在此基础之上，同时运用多重共现可视化分析工具及多重共现的知识发现分析方法，实证剖析了机构—期刊—关键词的样本数据。研究显示，该套

[①] 苏娜、张志强：《科学计量学中多重关系融合方法研究进展及分析》，《情报科学》2010 年第 9 期。

[②] 庞弘燊、方曙、付鑫金等：《科研机构的科研状况研究——基于论文特征项共现分析方法》，《国家图书馆学刊》2011 年第 3 期。

[③] 庞弘燊、方曙：《基于多重共现的可视化分析工具设计及其知识发现方法研究》，《图书情报知识》2012 年第 2 期。

工具以及知识发现方法可以有效地揭示论文中三个特征项之间的多重共现关系，而且揭示出的信息内容比一重共现分析更为广泛和深刻。《基于多重共现揭示高校图书馆与核心期刊间的发文关联关系研究》①一文综合运用多重共现的分析方法和多重共现的交叉图技术，对高校图书馆与核心期刊间的发文关联关系进行了剖析。《研究领域的主题发展趋势分析方法研究——基于多重共现的视角》②一文构建了与主题发展趋势研究相一致的分析模型，实证剖析了年份—关键词—机构、年份—关键词—发表期刊等两种多重共现关系。

二是以李长玲、魏绪秋、刘非凡为代表针对2-模或3-模网络开展的研究。《3-模数据网络构建及其可视化探讨》③一文构建了作者—关键词—期刊3-模网络并进行可视化分析。《基于作者—年份—关键词网络的科研合作行为研究》④一文搭建崭新的作者—年份—关键词多元科研合作网络，剖析了该网络的作者合作主题的新颖性、变化性以及稳定程度，依托多模网络分析重新审视科研合作行为。《基于2-模异质网络的作者潜在合作空间测度与识别》⑤一文定义作者—作者—关键词2-模异质网络，探究网络中的多重关系，辨析和度量2-模异质网络的作者潜在合作空间。

《基于2-模网络和G-N社群聚类算法的潜在合作者研究》⑥一文从科研网络中同质网络和异质网络的矩阵对比分析及2-模网

---

① 庞弘燊：《基于多重共现揭示高校图书馆与核心期刊间的发文关联关系研究》，《图书馆》2012年第2期。
② 庞弘燊、方曙、杨志刚等：《研究领域的主题发展趋势分析方法研究》，《情报理论与实践》2012年第8期。
③ 魏绪秋、李长玲、刘非凡：《3-模数据网络构建及其可视化探讨》，《情报理论与实践》2014年第8期。
④ 魏绪秋、李长玲：《基于作者—年份—关键词网络的科研合作行为研究》，《情报杂志》2014年第11期。
⑤ 李长玲、魏绪秋、冯志刚等：《基于2-模异质网络的作者潜在合作空间测度与识别》，《图书情报工作》2015年第12期。
⑥ 刘非凡、李长玲、魏绪秋：《基于2-模网络和G-N社群聚类算法的潜在合作者研究》，《情报理论与实践》2014年第6期。

络的可视化，寻找科研网络潜在合作者，借助 G－N 社群聚类算法划分作者网络，再依据聚类结果发掘作者群的潜在研究主题，为探寻科研网络中的潜在合作者和潜在研究主题找到了新的思路和角度。《基于 3－mode 网络的领域主题演化规律分析》[①] 一文分别从合著网络、共词网络以及时间—作者—关键词 3－mode 共现网络等三个角度对知识网络领域的演化特征进行了分析，探求网络演化特征，探寻不同时期典型的作者及合著团队、经典和热点研究主题，全方位展现该领域内年份—作者—主题之间的共现关系。

三是以杨冠灿和刘彤为代表针对专利文献开展的多重共现关系研究。杨冠灿在其博士学位论文《基于多重关系整合的专利网络结构研究》[②] 中提出了一种面向专利信息集合的分析框架，该框架以多重关系为基础，以专利网络结构分析为目标，从三种不同实体视角出发，依托多重关系整合方法，构建用于企业技术竞争优势综合评价的模型，实现了综合引用网络基础上的专利价值评价和多重正则均衡基础上的技术前沿监测。文章证实了专利信息集合分析框架下，建立在多重关系整合基础上的专利网络结构分析方法，在对真实专利信息的观察上更加全面、更有优势，有利于获取更加全面、精准的专利信息分析结论。作者认为，专利信息具有显而易见的复杂性，其复杂程度决定了对专利问题的研究必须从多个关系层面进行综合审视。

《多重关系专利网络分析方法在产业技术路线图的应用》[③] 一文采用了多重关系专利网络分析技术绘制产业技术路线图，在实证研究部分构建了由 5 个层面的网络共同组成的多重关系专利网络，开展了多重专利关系网络演化分析、关键成员识别与子群分析，阐释了分析结论在产业技术路线图制定中的应用。研究结论显示，多

[①] 李长玲、刘非凡、魏绪秋：《基于 3－mode 网络的领域主题演化规律分析》，《情报理论与实践》2014 年第 12 期。
[②] 杨冠灿：《基于多重关系整合的专利网络结构研究》，武汉大学，2013 年。
[③] 刘彤、侯元元、吴晨生：《多重关系专利网络分析方法在产业技术路线图的应用》，《情报杂志》2015 年第 3 期。

重关系整合方法能够提升整个专利数据分析的全面性和精准性，多重关系整合的专利网络分析能够更好地展示网络的整体演进情况，也能够更好地捕捉到个体在组织中的重要性，且比单一层次内的分析获得的信息更丰富。

《基于多重关系整合的专利网络分析方法研究与应用》[①]一文提出了一种依托于多重关系整合的专利网络分析方法，该方法借助各种层间关系搭建出立体的、多维的多重关系网络，并基于该网络开展凝聚子群划分、核心专利识别等专利分析活动。文章围绕专利，以专利权人为组织，将 IPC 分类作为主题领域，基于专利之间的直接引用关系、专利与专利人之间的所属关系、专利权人之间的合作关系、专利与所属主题领域的对应关系、通过专利所反映的 IPC 之间的关联关系，构造了多重关系专利网络并提出了划分子群的方法。

除以上三组学者以外，近年来还有一些学者发表了少量相关论文，就多重共现分析问题进行了初步的探索。例如，孙海生[②]构建作者—关键词共现网络，实证剖析了国内图书情报研究领域，结果显示：2－模网络可视化图可以直接展现作者的主要研究领域，折射出作者多元的学术兴趣，凸显不同作者的相同研究领域，在对学科领域结构的阐释上更加直接和客观。滕立[③]以超网络理论为基础，构造了作者—机构—国家混合共现网络，并证实该方法不仅可以消弭作者共现网络中的孤立节点，而且可以反映作者与其所属的单位机构和国家之间的耦合关系，极大地丰富了混合网络的信息含量。

3. 技术创新与技术创新网络

据中国知网收录的文献发表时间来看，我国关于技术创新和科技创新问题的研究始于 20 世纪 80 年代，几乎是在同一时期，专利

---

① 刘彤、杨冠灿、侯元元：《基于多重关系整合的专利网络分析方法研究与应用》，《情报理论与实践》2016 年第 2 期。
② 孙海生：《作者关键词共现网络及实证研究》，《情报杂志》2012 年第 9 期。
③ 滕立：《基于超网络的作者—机构—国家混合共现网络研究》，《情报学报》2015 年第 1 期。

已经被应用于技术创新和科技创新问题的研究当中。1986年《地理译报》杂志刊登了一篇译文,原作者来自英国,介绍了1979年世界各主要工业国家技术创新水平的测量指数,其中包括专利数量指标[①]。20世纪八九十年代,利用专利信息对技术创新和科技创新问题进行研究的成果数量较少,自2000年开始年度相关论文数量突破百篇,且呈现出明显的增长态势。1993年,金芳[②]介绍了CHI创立的基于专利指标的反映各国工业公司技术实力的评价系统,包括获批专利数、现行影响指数、技术实力、技术周期等4个指标,并分别从这四个角度展示了全球工业公司技术实力排行榜。1993年,王秀山[③]分别从中国专利申请的发展变化、中国专利申请的空间分布、国内申请者来源、专利申请技术分布、活跃小类的确定等角度进行统计分析,在此基础之上进行专利技术评价,描述了专利技术发展现状与趋势。1999年,赵捷和柳御林[④]采用发明专利申请数量指标对我国的技术创新状况进行描述,通过大专院校、科研机构和企业等三类主体的专利申请受理量的比较来衡量其研发能力的强弱。李力[⑤]对安徽省部分理工类大学专利申请、获权、保持等情况进行了调查,依据调查结果对安徽省高校的技术创新能力做出正确的评价。

实际上,在20世纪八九十年代较长的时间周期内,除了前文列举的1993年和1999年的4篇论文包含有定量研究的内容以外,其余论文几乎全部为理论研究,大部分是在论述专利制度和专利战略对技术创新和科技创新的重要意义和推动作用,论文内容基本上是纯文字的说明介绍或理论阐述。例如,《专利制度:技术创新的

[①] [英] W. 哈姆利:《日本的科学城——筑波》,浩明译,《地理译报》1986年第2期。

[②] 金芳:《谁在全球技术创新的前列——全球200家工业公司专利排名榜》,《科学》1993年第1期。

[③] 王秀山:《专利情报及其计量研究》,南开大学,1993年。

[④] 赵捷、柳御林:《从专利申请看我国技术创新状况》,《中国科技论坛》1999年第6期。

[⑤] 李力:《安徽省高校专利获权状况的调查与分析》,《安徽科技》1999年第6期。

重要保障》①一文从技术创新的定义和特征出发,强调了技术创新对生产力发展和社会变革的重要意义,提出了运用专利制度为技术创新提供保障的思路和举措。这种情况一直持续到2005年,也就是说2005年之前国内发表的相关论文,只有极少数涉及定量分析和实证研究,主要是通过专利数量的统计分析,定量考察某一国家、地区或企业的技术创新能力和水平。例如,李慧文②统计分析了中国石油集团公司炼化企业专利申请情况。李绩才③剖析了我国发明专利申请情况,以此阐明了我国科技创新现状及存在问题。

自2005年开始,该研究领域定量化研究趋势日益显著,基于专利所开展的技术创新量化研究的成果数量逐年增加,且已经不再局限于专利数量的统计分析,研究主题日益宽泛,研究方法逐渐多元,研究内容愈发深入。相关的研究成果主要可以分为以下几类:一是基于专利计量的技术创新能力分析。包括技术创新能力影响因素的识别④,以及技术创新能力评价指标和方法的完善⑤;二是基于专利计量的技术发展现状及趋势分析。以某一国家或者某个技术领域为例,定量分析技术创新现状⑥,描述创新资源的分布规律⑦;三是基于专利计量的技术生命周期研究。包括技术创新扩散动力与专利技术生命周期关系的研究⑧,利用专利技术生命周期的相关指

---

① 高卢麟:《专利制度:技术创新的重要保障》,《中国科技论坛》1990年第6期。
② 李慧文:《从专利申请看中国石油炼化领域的技术创新能力》,《石化技术与应用》2004年第2期。
③ 李绩才、王晓波、余竹生:《我国专利申请与科技创新研究》,《科技管理研究》2004年第1期。
④ 李娜、李建华、王静敏:《基于专利信息的技术创新能力研究》,《情报科学》2010年第4期。
⑤ 黄鲁成、袁艳华、李江:《基于专利技术份额的企业技术创新能力实证研究》,《科技进步与对策》2011年第21期。
⑥ 余江、陈凯华:《中国战略性新兴产业的技术创新现状与挑战——基于专利文献计量的角度》,《科学学研究》2012年第5期。
⑦ 刘云、刘璐、闫哲等:《基于专利计量的全球碳纳米管领域技术创新特征分析》,《科研管理》2016年第S1期。
⑧ 明宇、司虎克:《技术创新扩散动力对技术生命周期的影响》,《情报杂志》2014年第6期。

标和方法评估技术创新潜力[①]；四是基于专利计量的技术创新机会识别研究。包括创新机会识别方法研究及应用[②]，技术发展态势的评估与预测及实证研究[③]；五是基于专利地图的技术追踪与预测研究。将专利地图技术应用于建立技术创新分析框架以及技术分析和预测等领域[④]；六是基于专利计量的技术创新网络研究。包括搭建技术创新演化测度体系[⑤]，剖析技术创新网络的演化动力[⑥]，构建技术创新超网络[⑦]等方面。

（三）国内外研究述评

共现分析是文献计量学和科学计量学领域十分常见的计量分析方法，包括引文分析、耦合分析、合作（著）分析、共词分析等，这些分析方法已经相对比较成熟，且应用领域非常广泛。国内外涌现出一大批相关研究成果，尤其是共现分析方法与社会网络分析及可视化方法的结合，掀起了共现关系网络研究的高潮，研究成果数量快速增长，且研究深度和广度也得到了极大的拓展。尽管如此，纵观国内外已有研究成果可以发现，以往所开展的共现分析大多都是一重共现分析，即针对文献所包含的某一种特征项的共现现象所开展的计量分析，例如，文献与文献之间的耦合或共被引现象，作者（机构、国家）和作者（机构、国家）之间的合著、耦合、共被引现象，关键词与关键词之间的共词现象，期刊与期刊之间的耦合、共被引现象等。

[①] 杨海波、汪治兴、周吉意：《基于专利生命周期的技术创新潜力分析——以广西汽车发动机技术为例》，《价值工程》2012 年第 16 期。
[②] 康宇航、苏敬勤：《技术创新机会的可视化识别——基于专利计量的实证分析》，《科学学研究》2008 年第 4 期。
[③] 冯灵、余翔、张军荣：《基于专利信息的高铁技术机会分析》，《情报杂志》2015 年第 12 期。
[④] 王兴旺：《基于专利地图的技术分析预测方法研究》，《情报科学》2013 年第 9 期。
[⑤] 孙武：《基于专利的技术创新网络演化测度研究》，北京工业大学，2015 年。
[⑥] 刘晓燕、阮平南、李非凡：《基于专利的技术创新网络演化动力挖掘》，《中国科技论坛》2014 年第 3 期。
[⑦] 王志强：《技术创新网络演化模式发现及特性分析方法》，大连理工大学，2014 年。

虽然一重共现分析已经比较成熟和完善，但是仅从单一维度出发对某一类特征项的共现关系进行分析，能够揭示的信息毕竟有限。有些学者在同一篇文章当中，分别对作者、机构、关键词、引文等不同特征项进行多次一重共现分析，试图从不同角度揭示研究现状与知识结构。尽管如此，一重共现分析基本不具备揭示不同类型特征项之间的交叉关联性的能力。学者们通过实证研究发现，不管是哪种类型的一重共现分析，都只能反映单一维度的文献特征，能够揭示的信息较为有限。鉴于传统共现分析方法的局限性，综合多类特征项和多种共现关系的多重共现分析是非常必要的。

关于一重共现分析的弊端和多重共现分析的必要性，国内外学者已经基本取得共识，也有少数学者开始就多重共现分析进行探索和尝试。研究成果数量很少，且研究方法和研究内容相对较为简单。尽管如此，这些学者经过初步的实证探索，基本证实了多重共现分析方法的合理性和有效性，认为该种分析方法能够同时从多个维度考察文献特征，包含的信息更为丰富和多样，尤其是在揭示多个特征项之间的交叉关联时，具有传统的一重共现分析方法无法比拟的独特性和优越性。这些研究成果不仅提出了交叉时序、层次关联、异质网络、多模网络等极具新颖性和创造性的思想与观点，为实现多重共现分析提供了重要的借鉴和启示，而且这些研究成果大多都开展了实证研究，将以上思想和观点付诸实施，实实在在地检验了多重共现分析方法的科学性与可行性。因此，前期各位学者关于多重共现分析的探索与尝试，为后来的研究者带来了宝贵的经验和启示，也为后续研究的开展奠定了一定的基础，虽不十分坚实和完善，却是非常必要和及时。

基于两个及以上特征项的耦合分析，虽然并未提出多重共现分析的概念，但是实际上已经具备了多重共现分析的特征，例如，作者关键词耦合、作者文献耦合、作者引文耦合等，这几种耦合分析方法虽然最后构建的矩阵仅包含作者这一类特征项，但是作者与作者之间的关系却是借助于第三方特征项（关键词、文献、引文）而建立的，所以，这种耦合关系包含了两种特征项之间的交叉共现关系，已经具备了多重共现分析的某些特征，可以视为初级的多重共现分析或准多重共现分析，这些实际上也为后来的多重共现分析积累了一定的经验和启示。

国内外已有的关于多重共现分析的研究成果，习惯于以学术论文作为样本，探讨论文特征项之间的多重共现与交叉关联，以专利文献作为样本的情况较少。例如，Leydesdorff 基于异质网络思想构建的作者—关键词—期刊三重共现异质网络，Braam RR 将共引分析与共词分析结合起来构建的综合网络，庞弘燊和方曙构建的作者—期刊—关键词、机构—期刊—关键词、年份—关键词—机构、年份—关键词—期刊等三维矩阵，李长玲等人构建的作者—作者—关键词、作者—关键词—期刊、时间—作者—关键词等多模异质共现网络，这些研究都是以期刊论文作为样本数据。国内学者杨冠灿等人关于多重共现分析的论文发表于 2015 年及以后，目前能够检出的论文数量极其有限，数量虽少，但对专利多重共现分析问题做出了有益的前期探索，对于本书研究来说具有非常珍贵的参考价值。

从国内外研究现状来看：第一，已有的共现分析以一重共现为主，多重共现分析研究成果数量较少，尚处于初步的摸索阶段；第二，国内外关于多重共现分析的研究不仅成果数量较少，而且多以期刊论文为研究对象，围绕专利文献的多重共现分析比较少见；第三，社会网络分析及可视化方法在专利一重共现分析方面取得了显著的应用成效，但是尚未出现面向专利数据的多重共现分析方法及工具。整体来说，多重共现研究处于早期探索阶段，尤其是面向专利文献的多重共现分析，几乎是一片尚未开发的未知领域。多重共现分析的理论体系和方法体系几近于空白，亟待在理论基础、基本原理、方法与工具、实证与应用等多个方面开展深入研究。以上问题正是本书选题的依据，也是研究的起点。综上所述，本书在一些方面具有一定的创新性与开拓性，整个研究过程也是一次充满未知的探索与发现之旅。

三 创新之处

本书提出了"面向专利数据的多重共现分析"的思想和方法，实现了多重共现分析与社会网络分析及可视化方法的有效结合。以德温特专利文献所包含的专利权人、DC 分类号代码和专利引文 3 种重要的专利特征项为例，基于专利合作、引用、共类等多种共现关系及其交叉关联构建多模异质网络，并进行综合的计量分析和集中的可视化展示。本书在以下几个方面实现了研究创新：

第一，提出大共现分析的思想，通过对合著研究、共词分析、共类分析、引文分析、耦合分析等方法进行系统梳理，认为这些方法本质上都是共现分析，从一维到多维的嬗变是专利计量学的必然趋势。围绕专利开展的合作、引用、耦合等活动，均可通过特征项之间的共现关系加以呈现，并且整合到同一个共现网络中进行综合分析和集中展示。本书做出的这一基本论断为多重共现分析的实现提供了理论基础和方法依据。

第二，提出以标准化矩阵合并和归类的方式，生成多模异质的多重共现网络矩阵（超网络）的方法，并详细介绍了具体的实施步骤。如此可以借助同一网络实现对不同类型节点、不同类型关系的多维展示和综合分析。这种多重共现网络同时包含了多种直接或间接、显性或隐性、单向或双向的关联结构，既保留了一重共现关系网络的全部特征，又能够揭示一重共现无法体现的交叉关联和复杂关系，克服了传统共现分析揭示维度单一的不足。与之相比，多重共现关系网络具有显著的多层性、多元性、嵌套性特征，尤其适合于揭示间接的、潜在的、隐性的、交叉的关系。

四 研究思路

文献计量学中的共现分析主要从共词、同被引、耦合、合作（著）等角度展开，以学术论文的外部特征和内容特征为基础，通过共现关系揭示文献、作者、机构、期刊等的知识关联和学术关系。辅以现代计算机技术，共现分析凭借方法简明性和结果可靠性特征，成为剖析研究信息内容的重要方法和工具。以往的研究成果大多采用一重共现分析方法，且主要以学术论文作为样本数据，虽然方法较为成熟和完善，应用范围十分广泛，但分析维度较为单一，不能反映多重关系及其交叉关联。为了揭示两种特征项之间关联，国内外学者对于多重共现分析进行了一些有益的探索，但仍以学术论文作为样本数据，且方法体系和应用领域远不及一重共现分析成熟和广泛。

多重共现是继一重共现之后提出的新概念，也被称为交叉共现或异共现。所谓多重共现分析，是指借助于同一矩阵或网络对文献中包含的多类特征项所表征的多元共现关系进行综合描述、计量和分析。相对于一重共现，多重共现在揭示科学活动规律和科学知识领域方面具有更宽广的分析视角、更丰富的信息来源，蕴含在研究结果中的信息量大大增加。尤其是多重共现分析与社会网络可视化技术的结合，基于合作、引用、共类、共词、耦合等多种关系构建多模网络，研究视角更加新颖广阔。

但是，国内外现有研究成果中，多重共现分析并不常见，尤其是面向专利数据的多重共现分析更为少有，原有的可视化技术和工具也多是针对1-模或2-模共现网络而开发。鉴于此种情况，本书将基于专利文献不同特征项之间的多重共现现象，探索多重共现分析方法，开发多重共现分析工具，对那些围绕专利成果所建立的多重共现关系（合作—引文—耦合—共类）及其交叉关联展开研究，借助于交叉网络图谱对其进行集中展示和综合分析，借此表征和测度专利技术及其创新主体之间的多元关系及强度，进而映射专利技术在多个方面的关联结构，揭示技术创新模式、考察技术溢出效应、梳理创新主体关系、测度技术相似性、追踪技术演变、预测未来方向。

基于前期研究成果，本书的研究过程共分四个步骤：理论研究→方法研究→实证研究→应用研究。

1. 理论研究——剖析专利多重共现分析的原理

为专利多重共现分析寻找科学依据，深入剖析其理论根基和原理。①对现有专利分析理论和方法进行归类整理和比较分析，考察原有共现分析方法针对专利文献的适用性与局限性；②揭示专利文献不同特征项能够表征的具体含义，以及特征项共现所代表的多重关系及交叉关联；③探讨多重共现关系的计量分析应该借助于何种指标实现，以及如何建立多指标交叉关联数据模型。

2. 方法研究——设计专利多重共现分析方法及工具

基于多模网络模型开发不同特征项交叉共现的分析方法及工具。①总结现有社会网络分析及可视化方法与工具，提取可以继承的分析单元及基础网络模块；②探讨多重共现分析方法的基本思路和实现路径，说明通过矩阵合并方式整合多类特征项和多种共现关系的具体方法和操作步骤。

3. 实证研究——构建专利多重共现关系网络

以德温特专利数据库（DII）作为样本数据来源，构建基于多重共现关系的专利技术创新网络，并对其进行计量分析。①识别共现网络中的关键节点、关键路径、重要小团体；②揭示共现网络呈现出的结构特征和聚类关系，把握知识流动和技术扩散的特征和规律；③展示技术创新的发展现状和研究热点，考察关键创新主体的技术溢出效应；④测度不同技术主题之间的关联强度，展示行业领域的知识结构和技术组成；⑤测度不同专利权人（企业）之间的技术相似性，发掘潜在的合作伙伴和竞争对手。

4. 应用研究——提出专利技术创新模式优化策略

以入选"2017年度全球500强"榜单的汽车企业为例，从德温特专利数据库中下载样本数据，利用多重共现分析方法对其技术创新状况进行综合分析和集中展示，探讨专利共现分析在科学研究、商业情报、技术预测、科研管理等领域的应用。基于相关统计数据和计量结果，定量描述全世界范围内汽车行业以专利为载体的技术创新现状和产业竞争态势，揭示规律、发现问题、了解现状、预测未来，重点关注我国汽车企业专利的质量与影响力问题，试图为我国企业更好地从事专利技术创新、优化专利发展战略、参与全球市场竞争，提供一些有价值的参考信息和决策依据。

五 研究方法及工具

文献调研法：在研究初期，主要从 WOS、CNKI 等文献数据库中获取并阅读相关论文成果，了解国内外研究现状，对国内外主要的共现分析理论、方法和工具进行梳理和分析。

社会网络分析方法：在实证和应用研究两个部分，搭建不同类型的共现分析网络，依托社会网络分析软件 Ucinet 计量分析网络中的节点属性、网络结构、聚类关系等，进行中心性分析、密度分析、主成分分析等。

信息可视化方法：本书构建的共现关系网络，包括基础网络和多重共现关系网络，都会利用可视化工具 NetDraw 绘制共现网络图谱，将网络中包含的节点及共现关系予以直观展示，从中寻找主要特征和规律。

因子分析法：在专利权人耦合关系分析部分，由于网络密度过大导致可视化效果不佳，我们在原有的社会网络及可视化分析的基础上，加入因子分析方法，从耦合关系网络中提取公共因子，对专利权人的技术主题和派系进行归类。本书开展的因子分析以 SPSS 作为分析工具。

比较分析法：通过一重共现关系网络与多重共现关系网络、传统共现分析方法与多重共现分析方法的比较，进一步明确多重共现分析的必要性，并实际检验多重共现分析的可行性和优越性。

第二章 理论基础

一 基本概念

截至目前多重共现分析仍然是一个新兴的概念,少数学者曾经从自己的研究视角出发尝试给出定义和解释,但只是初步的探索,并不完善,也未经过学者们的广泛讨论。我们将在理论基础部分对研究过程中所涉及到的一系列的相关概念进行解释和界定,尤其是基于"面向专利数据"的基本前提,探讨以专利为载体的共现分析、多重共现分析、技术创新等相关概念。厘清基本概念,有利于我们全面准确地认识和把握本研究的内涵及外延,并进一步理解和阐释专利多重共现分析的理论体系。

(一)专利与专利文献

专利(Patent)直译为"公开的文件",兼具"垄断"和"公开"双重属性,所谓垄断是指申请人或者专利权人对于专利所有权和使用权的独占,所谓公开是指专利内容和技术细节的公开。专利制度旨在为世界各国推动科技进步,进而促进生产力发展提供保障,当发明人完成某项发明创造以后,向本国政府或其他国家、地区或国际组织的专利机构提出要求保护的请求,经过一定程序的审查批准后向社会公布,在法定年限内,在授权的国家或地区依法享有垄断权。专利文献的特点可以归纳如下:

一是规模巨大、内容丰富。全球每年发明创造成果的90%—95%都会体现为专利文献,广泛涉及人类所从事的全部技术领域,而且是很多技术信息的唯一来源。

二是报道及时、内容新颖。国际专利保护具有先申请原则，故各国在受理专利申请时不仅会对专利的新颖性和创造性提出明确要求，而且会引导督促发明人尽快申请，进而尽早公布以取得优先权。因此，专利文献对于最新研究成果的报道速度明显快于其他科技文献，当然其老化速度也高于其他文献。

三是内容详尽、实用性强。全球大多国家在受理专利申请时通常会对其进行较为严格的形式审查和实质审查，要求专利说明书包含尽可能全面、详尽、准确的技术细节信息，并且必须符合专利法规定的新颖性、创造性和实用性要求。另外，申请人为确保申请成功率和投资回报率，总是选择最具实用价值的发明创造申请专利，经过层层审查的专利说明书具有内容翔实、实用规范的显著特点。

四是结构严谨、格式规范。各个国家、地区或国际组织专利机构出版的专利说明书均包含扉页、权利要求、说明书、附图等，其结构具有普遍的一致性，各个部分的著录大多采用国际通用的著录规则和代码标识，许多国家的专利文献在划分其归属的技术领域时，均参照国际专利分类体系。因此，专利文献结构严谨、格式规范，各国专利文献可以整合起来，借助于网络数据库平台进行全球化的检索和共享。

专利文献是一种兼具技术、经济和法律三重属性的特殊文献情报源，专利文献在技术、经济和法律三个维度上的价值和作用主要表现为：

第一，在技术维度上，专利文献包含了最新的发明成果的技术细节信息。通过查阅专利文献，一方面，发明人可以比较和确认发明构思的新颖性，起到查新的功效，避免毫无意义的重复研究；另一方面，发明人可以从现已公开的专利文献中了解相关技术的发展现状，获取一些可供借鉴的关键技术和参考信息，或者从他人已经取得的发明创造中获得灵感和启发。

第二，在法律维度上，专利文献包含的发明人、专利权人、申请日、优先权日、保护范围、法律状态等信息，对该项发明创造依法享受的权利进行明确界定。发明人和申请人在从事新技术研发、新专利申请、新产品开发时，应该主动避让其他机构或国家已经圈定的保护区域和专利陷阱，通过与已有专利文献的比对，更有针对性地选择合理的技术方向、提出恰当的权利要求和保护范围。另外，在面临专利侵权诉讼时，双方都必须基于现有专利文献的全面检索和充分研究，有理有据地在诉讼中维护自己的权利、争取更大的利益。

第三，在经济维度上，专利制度的最终目的是能够推动科学技术转化为生产力，使发明成果能够为人类社会创造更大的经济效益。所以，对于专利文献的检索和利用，也被广泛地应用于商业经营和经济贸易活动当中。目前，世界上许多国家和企业普遍将专利战略摆在整体发展战略的核心位置，更加注重专利申请与自身投资活动的紧密结合，依靠自己享受的专利独占权攫取高额利润，维持自身在市场竞争中的优势地位，同时，给竞争对手设置障碍。近年来，专利陷阱、专利流氓、专利同盟等概念层出不穷，反映出人们对于专利所具备的经济属性的高度重视和充分利用。

（二）专利计量

专利被普遍视为最具价值的技术文献和知识宝库。专利文献以每年 100 多万件的数量剧增。海量的专利文献已经成为名副其实的大数据，在大数据时代背景之下，如何对海量的专利文献进行统计分析和深度挖掘，从中提取出更多更有价值的情报信息，引起了社会各界的广泛关注。专利具有明确的产权属性，这是专利所表现出的最为显著的特征，也是专利与其他类型知识的重要区别之一，所以，我们通常将专利视为一种特殊类型的知识。专利从本质上来说包含于知识的概念之下是一种特殊类型的知识，而从形式来说，需要附着在一定的载体之上，才能够得以公开、保存、传播和利用，由此形成专利文献。因此，专利知识与专利文献之间是内容与形式的关系。

专利知识是专利所包含的内容，是无形的；专利文献强调专利的载体形式，是有形的。作为人类经验和智慧的结晶，专利文献中最具价值的成分是其包含的内容，即专利知识。但是专利知识是无形的，难以直接计量。所以，在专利计量过程中，我们又总是以专利文献及其包含的特征项作为直接的计量对象。纵观国内外研究现状，全世界范围内专利计量的研究成果大量涌现，研究内容趋于深入，研究范围日益广泛，计量方法不断更新。目前，国内外现有研究成果中采用的专利计量方法可以归为三大类：一是专利数量的统计分析；二是专利指标的计量分析；三是专利网络的计量分析。

1. 专利数量的统计分析

早期的专利计量研究主要是对专利数量的统计分析，通过不同技术领域、不同国家、地区或机构专利申请量或授权量的宏观计算，探讨不同国家、不同组织在不同学科领域的技术实力。可以从历时和共时两个角度展开计量分析。

历时角度的计量分析将专利数量作为技术变革的测量指标，通常借助于年度专利数量及其在各年间分布曲线来体现，利用某一项技术领域全球专利总量的历年发展变化情况，描述全球范围内该项技术的兴起与衰退的变化轨迹；通过某一国家、地区或机构拥有的专利数量的年度变化情况，判定其在某一个或不同技术领域的研究实力和技术水平的发展变化情况。

共时角度的计量分析将专利数量视为表征研发力量强弱和技术水平高低的指标，通常是在同一时间点或同一时间区间，进行各个技术领域专利数量的横向比较，以此来判断其发展阶段和热门程度。通过各个国家、地区或机构拥有的专利数量的横向比较判定其技术力量的强弱，以及创新资源和研究力量的分布情况，一个国家、地区或机构在不同技术领域拥有的专利数量体现出其对不同技术领域的研究兴趣和关注程度。

专利数量的统计分析曾经是早期专利计量的主流方法，具有计算简便、易于解读、结果直观等优点，但是计量方法过于简单笼统，无法揭示更深层次的信息。

2. 专利指标的计量分析

为克服单纯的专利数量统计分析的不足，国内外学者提出了一系列的专利计量指标，计量单元从专利文献本身深入到专利文献所包含的特征项和知识单元，以期能够对专利文献进行更为深入细致的描述与揭示。专利计量指标的选择和设置是专利计量分析的前提和基础，许多国家和国际组织都非常重视这方面的研究及应用，相继提出了大量的专利计量指标，并被广泛地应用于专利计量活动中。其中，CHI Research 公司和 OECD 提出的专利指标在全球范围内具有较高的代表性和影响力。除此之外，国内外学者还提出了针对专利合作的计量指标，包括合作率、合作度、国内合作系数、国际合作系数等；针对专利引文现象的计量指标，例如专利被引频次、前向引用与后向引用、延展性与缘聚性等。

这些专利计量的指标要比单纯的专利数量统计更复杂、更科学，能够更为精准地反映专利文献及专利活动的不同方面。但是，每个指标仅能从单一维度出发反映专利文献的某一方面的信息，而且对于部分指标的精准性和科学性，尚存在一些质疑和异议。专利计量指标是专利计量学方法体系的重要组成部分，截至目前，国内外仍有许多学者致力于专利计量指标的完善与创新，旧的指标不断被修订，新的计量指标也不断被提出。

3. 专利网络的计量分析

专利计量与社会网络分析及可视化方法的结合，掀起了专利计量研究的一场革命，使得专利文献所包含的各类关系可以生动直观地以网络图谱的形式予以展示。例如，发明人和专利权人及其所属的国家或地区之间的合作关系，可以借助于网络图谱展示合作网络中的知识流动，探寻合作网络中的小团体，发掘合作现象背后的模式与规律。

不同专利文献之间、不同发明人和专利权人及其所属的国家或地区之间的引文关系，同样可以通过引文关系网络图谱进行计量分析和直观展示。借此可以考察各个专利文献的质量和价值，发明人或专利权人的地位和影响力，测度知识扩散和流动，向后追溯某一项技术发明的源头,向前推测某一项技术的发展方向和趋势,测度一项技术的延展性与缘聚性。例如,台湾学者黄慕萱与陈达仁在《基于引文耦合的专利引文图谱》一文中,利用专利引文耦合的方法,对台湾高科技企业的专利引用情况进行了研究,并绘制了专利引文图谱①。

专利网络的计量分析,要比专利数量的统计分析和专利指标的计量更为生动和具体,社会网络分析及可视化方法带来了一系列新的计量维度和研究视角。通过专利网络的计量分析能够获得更为新颖独特的研究发现和结论。从专利数量的统计分析到专利指标的计量分析,再到专利网络的计量分析,这是专利计量方法的嬗变轨迹,标志着专利计量从宏观到微观、从整体到局部、从个体到关系、从表象到深层的发展趋势。

本书在研究过程中主要关注第三类专利计量方法,即专利网络的计量分析,以专利文献所包含的各类特征项之间的共现关系为基础,搭建专利多重共现网络,并通过社会网络分析及可视化方法和工具进行计量研究和直观呈现,相关的研究成果希望能够在一定程度上推动专利计量方法的发展,也期待着能够对原有的专利计量学的方法体系进行一定的补充和完善。

(三) 共现分析

共现,顾名思义,两个或两个以上的事物在某个场合或某个情境下共同出现。两个看似毫不相干的事物,某一次的共现往往被视为偶然,但是当其多次共现时,就不再是偶然事件,通常被认为两者之间存在着某种必然的关联性,因此,共现现象发生的深层次原因在于事物之间的相互联系,事物之间的相互联系也必然表现为共现现象。例如,两个人借阅同一本书,表明二者阅读兴趣相似;两本书被同一个读者阅读,则表明两本书之间研究主题的关联性。通

---

① Huang MH, Chiang LY, Chen DZ. Constructing a patent citation map using bibliographic coupling: A study of Taiwan's high-tech companies [J]. *Scientometrics*, 2003, 58 (3): 489–506.

过共现现象的计量分析可以探求事物之间是否存在关联、关联的类型及强弱程度。由此可见，共现分析就是借助共现信息和共现现象，从两个或多个看似独立的个体之间寻找共性或关联，在偶然的联系中寻找必然的原因、在对现象的分析中寻找内在规律。

共现分析概念与方法的提出和发展源自持续不断地从相关的学科理论和方法中吸收有益因素，持续不断地演进和完善。心理学中的邻近理论给予了共现分析基础性的理论借鉴。存在语义关联的词汇会被作者在相邻的位置记录下来，在此理论框架下，测度词与词之间的联系可以通过计算文本中同时出现的词的相对频次的方式来实现，因此，共现分析在语言学中获得了广泛的应用。随着计算机技术在语言学中的应用和普及，基于统计的经验主义方法成为自然语言处理的主流方案。共现分析在这一发展趋势中获得了更为广泛的应用，其基本前提假设是如果两个词汇在同一语句或同一段落或者同一文献中多次共现，则表明这两个词汇之间存在着语义关联，且一般情况下共现频率与关联性之间存在正向关系。通过计算词汇与词汇之间的共现频次，就可以实现词汇间关联性的量化分析。基于共现分析原理实施的计算机语义信息处理，使得文本的处理更为科学和高效，并直接推动了信息检索的快速发展。

在文献计量学中，我们通常将文献视为是科研人员表达其思想和观点、记录其发现和知识的重要载体，而词汇则是组成文献的基本知识单元。词汇共现折射出知识单元和研究主题的关联性，由此可以形成对该领域学科结构及其与相关或相近领域关联性的描述，并通过对比不同时期的学科结构描述，进而探求学科的知识结构，这就是词汇共现（共词）分析的基本原理。除了词汇以外，文献与文献之间、文献所包含的各类特征项之间、文献与其包含的特征项之间普遍存在着共现现象。文献计量学借助于文献特征项的定量分析，旨在探索文献的内容关联和特征项所包含的隐性的内涵和意义。早期的共现分析多以论文作为研究对象，共现的形式多种多样，共现分析的对象也多种多样。论文所依附的期刊之间也可以存在共现关系，即期刊共现，包括期刊耦合、期刊共被引。论文所包含的内部特征项（例如关键词、主题词等反映内容的特征项）之间存在的共现关系，即共词现象。论文所包含的外部特征项（例如作者、机构、国家、引文等）之间同样可以采用共现分析，例如作者（机构、地区、国家）的合著、同被引分析等。

以科技论文为载体的共现分析，已经在文献计量学中获得了广泛的应用，国内外出现了一大批相关研究成果，共词分析、合著研究、耦合分析、共引分析等一系列共现分析方法，已经比较成熟和完善。在揭示学科发展规律和知识结构、评价科研人员和机构的科研实力与学术影响力、追踪一个学科或研究领域的发展演变历程、考察学术共同体的研究流派和组成结构等方面发挥着积极的功效。随后，共现分析的对象也开始逐渐向其他文献类型引入，出现了一些针对专利文献的共现分析成果，例如，发明人或专利权人及其所属国家和地区之间的合作研究，专利文献之间、专利文献与科学论文之间的引用关系研究，专利分类号之间的共现关系（共类）研究等。虽然，研究深度和广度不及科技论文的共现分析，分析方法和手段也不及科技论文那么成熟和完善，但是，这些研究成果已经证实了共现分析方法应用于专利文献计量的科学性和可行性，也为随后开展的面向专利文献的间接共现关系和多重共现分析的计量研究奠定了必要的基础。

（四）多重共现分析
1. 多重共现

庞弘燊和方曙[①]把一重共现定义为两个特征项之间的共现，如作者—作者之间的共现、作者—关键词之间的共现。为了更好地揭示多重共现与一重共现的区别与联系，作者对期刊论文不同特征项能够揭示的知识内容进行了归纳总结，并对多重共现和一重共现进行了直接的比较，如表2-1所示：

---

① 庞弘燊、方曙：《基于多重共现的可视化分析工具设计及其知识发现方法研究》，《图书情报知识》2012年第2期。

表 2-1　　多种共现特征项所能揭示的知识内容

特征项	例子	分析的视角	所能揭示的知识内容
一个特征项	作者	高产作者	高发文量的作者
	关键词	高频关键词	热门研究主题词
两个特征项共现（一重共现）	关键词—关键词	共词分析	关键词聚类揭示研究主题
	作者—关键词	作者与关键词关系分析	作者的研究领域
三个（含）以上特征项的共现（多重共现）	作者—关键词—发表期刊	作者、关键词与发表期刊之间的关系分析	作者偏好在某期刊上所发表的主题类型，某期刊的固定作者群及主题研究领域与变化等
	作者—关键词—引文关键词	作者、关键词与引文关键词之间的关系分析	通过关键词聚类和引文关键词聚类共同反映作者的研究领域

由表 2-1 可知，多重共现与一重共现相比，包含的特征项更多，能够揭示的信息更为丰富。例如，若对作者—关键词—发表期刊三类特征项的多重共现关系进行分析，相当于同时对作者—关键词、作者—发表期刊、关键词—发表期刊 3 个一重共现关系进行分析。由此可见，多重共现分析与一重共现分析在计量对象上有明显的区别，多重共现分析在揭示维度和深度方面具有独特的优势。

2. 同共现/异共现

邱均平和刘国徽指出共现分析是实现知识聚合的有效手段，但是不同的共现分析方法能够实现的知识聚合效果是不一样的，主要表现为知识聚合的深度不同[①]。作者对目前文献计量学现有的共现分析方法进行了尽可能全面系统的总结和梳理，并将其划分为四种类型，这四种类型的共现分析方法分别代表着知识聚合的四个层

---

① 邱均平、刘国徽：《基于共现关系的学科知识深度聚合研究》，《图书馆杂志》2014 年第 6 期。

次，如图2-1所示。

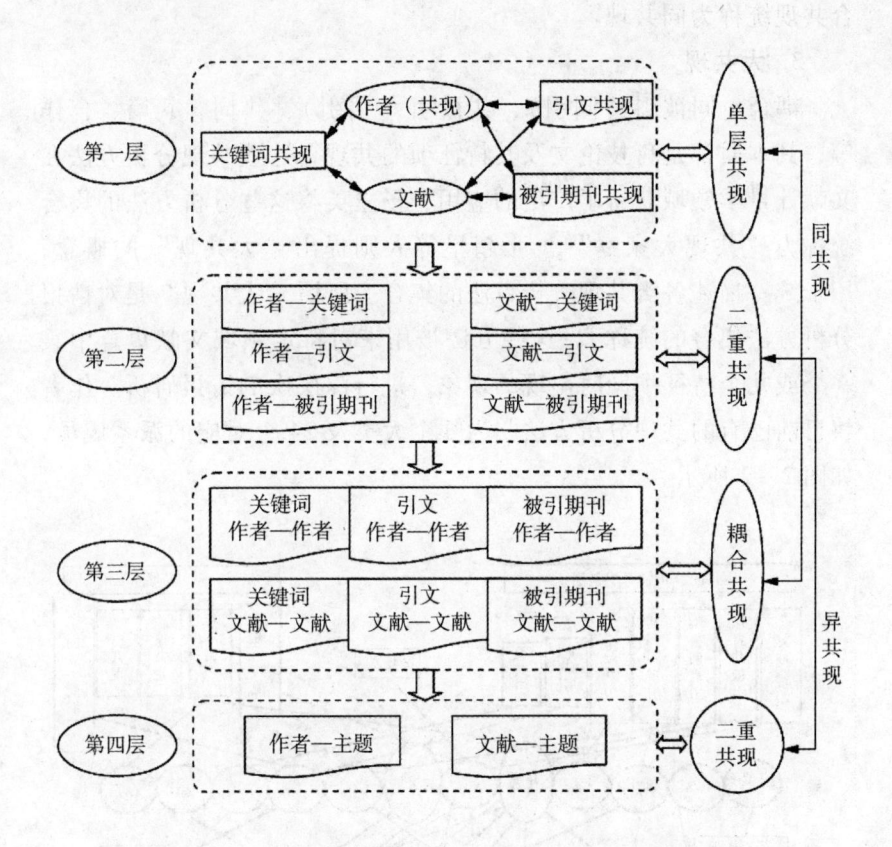

图2-1 基于共现关系的学科知识深度聚合模型

邱均平和刘国徽在对共现分析方法进行归类时，已经包含了多重共现分析的思想，并且提出了同共现、异共现、单层共现、耦合共现、二重共现等概念。由上图可知，作者将两类不同特征项之间的共现，例如作者—主题、文献—主题、作者—关键词、文献—关键词、作者—引文等，视为二重共现和异共现。而将同类特征项之间的直接共现，例如作者—作者共现、关键词—关键词共现等称为单层共现，将同类特征项之间借助于其他特征项而建立的间接共现，例如作者—作者之间基于关键词而建立的共现、文献—文献之间基于关键词而建立的共现，称为耦合共现，作者将单层共现和耦合共现统称为同共现。

3. 大共现

耦合、同被引（同引）、共被引（共引）、共词、共篇、合作等，其本质都是科技论文及其特征项的共现，这些共现分析方法在文献计量学领域获得了广泛的应用，杨立英将这些分析方法的集合统称为"共现大家庭"①。张超星等人则提出"大共现"的概念，用于统一描述各类共现分析方法的集合。所谓"大共现"是对情报分析方法集合的统称②，这些方法被用来对特定领域文献集合中某一个或几个特征项同时出现的现象，进行深层次的情报研析。作者将目前已有的共现分析方法归为 6 个大类及 24 个对应的派系成员，如图 2-2 所示。

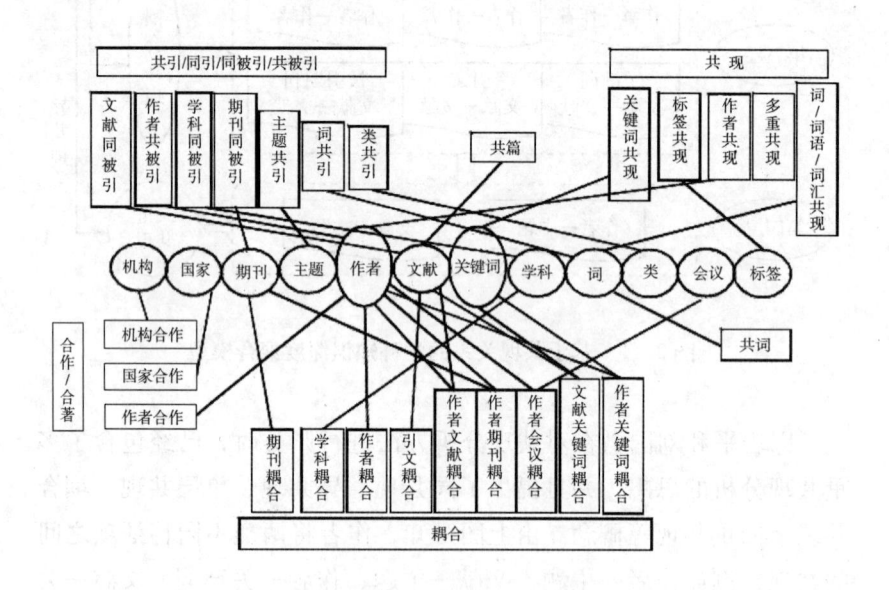

图 2-2 大共现成员及其派系组成结构

---

① 杨立英：《科技论文共现理论研究与引用》，中国科学院，2007 年。
② 张超星、刘小玲、谭宗颖：《图情领域的大共现及其发展现状》，《情报资料工作》2016 年第 1 期。

作者对现有的共现分析方法进行了比较系统的总结和归纳，提出了"大共现"的概念，作者认为"大共现"就是利用特定领域文献集合中某一个或几个特征项同时出现的现象，其中，一个特征项的共现即为常见的一重共现，而几个特征项同时出现则可视为多重共现。可见，作者提出的"大共现"同时包含了一重共现和多重共现的思想。但是，作者并没有明确提出"多重共现"的具体概念及定义，也没有对多重共现分析的具体方法进行一定的定量或实证研究。

综上所述，多重共现仍然是一个新兴的主题概念，部分学者在其研究成果中包含或涉及较为朴素的多重共现分析的思想和观点，但是就多重共现的概念和外延并未达成共识。庞弘燊和方曙认为，同时包含三个及以上特征项的共现才能够被称为多重共现；邱均平和刘国徽在对现有的共现分析方法进行归类时，第一层次的单层共现为同类特征项之间的共现；第二层次和第四层次均为两类特征项之间的共现，作者称之为二重共现；第三层次耦合共现为同类特征项之间借助于其他特征项建立的共现关系，作者称之为耦合共现。单层共现毫无疑问是一重共现，而异共现（二重共现）可以归入多重共现的范畴。张超星等人提出的"大共现"的概念及定义同时包含了一重共现和多重共现两个方面，认为几个特征项同时出现的现象即为多重共现。

综合以上多位学者对于多重共现、同共现/异共现、单层共现/二重共现/耦合共现、大共现等相关概念所做的定义和解释，结合我们对于共现分析理念的理解，本书给出的多重共现定义为：两个及以上不同类型的特征项共同出现的现象，包括不同特征项之间的共现关系、相同特征项之间的耦合关系、多个特征项之间的交叉关联等。多重共现分析是指对两个及以上不同类型特征项之间的多重共现现象和多种共现关系进行综合分析的研究过程和计量手段。

另外需要说明的是，本小节列举的庞弘燊和方曙、邱均平和刘国徽、杨立英、张超星等学者给出的三类定义均是以学术论文为载体，针对学术论文的特征项及其共现现象进行解释和说明。本书将多重共现分析的思想从学术论文转向专利文献，重点关注面向专利数据的多重共现现象、多重共现关系以及多重共现分析方法。我们将专利多重共现分析的概念定义为，对专利文献所包含的多类特征项及其结成的多种共现关系进行综合分析和计量研究，以发掘潜在的、间接的、交叉的关联结构的研究过程和手段。本书的研究对象是专利文献及其不同类型特征项（如专利号、发明人、专利权人、专利分类号、引文等）之间的共现现象及共现关系，其基本原理与学术论文的共现分析非常相似，但是具体某一特征项的含义及其共现关系类型又会明显区别于学术论文。

（五）专利共现网络

倘若把一篇科学文献的内容特征和外部特征提炼出来，从某种意义上讲，科学文献就可以被视为由一系列特征项构成的集合。这些特征项包括主题、篇名、关键词、作者、单位、期刊、摘要、参考文献、基金、中图分类号等。这些特征项组合在一起成为一篇文献的重要特征，它们在同一篇文献中出现，反映了特征项所代表的知识单元之间的关联性，共现越频繁则其关联性越强。文献计量学对以论文为载体的共现现象的关注由来已久，普遍通过分析特征项之间关联的方法去探究论文与论文之间的内容关联和逻辑关联，从而折射出科学领域在不同方面的关联结构，从而达到发掘科学活动发展规律的目标。

共现现象能够以数字化的形式予以表述和记录（如共现矩阵、共现关系图等），使得我们可以借助于数学的方法和模型对共现现象进行定量测度和分析。研究者对共现分析给予了高度关注，并在理论和应用两个层面开展了大规模的研究和探索。国内外出现了一大批针对引文、合著、耦合等共现现象的研究成果，其中，相当一部分研究成果以共现关系网络的形式予以直观呈现和定量分析，例如，合著网络、共词网络和引文网络。

究其本质，这些共现关系网络是论文所包含的特征项之间的共现关系的定量化和形式化表现。作为科学文献的一种特殊形式，专利文献同样包含着一系列的特征项，这些特征项在同一篇专利文献中共同出现，形成专利共现现象。以学术论文为载体的共现分析方法同样可以用于专利共现现象和专利共现关系的计量分析当中。专利共现现象转化为共现矩阵，矩阵中的数字代表着两个特征项之间是否存在共现关系以及两者之间共现关系的强弱（共现频次的多少）。

专利共现矩阵可以借助社会网络分析方法和工具，分别从整体网络、网络密度、网络节点、网络结构等不同的层次和维度展开计量分析，并且可以被绘制成共现关系网络图谱，从而更为生动直观地显示出文献之间以及文献所包含的特征项之间的共现关系及其强弱。例如，发明人或专利权人合作网络、专利分类号共现（共类）网络、专利引文网络等，均是基于专利文献及其特征项之间的共现关系而生成，属于典型的专利共现网络。可视化和知识图谱是建立在多学科交叉融合基础上的现代理论和技术，文献与文献之间、作者与作者之间、机构与机构之间、国家与国家之间、关键词与关键词之间的合著、引文、耦合等关联性，均能以网络矩阵的形式进行表示，并借助于可视化技术以网络图谱的形式进行展示和分析，将相关的统计数据和分析结果以一种更为生动直观的形式予以呈现。

（六）技术创新

创新的形式各式各样，技术创新只是其中的一种，关于技术创新的概念，存在着两种较为极端的理解方式：第一种观点将创新视为纯粹的技术行为，技术创新的目的即为实现技术进步，该观点较少考虑技术的市场前景和经济价值，人为割裂了科研与生产之间的内在关联，而导致科研与生产两张皮；第二种观点将创新视为纯粹的经济行为，技术创新即为技术应用，经济效益成为衡量创新效果的重要指标，此种观点下，技术创新等同于技术开发与应用，其本质为面向价值转化与实现的应用创新。该观点认为技术创新以市场为导向，尤其强调要将创新与生产结合起来。但是，过于强调技术创新的实用性，就会导致忽视技术开发的现象，进而导致技术应用成为无本之木而难以为继，更有甚者，可能会出现因为经济效益而舍弃社会效益的现象，这显然不符合可持续发展理念。

实际上，技术开发和技术应用之间存在相互作用、相互促进的关系，技术以科学为根基，产业以技术为支撑，技术创新以科学发现为基础，产业创新以技术创新为基础。因此，对于技术创新的正确理解方式是将以上两种观点结合起来，将技术创新理解为技术开发与技术应用的整体。技术创新是科技和经济两大因素相互支撑、彼此融合的过程，同时包含技术开发与技术应用两大关键环节，呈现出一条从新想法、新理念到新产品、新工艺的完整链条。

相比较国内外关于技术创新的定义，美国国会图书馆研究部赋予技术创新的概念和定义更为完备且体系化，它指出技术创新是一个完整的链条，该链条从新想法、新理念延伸到新产品、新工艺，包含了新设想的产生、研究、开发、商业化生产再到扩散的各个过程。本书比较认同这种定义方式，将技术创新视为新思想、新发现从产生到应用的完整过程，技术创新同时包含技术开发和技术应用两个部分，并且认为这两个部分是无法割裂的有机整体，技术开发以技术应用为目的，而技术应用又必须以技术开发为基本前提。

创新是创新思维蓝图的外化和物化，必然形成相应的产出和成果，它附着在一定的载体之上，成为可以被保存、传播和利用的形式。科技文献即为创新成果的主要表现形式，包括科技论文、专利文献、科技报告等，承载着人类在实践活动中的新思维、新发现和新知识，成为科学交流体系的重要组成部分。在各类创新成果当中，专利文献是一类比较特殊的成果形式，它兼具经济、技术、法律三重属性，同时架起了科学与生产的桥梁与纽带。专利文献的存在也使得原本较为抽象的技术创新活动变得有迹可循，使得我们能够采用定量和实证的方法对技术创新活动进行研究。

前文关于技术创新概念的讨论，我们认为技术创新同时包含技术开发和技术应用。专利是技术开发的产物，专利文献完整地记载了技术开发过程中形成的新思想、新发明与新创造，所以，在专利计量活动当中我们通常借助于专利文献的数量及其包含的各类特征项的统计分析来探索技术开发活动的轨迹。与此同时，专利也是技术应用的基础，新产品、新技术的产生和实施总是以专利文献的利用为前提，所以，在专利计量活动中我们常常借助于专利的许可、转化、转让等指标来考察技术应用情况。由此可见，与学术论文相比，专利文献具备显著的技术性、实用性、功能性特征，更适合用来描述和揭示技术创新问题。因此，本书提出面向专利数据的多重共现分析思想，借助于专利文献对原本较为抽象的技术创新活动进行定量考察和计量分析。

二　相关理论

（一）社会网络理论

社会网络分析源自于社会学，但是同时受到多个学科的普遍关注，能够产生出一大批鲜活的实证研究成果，并且成为横跨自然科学和人文社会科学两大领域的研究热点。社会网络分析的研究范式呈现出以下几个方面的特点：一是注重结构性思想；二是以经验数据为基础；三是以关系图作为重要的分析手段；四是分析过程中较多地使用数学模型。社会网络分析不仅是一种研究方法和工具，更是一种具有显著的结构性和系统性特征的新的思维形式和研究范式。20世纪70年代以后，西方社会学领域掀起了社会网络分析的热潮，它关注于个体所结成的网络，从网络视角研究个体的行为，个人与个人之间、个人与群体之间的关系，以及网络之于群体、群体之于网络产生的作用和影响。社会网络分析采取的研究方法明显区别于传统的数理统计分析方法，其切入点是关系及其模式。

虽然，同为定量研究方法，但是社会网络分析方法和传统的抽样调查统计方法相比，却存在着本质上的差别。传统的抽样调查关注于个体的属性特征和独立存在性，而社会网络分析则着眼于个体之间的关联性，关注于个体之间的社会关系及结构。所以，社会网络分析又被称为结构分析法，它分析研究的着眼点在许多个体所结成的社会关系网络的结构及属性特征，它将个体抽象为点，将不同个体之间的关系抽象为线，以点和线的组合绘制社会关系网络图谱，从而直观、定量地呈现出网络的结构特征，以及网络中所包含的节点和连线的属性特征。社会网络分析理论持有的基本观点如下：（1）世界的组成单元是网络而非独立的个体；（2）个体的行动受制于网络结构；（3）行动者之间彼此相依，行动者并非独立自主而存在；（4）行动者之间的社会关系是信息得以传播、资源得以传递的通道；（5）可以用网络模型把各种结构进行表征和量化，以便更好地研究和揭示行动者之间的关系模式；（6）网络中的成员能够建立起一套规范；（7）从社会关系层面得出的社会学解释，相比较于从个体属性层面得出的解释，具有更强的说服力；（8）结构方法是对个体主义方法的有力补充，它有效地弥补了传统方法的不足；（9）社会网络分析是社会学领域的一次伟大突破，打破了传统社会学二元对立的状态。

社会网络分析的显著特征和核心优势有两点：一个是可视化，二是可测量。定量描绘网络中的各种关系为实证研究提供了量化的检验途径。在社会网络分析的过程中，数据的主要表现形式是矩阵和图，其中，矩阵主要分为二分（二值）矩阵和赋值（有值）矩阵两种类型。前者将社会网络用"二值"矩阵表示出来，分别用1和0两个数值来表示两个节点之间有无关系。后者则以具体数值的大小来反映节点关系的强弱，在处理时又可进一步划分为相似矩阵和相异矩阵。网络图可以直观展示网络数据的全貌，反映节点之间的结构和信息流动方向，清晰的体现网络的整体属性，得益于社会网络分析法所具有的可视化和可测量特征及优势，其在很多领域得到了广泛的应用，在专利计量领域自然也有着广阔的应用前景。基于海量专利文献的关系数据获取，将带来专利分析与社会网络分析的有效融合，从中获得科技和经济情报信息。

（二）知识结构理论

知识结构是建立在源自一定的文献特征项所形成的数据集的基础上、能够反映学科或专业的主题结构关系的一种学科或专业的子领域或子结构。对于一个学科知识结构的全面描述和实时揭示，有助于学术共同体更精准地认识和把握学科发展的规律和模式，也有助于推动该学科的科学研究活动朝着更加科学、规范、有效的方向发展。知识结构虽未有明确的定义，但根据国内外已有研究成果中的表述，结合笔者自己的理解，我们认为一个学科的知识结构包括主题结构和作者结构，其中，主题结构主要是从文献的词汇特征得到的主题分类或者学科结构，作者结构是基于作者关系得到的知识结构，无形学院即为某一学科领域作者结构的表现形式。

科研人员在其从事的科研活动中，总是以撰写科学文献的形式记录其新发现和新知识。科学文献成为科研人员记录知识、表达观点、传递思想的重要工具，科学文献的累积遂成为一个学科的知识基础。科学文献是科学研究的主要成果，也是科学知识的重要载体。科研人员在撰写科学文献时总是遵循一定的规律和准则，科学文献所包含的每一个知识单元都不是盲目和随意的，而是科研人员进行精心选择，用来准确地表达自己的思想和观点。因此，几乎所有的科研人员都同时具有科学文献作者的身份，科学文献也成为研究科研人员科学活动规律的天然样本。

词汇是知识表达的最小单元，一篇科学文献就是由一个个的词汇组成，以某一领域为研究对象的不同科学家，其社会和知识背景可能多种多样，但就同一个研究课题及概念，他们所运用的专业词汇普遍具有趋同性。我们将其视为表征一篇科学文献的研究主题和知识内容的基本单元，通过出现频次的统计分析，可以反映出该文献对于某个研究主题或知识单元的关注程度；通过两个及以上关键词或主题词的共现现象及频次的计量，来衡量这些词汇所代表的知识单元或主题间的关联特征。这就是文献计量学中词频分析和共词分析的理论基础，也是科研人员描述一个学科领域知识结构的常用手段。

科研人员之间、科学文献之间、科学文献所包含的知识单元之间总是存在着一定的关联性，这种关联性基于科学文献而产生，或者借助于科学文献表露出来。例如，作者与作者之间，通过合著而建立起直接的关联性，合著关系不仅显示出作者研究主题的相似性，也体现出作者之间社会关系的亲疏远近。作者之间通过关键词耦合而建立起间接的关联性，这种间接的关联性反映出作者研究主题、研究兴趣的相似性。作者之间还可以通过引文建立起关联性，两个作者共同引用一篇或多篇文献，或者两个作者共同被其他一篇或多篇文献引用，都能建立起作者之间的关联性。

  不管是何种关联性，其形成都不是偶然的，而是反映出科学研究的客观规律性。一个学科领域内部，知识单元之间的知识关联，尤其是较大规模的知识单元之间的复杂关联，实际上就是该学科领域的知识结构。知识结构的内涵可以表达为，在确定的数据集中根据对象之间的关系得到的对象之间的亲疏关系的划分，事实上这一内涵也成为共现分析的理论基础。学者们对于某一学科领域知识结构的描述和揭示，通常采用共现分析的方法来实现。例如，关键词共现分析反映了某一个学科领域各个研究主题的分布及其关联，作者共现分析反映了某一个学科领域科研人员的学术派系，引文共现则反映了某一个学科研究主题和学科知识的发展演变历程。

  文献计量学的主要任务是从文献当中发掘科学的历史沿革、发展趋势、研究主题、突出贡献者、学科知识结构等[①]。科学文献包含很多诸如标题、摘要、关键词、作者、参考文献等的特征项，不同的特征项分别从不同的角度反映文献的相关信息，文献计量学的重要功能，就是依托科学文献中的科学知识来映射出科学发现的知识结构，剖析科学发现的知识根源和科学发现间的知识联系，总结科学发现的普遍模式，从现有的研究情况看，共现分析是揭示学科知识结构的惯用方法。

（三）技术创新理论

  熊彼特是技术创新理论的先驱，他极具创造性地将创新与生产两大因素结合起来，提出了"创新服务于生产"的观念，并且认为

[①] 任红娟、张志强：《基于文献内容和链接融合的知识结构划分方法研究进展》，《情报理论与实践》2010年第4期。

技术创新是创新的一种表现形式，也是创新在生产体系中的一个环节。熊彼特关于创新问题的一系列论述奠定了创新理论的基石，在随后百余年的发展历程中，熊彼特的创新理论不断得到继承和发展，国内外学者以熊彼特的创新理论为基础逐步发展出了多元化的创新理论，并形成了多个比较有代表性的理论流派。技术创新是熊彼特提出的五种创新形式的一种，他所开创的技术创新理论体系，对于全世界范围内不同政治体制和经济环境下的国家和地区，具有较为普遍的参考价值和指导意义。

技术创新理论很好地揭示了技术进步与经济增长之间存在的正向相关关系，指出技术进步是生产力发展的核心动力来源，全世界各个国家和地区的发展实践和经验已经充分证实了这一观点的正确性。专利计量学领域的专家学者们将专利视为"表征科技创新与进步的一项强有力的指标"的基本前提假设也是以此作为理论依据，技术进步形成对生产力发展的巨大推动力，因此，专利产出情况不仅可以直接衡量一个国家或地区的技术发展水平和能力，而且还在一定程度上显示出其生产力发展的层次和质量。

创新研究的"线性范式"认为技术创新是一个线性的过程，包括"设想—研究—中试—生产—销售"的完整流程，该范式持有的是更为广义的技术创新理解方式，将技术创新看作是发明创造从产生到应用的完整流程。之后，有学者指出技术创新还是一个开放性的过程，企业所处的外部环境以及外部的资源和信息，对技术创新的过程和结果能够产生重大影响，同时还能消解单个企业技术创新能力不足、创新资源有限的弊端，对于有效评估和规避技术及市场的不确定性具有重要意义。

之后，技术创新的研究视野更加广阔，不再仅仅局限于单个企业内部，转而关注技术创新活动中企业与外部环境间的相互关联、影响和作用，从而导致技术创新理论中"网络范式"的兴起，这种"网络范式"实际上就成为技术创新网络研究的理论基础。技术创新网络是一个混合型网络，由企业及相关的利益主体，比如政府管理部门、大学、科研机构、社会组织、金融机构以及广大的相关企业所组成。在技术创新网络中的各类主体在共同的技术创新目标或共同利益的引领之下，相互之间发生联系、交换资源、传递信息。网络成员之间关系的复杂性和网络结构的多样性，意味着我们必须要借助于特别的方法和手段进行研究。

  基于专利文献而构建的各类网络，如引文网络、合作网络、共类网络、许可/转让网络等，实际上就是技术创新网络的多种表现形式，它以技术创新理论中的网络范式为理论依据，使得我们能够定量描述各类创新主体的活动轨迹，揭示各类创新主体之间的复杂关联，考察网络结构呈现出的特征及其对网络成员施加的影响，考察不同创新主体之间的关系及其相互作用和影响程度，预测不同创新主体在特定的网络环境中可能会采取的行动方案，旨在为从事专利研发的机构和个人选择技术方向、寻找合作伙伴、建立创新联盟、开发新产品、制定商业战略等活动提供参考信息和决策依据。

第三章 多重共现分析的基本原理

无论是自然界还是人类社会，共现都是一种非常普遍的现象，共现及聚类是人类认识事物的惯用方式。在由各类文献组成的情报世界里，共现也是一种非常普遍的现象。文献计量学家很早就注意到共现现象，并且认为共现是一种可以被加以利用，以便更好地认识和把握文献情报交流现象及规律的重要途径。因此，文献计量学中共现分析作为一种正式且常规的研究手段而受到研究者的青睐，并且引申出一系列的新的分析方法和指标，例如，共词分析、共类分析、合作（著）分析、引文分析、耦合分析等，其本质都是共现分析，基本原理是利用文献及其特征项的共现，揭示不同知识单元或知识主体之间的关联性，并将这种关联性以定量化形式（如共现矩阵）予以表示，以实现共现关系的计量分析和可视化展示。

多重共现分析是传统共现分析方法的延伸和升级，仍然沿袭共现分析的基本原理，只不过是在具体的分析手段和实现方法上进行了一定的创新和改进，融入了大共现、交叉共现、多模网络、异质网络等新的思想和理念，整合了多种类型的特征项和多种形式的共现关系，并且增加了一些交叉关联作为计量分析内容，使得共现分析的功能得到了一定程度的强化和拓展。尽管如此，多重共现与多重共现分析毕竟是一种有别于传统一重共现分析的新兴概念与方法，虽然基本原理存在一定的相似和相通之处，但是也有许多有待阐释和说明的新思想和新原理。因此，在多重共现分析方法正式构建和实施之前，我们有必要对多重共现及多重共现分析的基本原理进行剖析和诠释。

一　共现分析的方法论基础

两个个体如果频繁共现，说明二者之间隐含着关联，关联的背后是某种带有规律性的关系。通过共现现象及共现频次的统计分析，使得看似独立的两个或多个个体之间建立起关联性，并以共现频次的多少来衡量这种关联性的强弱，再以共现关系的强弱来区分和判断个体之间亲疏远近，旨在揭示共现现象背后的模式与规律。以论文为载体的共现分析是文献计量学主流的研究方法，目前，已有的较为成熟、应用比较广泛的共现分析方法也都是以论文作为样本数据。所以，本书在探讨文献计量学共现分析的方法论基础时，首先以论文为例对共现分析的基本原理进行分析说明，随后再将其引申至专利文献，探讨以专利文献为载体的共现分析。

（一）社会学的群体理论

社会学认为每一个人都不是孤立存在的，而是以各种形式与他人发生关联，并建立正式或非正式的关系，错综复杂的社会关系对人的思想和行为产生着直接而显著的影响和制约。每一个人都置身于社会关系的"缠绕"当中，隶属于或多或少的社会群体，以群体成员的身份存在，所以，我们称之为"社会人"。群体由个体所组成，但绝不仅仅是单纯相加，而是个体之间建立在某种关系基础上的有机结合，群体的存在形式是多种多样的，大小不一、性质不同，正式的、非正式的，虚拟的、现实的，自愿的、强制的，稳定的、变化的，强关系、弱关系，等等。家庭、工作单位、社会团体、宗教团体等，本质上都是群体。人类所具有的社会属性和特征，例如，身份、地位、职业、权利等，大多都是直接或间接地通过个体对于群体的隶属关系来界定的。群体内部成员之间相互影响、相互支持、相互制约、传递信息、共享资源，时而竞争时而合作，且必须遵守相应的群体规则。群体由个体所组成，群体和个体之间相互影响、相互作用、相互制约，个体行为能够在不同程度上影响群体，群体当然也会对个体施加作用。群体内部成员之间的关系愈紧密，群体对个体能够施加的作用和制约愈有力，与此同时，不同个体在群体中的地位、作用和影响力是不一样的，总会有一些成员在群体中居于重要的位置并发挥着关键性的作用，并且这些关键性成员只占少数。

社会学的群体理论带给我们的基本思想是：第一，必须将社会人放置于一定的社会背景和社会关系当中进行研究；第二，对于群体的研究往往比对于个体的研究具有更高的价值和意义。早期的社会科学领域开展的研究，尤其是实证研究和定量分析基本上都以属性数据为样本，惯用的研究方法是抽样调查，有学者将其比喻为"社会科学的绞肉机"。事实上，任何个体都不可能孤立存在，无论是个人还是机构都处在一定的社会环境当中，个体之间存在着千丝万缕的关联，其行为必定受到其他个体的影响和制约。传统的抽样调查只关注特定个体的属性特征，而忽视个体之间的关系，这种研究方法，将个体从社会情境当中剥离出来，其研究结论必然不会全面和准确。

社会网络分析是一套以关系为中心的理论与方法，它的出现恰好符合社会学关注群体及其社会关系的理念，探究多维因素所形成的关系是怎样对网络成员的行为施加影响的，数理统计的研究对象是属性数据，社会网络分析则是关系数据，后者的研究对象是"关系"，着眼于"关系"的角度去描述社会现象并洞察社会结构，进而探索在某个群体和某种社会结构当中，在他人的影响和干预之下，在社会关系的影响和制约之下，个体可能会采取的态度和行为。由于很好地迎合了社会科学的研究需求，所以，社会网络分析的理念和方法出现以后，在社会科学的各个学科领域获得了快速的发展和广泛的应用，社会网络分析研究关系的方法体系，同样适用于技术创新问题的研究。

群体理论带给文献计量学和科学计量学的启示是，科学家并非孤立的个体，科学研究也不是科学家的单打独斗，科学家之间存在着关联性，我们将其称之为学术关联，例如，科学家之间的合作关系和引用关系就是典型的学术关联。共现分析就是专门用来对学术关系问题进行量化研究的方案。某一学科领域的全体科学家结成一个大规模的群体，我们常称之为学术共同体，群体内部成员之间存在着直接或者间接的学术关系，共现分析的目的就在于，将科学家个体放置于学术共同体的学术关系中进行考察，通过某种手段将这种学术关系进行数字化表示，再借助于数理统计分析、社会网络分析、可视化、因子分析、多维尺度分析等方法和工具，考察群体的特征及其对成员的影响，揭示群体内部成员之间学术关系的亲疏远近及分布规律，识别成员结成的小群体或派系。当然，作者之间的学术关系可以引申至作者所属机构、地区、国家等更宏观的层次，考察不同机构之间、不同地区之间、不同国家之间的合作、引用等学术关联，而在合作、引用等学术关系的背后是学术共同体中的知识、技术、资源的流动、扩散与分享。

（二）心理学的邻近联系法则

共现分析的方法论基础之一是心理学的邻近联系法则和知识结构及映射原则，如果我们以往看到或经历过的两个对象在某一处同时出现，在潜意识里我们会将这两个对象联系在一起，随后在我们的想象或记忆当中也会将它们放置在一起，当想起其中的某一个对象，另一个对象也会以印象中相应的顺序被想起。从心理学角度来看，这是人类的认知习惯所致，认为共同出现的两个事物之间必定存在着某种关联性。共现是一种非常普遍的现象，是我们建立和考察个体之间关联性的基本依据。

在同一篇文献中，人名、词汇、参考文献等的共现，都在一定程度上说明它们之间存在某种关联性，并且共现的频次越高表明关联性越强，所以，我们通常利用共现频次指标来衡量个体之间的关系紧密程度。两个人名在同一篇文献中出现，根据出现的位置和形式来判定它们之间究竟是合作关系，还是引证关系，抑或是同被引关系，本质上都是共现关系，共现越频繁表明两人之间的关系越是稳固和紧密。在文献计量学中，我们以共现频次来衡量研究者之间的学术关系。共现分析不仅适用于有生命的个体,在学术文献中主题词、关键词的共现也包含着规律性,词汇之间的共现在一定程度上代表着知识单元之间的相似性与相关性,知识单元的交叉融合对于揭示学科知识结构具有重要的意义。

在文献计量学和科学计量学中,共现分析使得科学家的活动规律有迹可循,事实上,不仅学术界如此,在整个人类社会中,共现都是一种普遍的社会现象。

共现分析在许多领域都可以有所应用,例如,在微信、QQ等社交媒体上,成员之间的共现、链接、关注、评论等,都可以用来作为样本考察人际关系。并且,共现频次越高,关联程度越大,人际关系越紧密。在各类媒体中两个公司名称的共现、两个事件的共现等,都可以从中挖掘出有价值的情报信息,类似的共现分析方法可以被应用于市场营销、公共关系、社会学、心理学、传播学等多个领域。

(三)语言学的语义关联

语言和文字是人类开展信息交流的基本工具,文献是由语言和文字所组成的,文献的基本知识单位即是词汇,作者在撰写文献时选词是经过深思熟虑的,不同词汇的使用和出现频次呈现出一定的规律性特征,语言学家往往会对词频及词汇分布规律开展研究,这给图书情报学研究带来重要启示。齐普夫曾以数学公式和图表的形式描绘了较长篇幅的文献中词汇的出现规律,研究结果表明自然语言词汇的分布特征能够以一个简单的定律来表征。齐普夫定律不单单作为信息计量学领域的广义通式而存在,而且在社会领域中的大量现象,例如人口分布,也可以通过齐普夫定律去描述它们的分布形式或特征。因此,齐普夫定律的重要意义和作用,不仅体现在文献标引和词表编制的工作与研究中,而且体现在对整个社会科学内在规律的发掘和阐释。

齐普夫定律是研究语言文字问题的重要定律,统计学视角是其开展研究的切入点,图书情报学与语言学的主要交集是文献标引和文献检索，除了词频的分布规律以外，词汇之间的语义关联也是文献标引和文献检索必须关注的问题。一篇文献由众多的词汇组成，但绝非词汇的简单堆积，词汇之间存在着语义关联性，多个词汇在同一文本中出现，说明这些词汇在内容属性上具有一定的相关性，两个词汇的位置越接近，关联性越强；共现次数越多，关联性越强。通过对词汇出现频次的统计，可以了解到某一学科领域的研究热点。统计词频分布规律的工作可以使词表的编制工作变得有章可循，并且为其提供科学的方法和指导，但是，词频统计的方法并不能反映词汇之间的语义关联，这种关联性可以通过词汇的共现来反映，根据词汇共现现象建立词汇之间的关系，以共现频次衡量关系的强度，这样词汇之间的语义关联就可以用数学的方法和工具进行表达和计算。

共词分析在文献计量学领域获得了广泛的应用，某一学科领域众多词汇基于共现关联形成共词关系网络，借助于社会网络分析和可视化手段，不仅能够定量考察词汇之间的关系远近，而且可以反映学科知识结构。关键词与主题词是考察和揭示文本知识关联的重要基础，共现分析方法是实现知识挖掘、提供知识服务的重要途径[1]。共现分析在文献计量学以外的领域也获得了广泛的应用，例如，语义网络就是一个很好的证明。词汇共现是定量表征语义关联的一种重要方法[2]。基于词汇共现的语义网络分析成为一个跨学科的研究热点，在人工智能、自然语言处理、语义检索、自动标引、文本知识挖掘和深度知识聚合等领域有着广阔的发展前景，受到多个学科研究者的共同关注。

（四）数学的图论

图论（Graph Theory）是数学的一个分支，整个图形由点和线

---

[1] 王曰芬、宋爽、卢宁等：《共现分析在文本知识挖掘中的应用研究》，《中国图书馆学报》2007年第2期。

[2] 邱均平、楼雯：《基于共现分析的语义信息检索研究》，《中国图书馆学报》2012年第6期。

组成，用以反映某些事物之间存在的某种特定关系。图论已经在计算机、社交群体、大众传播、控制论等领域获得普遍应用，科学研究、生产与生活中的许多问题，都可以运用图论的理论和方法加以解决，尤其是复杂的工程系统、社会关系及管理问题，通过图论可以快速地寻找最优的解决方案。尽管人类已经创造出了丰富多彩、复杂多变的语言和文字体系，但是对于简单的图形和符号仍然情有独钟，图形和符号能够更为直观简便地将复杂的关系和问题展示在人们面前。

人们在实际的社会生产和生活中，为了准确快速地揭示事物的本质，描述事物间的关系，往往采用绘制由点和线所构成的示意图的方式来抽象表现复杂的事物间关系。通常情况下，点表征研究对象（人或者事物），线表征研究对象间的特定关系。图论中的图形所表征的也正是研究对象之间的复杂关系，节点代表着研究对象，线代表着研究对象之间的关系，图中包含的节点和连线实际上组成了一个关系网络。网络分析，简言之，就是综合采用定性和定量的方式解析网络及其包含的节点与连线，进而为达到某种优化目标去寻找最优化的解决方案。

图是关系的数学表达和符号表达，图论应用于文献计量学中，成为共现分析的重要实现手段之一，针对共现关系所开展的社会网络分析和可视化研究，充分体现出了图论的思想和方法。文献所包含的各类特征项，是表现文献知识内容和外部特征的重要符号，特征项的共现体现出知识单元的关联性。基于学术论文、专利文献等样本，构建各种各样的共现关系网络，包括合作网络、引文网络、共词网络等，研究对象（作者、文献及其特征项）之间的知识关联和学术关系被以矩阵的形式进行数字化表达，分为邻接矩阵和加权矩阵两种，其中，加权矩阵不仅能够表现研究对象之间有无关系，还能反映出关系强度的大小。

对共现关系矩阵进行社会网络分析和可视化展示，研究者将最终借助于图谱去审视研究对象之间的共现关系。无论样本数据和研究对象的规模有多大、彼此之间的关系多么复杂，最终都被抽象为包含节点和连线的关系图。矩阵所包含的信息与图完全相同,但图更具直观性和易读性,更有利于视觉展示,也更符合人类的认知习惯。近年来,社会网络分析方法和可视化工具日益得到重视,图论在文献计量学和科学计量学中的应用广泛而普遍,图论之所以受到研究者的青睐,主要源于以下两个方面的原因:第一,图论将复杂的共现关系以矩阵和网络的形式进行抽象和表达,并支持各种数学证明和定量分析,很好地满足了学者们对学术关系进行定量化研究的需要;第二,图论的可视化效果有助于学者们更好地认识研究对象之间的错综复杂的关系,与统计数据和网络矩阵相比,图的表达生动直观、清晰易读,能够从中识别出新的发现和规律;第三,图论迎合了社会学所倡导的群体和关系的研究思想,将个体放置于群体当中,从社会网络视角重新认识研究对象之间的关系。

虽然网络图形与矩阵实际表达的内容是一致的,但是,当数据量变得非常庞大的时候,节点和连线的数量过于密集,会阻碍我们通过图形直接获得观察结论,这时矩阵分析就能够发挥其优势对网络数据进行客观描述,因此,在数据分析时这两种方法往往是同时使用的。但矩阵本身也存在观察视角上的缺陷,即通常我们能够直观地观察到矩阵中的每一个矩阵单元的数值,但对共现关系、间接关系、三元组等信息往往是无法通过直接的观察来获得的,而这些无法直接观察的信息中往往隐藏了大量的隐性知识。

(五) 创新方法论

创新是科技与经济互动的媒介,是科学技术转变为现实生产力的助推剂和催化剂,当今社会,人们赋予创新前所未有的关注和重视,尽管有学者指出创新是一项无从控制、无法预测、充满着不确定性的活动,但是人们仍然试图更好地认识和把握创新的过程,探寻其中蕴含的模式与规律,这就是创新方法论的思想。创新绝不简单地等同于发现和发明,彼得·圣吉认为实验室里的"发明"只有当其投入生产时才能成为真正意义上的"创新"。此外,创新与发现和发明的成本代价也相差悬殊,正如彼得·德鲁克所言:"若产生一种新思想需要花费1美元，将其转化为新的发明或发现需要花费10美元，将其投入市场开发需要花费100美元，而只有在市场上出现新产品和新技术时，当新发明或发现转化为实际的生产力时，才能真正的称之为'创新'。"

为满足创新方法论的需要，人们希望对技术创新的过程进行全面、系统、客观的了解和把握，迫切需要通过某种方法或途径对技术创新的过程进行定量与定性的研究。在某种意义上，技术创新是新技术或者新产品从设想到现实的完整过程，而专利文献则是该过程的全面记录和呈现。虽然，不能将技术创新简单地等同于专利，但是专利文献却为技术创新问题的研究提供了重要的样本数据，使得整个过程变得有迹可循。专利既是研发环节的产出，也是产业化应用环节的投入，在整个技术研发过程中，专利凭借自身承上启下的关键作用成为联系研发环节和应用环节的桥梁和纽带。

技术创新实际上是一种复杂的涌现现象，是各种创新主体和创新要素相互融合和作用的产物，也是技术和生产协同演进的结果，真实的技术创新过程是网状的结构，而非线性的过程，技术创新的过程中必然伴随着各类创新主体和各种创新要素之间的关联性。研究者对关联性开展研究，有利于其更精准地认识和把握创新的过程和规律，专利文献之间、发明人或专利权人之间、专利文献所包含的各类特征项之间的合作、引用、耦合等关系，为揭示技术创新过程中的复杂关联提供了重要的支撑。

在专利计量学中，以专利文献为样本，创新主体和创新要素被外化为可计量的专利文献特征项，它们之间的知识和技术关联性借助于引文、合作、耦合等关系进行考察，根据各类文献特征项的共现现象，建立创新主体和创新要素的共现关系网络，并以数字化和图形化的形式进行表达和计量。从中发掘的特征和规律，有助于我们更好地认识和把握技术创新的过程。近年来，专利计量学的研究重点也已经从单纯的数量统计和指标计算，转变为对各类专利网络的计量分析和可视化展示。由此可见，专利计量为创新方法论提供了重要的方法和工具支撑，创新方法论也极大地拓展了专利计量的发展前景和应用空间。

二 面向专利文献的大共现分析思想

在文献计量学、科学计量学、信息计量学领域，共现分析是一种非常通用的研究手段，通常用来对科技文献，如学术论文、专利文献等，及其包含的特征项进行计量研究。面向专利文献的共现分析方法，包括专利合作研究、专利引文分析、专利耦合分析等，能够定量揭示出各类创新主体和各种创新要素的关联，有助于研究者更好地认识和把握技术创新的过程。

（一）专利计量观的嬗变：从一维到多维

专利计量学是一个多学科交叉融合形成的学科领域，同时从科学学、计量学、管理学等多个学科领域汲取精华，经过充分的吸收、融合、创新与升华之后形成了独特的理论和方法体系。在梳理专利计量长达半个多世纪的发展历程时，国内外学者通常将1949年 Seidel 和 Hart 提出专利引文分析思想、1994年 Narin《专利计量》一文的发表作为重要节点。Narin 被誉为专利计量学的创始人，在其早期关于专利计量的研究成果当中，研究内容及其采用研究方法可以被归为两大类：一是专利生产率研究；二是专利引文分析。前者把专利视为技术创新成果的标志，以专利数量来衡量一个国家、地区或组织的研究实力和技术水平，即通过专利生产率来考察技术研发的生产力；后者关注专利文献的引用问题，通过被引频次衡量专利的质量和影响力，通过引用与被引用现象揭示专利文献之间的技术关联。实际上，自20世纪90年代以后，专利计量学长期沿袭这两个思路开展研究，只不过研究方法和计量对象在不断革新和拓展。

在专利生产率研究方面，从最初单纯的数量指标延伸出一系列新的计量指标。但是，这些计量指标不管多么的复杂和精致，都是关于专利文献及其包含的特征项的属性特征的统计与评价，并不能

第三章 多重共现分析的基本原理

反映其中的关系特征。独立的量化指标割裂了专利文献中所包含的丰富的关系及网络信息。学者们开始从更深层次的需求出发，不仅关注专利数据的属性特征也开始关注关联特征。共现分析就是专门研究关联特征、关系及网络的方法，出现了一系列面向专利文献的共现分析方法，通过构建专利共词网络、专利共类网络、专利合作网络、专利引文网络等对专利数据中包含的关系特征进行计量分析。

在专利引文分析方面，从最初文献间引文关联拓展至机构之间、地区之间、国家之间的引文关联，随后又加入了社会网络分析方法及可视化工具，使得专利计量的分析结论和研究发现更为生动直观、研究效果也得到了极大的提升。但是这些研究成果的本质仍然是 Narin 确立的两类专利计量方法的延续和升级。专利引文分析关注于专利文献以及专利所属的个人、机构、地区、国家之间借助于引文系统而建立起的关联，其本质是共现分析。通过引文关联建立起专利文献以及发明人、专利权人、国家或地区之间的共现关系，即共引或共被引关系。实际上，以专利为载体的共现现象是普遍存在的，并非共引或共被引一种情况。

专利计量学的长远发展不应该墨守成规、遵循套路，不应该囿于经验与常规，而应该向纵深发展，研究广度上不断拓展，研究深度上不断挖掘。近年来，专利计量学领域的研究成果虽多，社会关系网络研究升温，但其中大部分仍然是专利引文关系网络的研究。我们将其视为 Narin 引文分析方法的延续，只不过是以更为现代化的社会网络分析及可视化方法和工具进行了武装。鉴于这种情况，我们认为专利文献的大共现分析才是专利计量学未来发展的一次真正的重大的变革。专利文献能够展示出不同类型的共现现象，反映出专利文献以及创新主体之间关系的复杂性和交叉性，引文关系只是其中一种，引文分析也只能揭示其中一种关系。我们认为凡是在专利文献中有迹可循的共现现象以及共现关系，均可通过一定的方式进行计量分析，共现分析方法在专利计量学领域应该有更大的作为。

从专利引文分析到专利文献大共现，反映出计量对象从专利文献的引文拓展至发明人、专利权人、分类号、主题词、法律状态等一切可被计量的特征项，专利计量关注的关联性从引文拓展至合作、共类、共词、许可、转让等一切共现现象及关系。在"大共现"思想的影响之下，整个专利计量学有望呈现出新的研究气象和学科面貌。与此同时，本书还提出了将多类特征项和多种共现关系整合在一起进行综合计量分析的多重共现分析思想，专利计量学的研究广度和研究深度都得到了一定的拓展和提升。

（二）多重共现分析是专利计量的必然趋势

1. 传统共现分析方法的局限性

目前，专利计量学的研究重点已经从专利数据的属性特征转向关联特征。随着社会对于整个创新思维模型认知的变化，学者们认识到以单一的属性特征为基础的线性分析方法已经无法满足人们对复杂技术现象的认知需求，开始从更深层次的需求出发，主流的研究方法已经从专利计量指标转向专利关系网络，其中关于共现分析方法和共现关系网络的研究成果大量涌现。专利计量学领域常见的共现分析方法，如合作研究、共类分析、引文分析、耦合分析等，分别从不同的角度揭示了技术创新活动中包含的关系，也为专利分析的定量化和科学化提供了有力的保障，学者们不断地对这些共现分析方法进行完善和校正。各种共现分析方法都有自己的优势，以及独特的观察视角，但是，每种共现分析方法都只是从单一维度出发，能够揭示的信息毕竟有限，并不能反映创新主体与创新要素之间错综复杂的关联性，专利分析方法的多样化并不能掩盖专利分析在综合化、系统化方面的缺陷，技术进化过程中的复杂性与分析方法的"平面化"形成鲜明的矛盾。

2. 技术创新过程的复杂性

真实的技术创新过程是网状结构，而非线性的结构，技术创新的过程是伴随着多重关系的，任何单一的指标和方法都无法完整地反映完整的信息，任何单一维度的分析，都不可避免地会忽视其他维度关系的特征。创新网络是多种创新关系的综合，多角度、综合性的计量分析对于技术创新问题的研究是非常必要的，技术创新过程表现出由多种"节点"与多种"关系"构成的多重网状结构，这些"关系"可以是创新主体或创新要素之间的合作关系、知识流动、技术扩散关系、同行竞争关系、利益相关关系、互惠关系、亲缘关系等。若将专利视为表征技术创新行为的样本，技术创新的主体是发明人或专利权人，以专利载体为基础，它们之间形成了现实合作关系、潜在合作关系、引文关系、耦合关系、竞争关系等各种关系，综合考察经整合后的多种关系，才能更为全面和准确地把握技术创新主体之间的复杂关联性。

3. 专利信息的丰富性

专利信息的丰富性也决定了在进行专利计量分析时要采用多视角观察与网络分析相结合的方法。以德温特专利数据库为例，其包含的专利题录信息多达 20 多项。而现有的专利计量研究大多采用单一的计量指标或分析方法，难以全面反映专利文献中蕴含的各种特征和关系，尤其是专利特征项之间的交叉关联性和多属性特征，根本无法通过单一维度的共现分析实现。科学的复杂性与专利分析的"平面化"之间存在着矛盾，专利信息存在多重且有序的关系，基于专利数据所建立的共词关系网络、引用关系网络、合作关系网络从本质上而言，都是对于同一专利数据不同层面的解读，这种对单一关系的孤立研究，或许是出于分析的便利，但实则忽视了层次间的联系，破坏了数据的丰富性[①]。

创新网络是一种混合型网络，它包含多种创新主体和创新要素，以及多种创新关系，且多重关系并存。合作、引文、耦合等本质上都是共现关系，所以，合作研究、引文分析、耦合分析等在方法论上具有同质性，考虑到技术创新网络的复杂性，以及专利特征项的多元性，应该采用一种综合性、多元化的分析方法对专利文献所包含的多种特征项和多重共现关系进行多维揭示和全面考察。鉴

---

① 杨冠灿：《基于多重关系整合的专利网络结构研究》，武汉大学，2013 年。

于各类共现分析方法的同质性，通过多重共现关系的组合和整合形成综合性的分析方法，能够有效地弥补单一维度的专利计量指标和专利分析方法的局限性。因此，专利多重共现分析是一种全新的研究思路，它通过整合多重关系从而实现了对于专利数据的综合分析和集中展示，避免了单一角度分析的偏差和缺陷，而且能够对不同特征项之间的交叉共现关系进行考察。

（三）多维信息计量分析的方法依据

近年来，同质网络、异质网络、单模网络、一模网络、二模网络、双模网络、多模网络等新兴概念开始出现，并被越来越多地应用到社会网络分析活动当中。这些概念源于计算机通信领域，被计量学家引入到计量学领域当中，用于对科技文献及其特征项所包含的一些复杂关系进行分析。

1. 多维信息计量分析的出现

正如我们在前文国内外研究综述部分提到的，许多学者都已经意识到传统的基于同质网络和一模网络的一重共现分析存在明显的局限，例如，分析维度单一，揭示的信息较为有限，仅能反映简单的共现关系等。但是，关于如何突破局限，并没有有效的解决方案，国内外仅有少数学者进行了初步的探索和尝试。其中，异质网络、多模网络代表着一种较为可行的解决方案。

李长玲等人[①]将多模网络定义为多类行动者集合彼此间形成的网络，针对期刊论文提出了 3 - 模共现分析方法，通过实证分析证实，相比单一的合著网络和共词网络，3 - 模共现分析方法既能在单一层面上辨析科研团队或领域知识的结构关系，又能剖析领域主题的时序演化特征。沿着上述思想作者继续对期刊论文的特征项进行多模共现分析，并将该方法应用于潜在合作关系的发掘当中。李

[①] 李长玲、刘非凡、魏绪秋：《基于 3 - mode 网络的领域主题演化规律分析——以知识网络研究领域为例》，《情报理论与实践》2014 年第 12 期。

长玲等人[①]指出研究人员一般基于同质网络对科研合作现象进行分析,但是通过同质网络发现的潜在合作关系存在着较大的不确定性,而异质网络可以解析数据间的多重关系,与同质合作网络相比,2-模网络所包含的信息更为丰富,在发掘潜在合作关系时更具优势。

虽然,目前在专利计量学、文献计量学等研究领域当中,专门针对异质网络、多模网络问题所开展的方法研究和实证分析较少,对于一些基本概念和基础理论尚处于较为模糊的研究阶段,但是,可以预见,异质网络、多模网络、超网络等概念代表着专利计量学、文献计量学未来的发展趋势——多维信息计量,尤其在共现分析方面,异质网络和多模网络在揭示复杂关系时会有更大的作为。本书提出的多重共现分析思想及方法,也在很大程度上参考和借鉴了异质网络、多模网络、超网络的理念,在开展多重共现分析方法和实证研究时,以异质网络和多模网络概念为基础,搭建了由专利文献的多个特征项所建立的多重共现关系网络。

2. 单模网络、双模网络与多模网络

同质网络、异质网络、单模网络、双模网络、多模网络等概念源于计算机通信领域,后被引入到社会网络分析当中,对经济学、社会学、图书情报学等领域的一些现象、问题和关系进行研究。从某种意义上来说,这些新兴的概念和方法,虽然在专利计量学和文献计量学领域并不太成熟和完善,但是却为多维信息计量分析提供了一定的方法依据。在此我们将对异质网络、多模网络等相关概念进行一定的解释和界定。

社会网络分析中"模式"一词主要用于表示结构变量所测量的实体来自不同集合的数量,比如结构变量如果是从单一的行动者集合中测度出的,就出现单模网络,也称一模网络或 1-mode 网络。单模网络是最为普遍的网络类型,所有的行动者都来自于一个集

---

① 李长玲、魏绪秋、冯志刚等:《基于 2-模异质网络的作者潜在合作空间测度与识别——以图书情报学为例》,《图书情报工作》2015 年第 12 期。

合，另有一些结构变量是从两个甚至更多的实体集合中测度产生的，包括两个行动者集合的网络数据集被称为双模网络，也称二模网络或 2-mode 网络。它首先反映了分析对象包含两个行动者集合这个客观事实，一个双模网络数据集测量的是来自一个集合的行动者与来自另一个集合的行动者之间的联系，如图 3-1 所示。比如，我们如果研究两个不同集合的行动者，集合 I 所包含的成员全部为企业，集合 II 由非营利性社会组织或团体组成，我们就可以测度前者给予后者的资助和支持，这种由两个不同集合的行动者所建立的关系网络即为二模网络①。

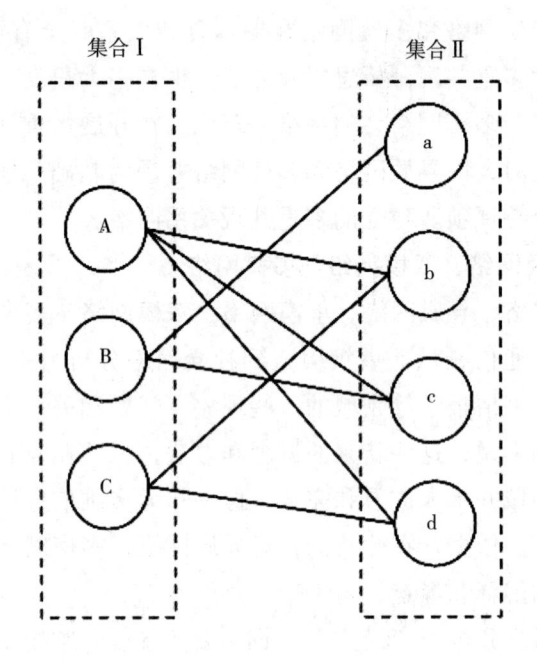

图 3-1 双模网络中行动者关系示意图

---

① [美] 斯坦利·沃瑟曼、凯瑟琳·福斯特：《社会网络分析：方法与应用》，陈禹、孙彩虹译，中国人民大学出版社 2012 年版，第 21 页。

如图 3-1 所示，双模网络是指在网络中存在两种不同类型的节点，并且网络连接表示一种类型的节点和另外一种类型的节点之间的关系。透过国内外已有的社会网络分析实证研究成果，我们发现社会网络分析大多关注同类型的行动者集合，比如，研究在同一工作组的人们之间的相互关联情况，这种集合便是典型的单模网络，虽然单模网络是社会网络分析的主流分析方法，但是现实的社会现象及社会关系却总是复杂多变的，行动者可能隶属于两个或多个小组，也就是说关系网络中的行动者分属于两种或多种类型，并且这种类型差别必须要在关系网络中加以体现时，它们之间的关联性通常难以转化为单模网络数据集。因此，客观上需要有一些方法，原则上允许涉及不同类型的或层次的，或者来自不同集合的行动者，使得不同类型行动者之间关系的抽象和剖析成为可能，于是就出现了双模网络和多模网络的概念。

刘军在《社会网络分析导论》一书中将一类行动者集合内部各个行动者之间的关系所形成的网络定义为"一模网络"，将一类行动者集合与另一类行动者集合之间的网络定义为"二模网络"，而当前的研究以单模网络为主。对于双模网络，社会关系矩阵的大小为 $g*h$，行描述 $M = \{m_1, m_2, m_3, \cdots, m_g\}$ 中的节点，列描述 $N = \{n_1, n_2, n_3, \cdots, n_h\}$ 中的节点，m 和 n 分别来自于两个不同的行动者集合 M 和 N。对于一模、二模和多模网络来说，最为简单和直接的判定依据是同一网络中包含的行动者集合类型及数量。同理，多模网络是指基于两种以上类型的行动者集合之间的关联性而建立的网络，当网络中包含的行动者集合的类型数量超过两个时，我们将其称为多模网络（n-mode network）。

在社会网络研究中，有一种特殊形式的双模网络——从属网络，也称隶属网络。从属网络是双模式的网络，但只有一个行动者集合，从属网络的第二个模式是这个行动者集合具有的事件集合。

```
┌─────────┐   ┌─────────┐         ┌─────────┐
│  社团1  │   │  社团2  │         │  社团3  │
└────┬────┘   └────┬────┘         └────┬────┘
     │  \         │                     │
     │   \        │                     │
    ( A )- - - -( B )                 ( C )
```

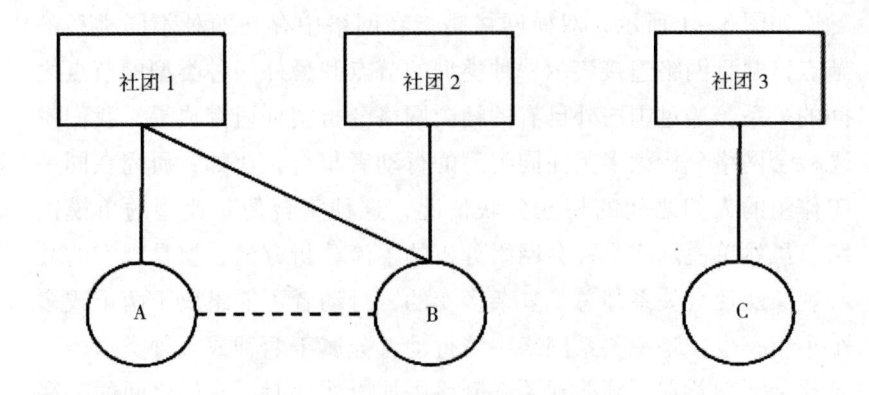

图3-2 隶属关系网络中行动者关系示意图

如图3-2所示，A隶属于社团1、B隶属于社团1和社团2、C隶属于社团3，由于A和B同属于社团1，所以，我们推断A和B之间存在着一定的相似性或关联性，基于这种相似性或关联性我们认为A和B之间存在着一种关系，由于这种关系大多是由研究者推断而来的而非现实存在的，所以，我们将其称为潜在关系。社会学家提出"个体和群体的二元性"的概念。从本质上讲，二元性概念是指人们的想法、态度和社会关系是由个体在群体中的身份所决定的，而群体的形成源于成员的态度，这适用于解释公司、帮派、政党、社交俱乐部等群体现象。因为人们往往不只拥有一种群体成员身份，所以对群体成员的身份信息进行归类可以作为分析和汇总个体之间的相似性和差异性的一种方法[①]。

3. 同质网络与异质网络

在计算机通信领域，异质网络用来描述一种特殊的网络结构，它所包含的不同设备和系统分别由不同的运营商提供，大多数情况下在不同的协议框架下运行，实现多样的功用，而在社会网络分析领域，"异质"概念用来形容网络中不同类型的行动者之间所结成

---

① [美] Maksim Tsvetovat, Alexander Kouznetsov：《社会网络分析：方法与实践》，王薇、王成军、王颖等译，机械工业出版社2013年版，第100页。

的关系对及其网络特征。虽然同是基于关系网络的复杂性而产生，但异质网络与多模网络关注的角度却是不同的，多模网络关注行动者类型的多样性，而异质网络则关注关系类型的多样性。

对于两个行动者集合，有两种类型的组对：全部行动者归属于同一个集合，全部行动者来自于不同的集合，前者我们称之为同质网络（Homogeneous Network）；后者称之为异质网络（Heterogeneous Network）①。由此可见，在同质对里，发送者和接收者是来自于同一个集合，而在异质对里，发送者和接受者分别来自不同的集合。接下来，我们根据组对中行动者来源的两个行动者集合将同质对进一步划分为两类，这两类同质对是：

- 发送者和接收者都属于集合 M。
- 发送者和接收者都属于集合 N。

在只有一个行动者集合的数据中，所有的组对都是同质，但是如果数据集中有两个行动者集合，则有两类同质对。

当同时存在两个行动者集合时，那些成员来自不同行动者集合的组对通常更引人关注。同样根据发送者和接收者所隶属的行动者集合，异质对也可分为两类，假设异质对中的关系是有向的，发起者必须属于与接收者不同的集合，对应于两个行动者集合，我们可以有两类异质对：

- 发送者属于集合 M 且接收者属于集合 N。
- 发送者属于集合 N 且接收者属于集合 M。

区分这两类异质对是很重要的，定义在第一类组对上的关系与定义在第二类组对上的关系是完全不同的。例如，M 是某大城市中主要公司的集合；N 是非营利性组织的集合（如教堂、公益基金、慈善机构、艺术组织等），那么我们可以研究 M 中的公司如何对 N 中的非营利性组织进行捐助。这个关系不能定义在另一个异质对上，因为非营利性组织对营利性公司进行捐助实际上几乎是不可能

---

① ［美］斯坦利·沃瑟曼、凯瑟琳·福斯特：《社会网络分析：方法与应用》，陈禹、孙彩虹译，中国人民大学出版社2012年版，第64页。

发生的,此时,用来表现捐助关系的整个网络是一个有向网络,关系的发起者和接受者来自两个不同的行动者集合。

异质网络中包含的关系类型为两种及以上,所以,异质网络主要用来描述和揭示复杂的网络关系。分层的方法为异质性问题的解决提供了良好方案,其本质是把复杂的网络互联问题分解为若干个相对较为简单的小问题,异质网络的分析方案是将复杂的网络拆分为若干个相对简单的网络,就像是编程时我们把一个复杂庞大的模块拆分为很多小模块予以分别解决和处理,最后再将其串联和合并为一个整体。

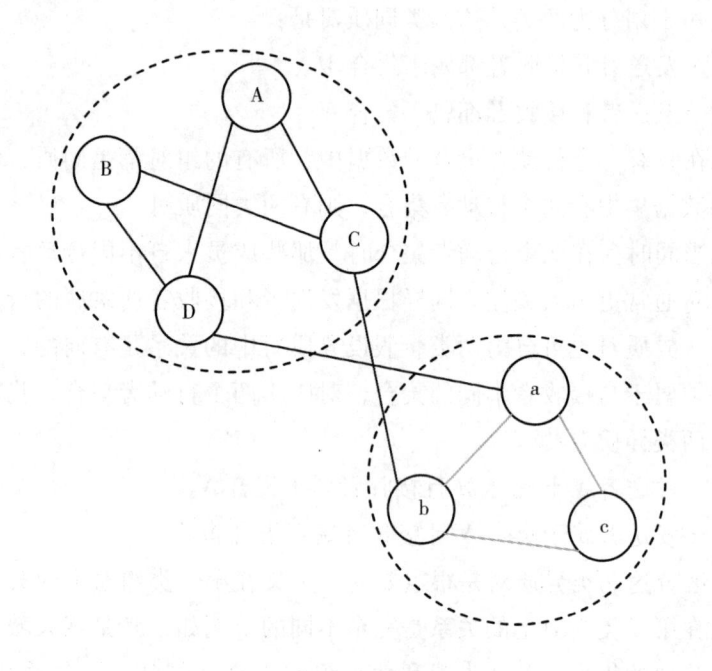

图 3-3 异质网络与同质网络的结构关系

如图 3-3 所示,整个网络是一个典型的异质网络,网络中的行动者分别来自于两个行动者集合,其中,A、B、C、D 四个节点来自于同一个行动者集合,a、b、c 三个节点来自于另一个行动者集合。网络中的关系分为三类:第一类关系是第一个行动者集合中

A、B、C、D 四个节点之间建立的关系；第二类是第二个行动者集合中 a、b、c 三个节点之间建立的关系；第三类是两个行动者集合的交叉关系，图中的 C 和 b 之间、D 和 a 之间结成的组对，双方分别来自于不同的行动者集合，反映了两种类型的节点之间的交叉关联性。所以，为了方便处理，我们可以将图 3-3 的异质网络拆分为三个相对简单的网络，如图 3-4 所示：

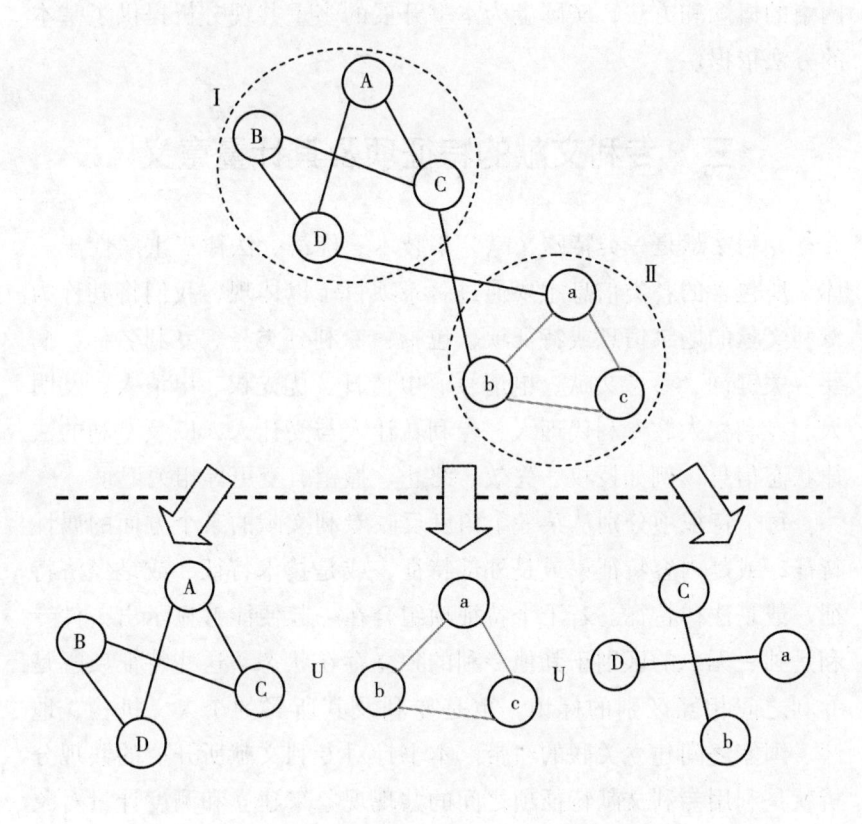

图 3-4 异质网络与同质网络的组成关系示意图

如上图所示，我们将一个包含两类行动者和三种关系的较为复杂的网络拆分为三个相对简单的网络，拆分之后的三个网络，前两个为一模同质网络，反映的是同类行动者之间的关系；第三个为二模异质网络，反映了两类行动者之间的交叉关系。反之，简单的网络也可以沿着上述步骤进行合并和整合，合并之后生成包含复杂关系的异质网络，将不同类型的行动者及其相互之间的多种类型的关系在同一个网络中进行集中展示和综合分析，这正是本书在构建和分析多重共现关系网络时所遵循的基本思想，将一模或者简单的共现关系网络进行一定形式的合并，生成能够同时包含多类特征项和多种共现关系的多模异质网络。所以，多模网络、异质网络与复杂网络的概念和方法，实际上为本书开展的多重共现分析提供了基本的方法依据。

三　专利文献的特征项及其计量意义

专利文献是一类特殊文献，集技术、经济、法律三重属性于一体，所包含的各类信息主要通过著录项目予以体现，我们将其称为专利文献的题录信息或特征项，包括：专利分类号、专利名称、摘要、关键词、参考文献、申请号、申请日、优先权、申请人、发明人、专利权人、专利代理人、专利转让人与受让人，以及专利的法律状态信息，例如授权、失效、终止、撤销、变更等相关记录。

每个特征项分别从某一个角度反映专利文献的某个方面的属性特征，或是内容特征、或是外部特征、或是技术特征、或是经济特征、或是法律特征。若干个特征项组合在一起便能够显示出一件专利是独一无二的区别于其他专利的独立存在状态。这些特征项既是专利之间相互区别的标识，也是专利及其所属的个人、机构、地区、国家之间建立关联的纽带。本书针对专利文献所开展的共现分析就是利用专利文献特征项之间的共现现象来建立和测度计量对象的共现关系。

德温特数据库（Derwent Innovation Index，DII）能够提供的专利文献特征项多达 20 多种，在对其进行比较之后，本书根据研究需要以及样本数据的可获得性、代表性、完整性和规范程度，选择了专利权人（Assignee Name + Code，AE）、德温特专利分类号（Derwent Classification Code，DC）和专利引文（Citing Patent，CP）

三类特征项作为主要计量单元，就以上三类特征项能够揭示的专利特征信息及其计量意义分别做如下说明：

（一）专利权人

1. 专利权人的计量意义

专利权人是专利计量学中最为常见的计量对象之一，引文分析、合作研究、技术实力、专利布局、竞争态势等各个研究主题都会选择专利权人作为分析对象。由于专利权人通常是专利的发明者、持有者和利用者，我们将其视为重要的技术创新主体，以专利权人在专利文献记录中表现出的属性特征，来描述和揭示技术创新主体在技术创新活动中留下的痕迹。

对各个专利权人拥有的专利数量进行统计，拥有的专利数量越多则表示该专利权人的技术实力越强，这种技术实力可能会转化为企业及其产品的市场竞争力。某一专利权人在各个技术领域拥有的专利数量反映其在各个技术领域的研究力量分布情况；两个或多个专利权人在某一技术领域的专利数量多寡的比较，反映了他们在该技术领域的技术实力强弱，并能够间接地预测出它们在商业市场上的竞争力大小。所以，以专利权人为分析对象进行统计分析，借此考察和比较各个专利权人的技术实力、专利布局以及竞争态势，这是专利计量学的一个重要研究方向，也是早期专利计量学的主流方向。

专利引文分析能够以文献、发明人、专利权人、机构、地区或国家等为计量对象，但是就国内外已有的研究成果来看，文献和专利权人是比较常见的分析对象。通过专利权人被引频次的统计，考察各个专利权人拥有的专利质量，衡量和比较各个专利权人的技术影响力。作者引文关系、作者耦合关系、作者共被引关系，以及基于这些关系构建的引文关系网络，都是以专利权人作为切入点，旨在描述和揭示各个专利权人之间通过引证行为而产生的关联，比较各个专利权人在引文网络中的地位和影响力，寻找某一技术领域具有较高影响力的机构或个人，探讨不同专利权人之间以引文为载体的知识交流情况，识别基于引文关系而形成的技术派系。专利的参考文献既有专利文献，也有期刊论文、科技报告等其他类型的文献，有些学者从专利文献与学术论文之间的引用关系出发，充分利用专利文献引文类型的多样性，探讨科学与技术之间的交叉关联，专利引文分析研究在专利计量学研究领域占有重要地位。但是，专利引文分析受到数据库的制约，许多国家和地区的专利数据库并不提供引文信息。

专利合作现象的计量分析，以发明人或专利权人及其所属的地区和国家在专利文献中的共现现象，提出了合作率、合作度、国内合作系数、国际合作系数等计量指标。其中，合作率和合作度指标反映了合作的程度和规模，国内合作系数和国际合作系数分别用于考察某一国家的国内合作程度和国际合作程度，当其大于 1 时表示该国家的合作程度高于国际平均水平，数值越大，说明该国家的国内或国际合作情况越好。

专利合作研究通常以专利文献中两个及以上专利权人或发明人的联合署名现象作为判别合作关系的依据，据此建立合作关系并构建合作关系网络。在专利权人和发明人两类特征项中，由于专利权人包含更多更有价值的竞争情报信息，所以，与发明人合作相比，人们对于专利权人合作更为关注。我们可以借助于专利合作率和专利合作度指标衡量专利合作的程度和规模，也可以根据专利权人的性质和位置考察专利合作的类型和范围，如跨组织合作、跨国合作等。专利权人合作关系反映了不同专利权人之间的知识交流和知识扩散情况，在专利权人合作网络中寻找更为开放和活跃的个人或机构，寻找现实和潜在的合作伙伴，根据合作网络的聚类情况识别小群体。从目前国内外研究现状来看，专利合作研究也是专利计量学的重要研究方向之一。另外，与专利引文分析相比，合作数据来源更为广泛，基本上每个专利数据库都能够提供专利权人联合署名的数据信息。

2. DII 数据库中的专利权人信息

DII 数据库同时提供专利权人名称和代码两类信息。那些规模较大的企业集团拥有的子公司众多且公司名称往往存在多种形式的拼写，因此 DII 数据库根据一定的编码规则，为其收录的每份专利文献的每个专利权人都编制了专利权人代码（由 4 个大写字母组成），并建有代码索引。例如，KANAGAWA TOYOTA JIDOSHA KK、AI-CHI TOYOTA JIDOSHA KK、TOY CO LTD、TOY INC、TOY TECH CO LTD 等代表丰田汽车公司及其分公司名称的表述形式多达 70 多种，若以专利权人名称作为检索项，漏检和误检的情况时有发生，DII 数据库收录时为其赋予统一的专利权人代码——TOYT - C，可见，专利权人代码源自 DII 数据库对专利权人名称的标准化处置，使用专利权人代码既有利于改善专利检索效果，提升检全率和检准率，也便于专利计量，避免了专利权人名称不一致给专利计量结果带来的干扰。专利权人代码分为标准代码、非标准代码、个人代码、苏联机构代码等 4 种类型。

Ⅰ标准代码：自 1970 年 DII 开始为具有 1000 件以上专利的公司分派 4 字母代码，该类公司谓之标准公司（Standard Company），该类代码谓之"标准代码"（Standard Codes），全球范围内，大致有 21000 多家公司（含企业、高校、科研机构等）具有独有的标准代码。按照标准代码分派原则，母公司及其所有子公司具有一致的标准代码，但也存在一些例外，部分跨国企业集团的各个子公司具有各自独有的标准代码。为保持数据存储和检索的连续性，当公司名称变化时标准代码不变，当公司出现合并、兼并或拆分等情况时，DII 将视具体情况考虑是否为其分配新的标准代码。借助网上检索工具"Patent Assignee Codes Lookup Facility"，能够十分便利地检索和确定某公司和其所有子公司的名称和代码[①]。

Ⅱ非标准代码：自 1970 年 DII 开始为除了标准公司之外的专利申请量较少的公司分派公司代码，该类公司谓之非标准公司（Non - Standard Company），该类代码谓之非标准代码（Non - Standard

---

① 刘秋宏：《德温特专利权人代码编制研究及检索应用》，《科技创新导报》2013 年第 4 期。

Codes），与此同时，制定了非标准代码的体例规范。为了尽量避免代码重复，在编制代码时往往对专利权人名称中某些特定的词进行忽略或缩写，尽管如此非标准代码与代码指代对象之间也不是一一对应的关系，所以，非标准化代码重复的现象非常普遍。

Ⅲ个人专利权人代码：当专利权人为自然人时，DII 数据库也会依据专利权人姓名编制个人专利权人代码（Individual Codes）。编码时忽略所有头衔，从个人的姓氏（单词或拼音）当中取前四个字母，若姓氏少于四个字母则取紧随姓氏的名字的第一个单词（拼音）的首字母补齐。因为个人专利权人代码取自专利权人姓名前四个字母，代码重复的概率很大，所以 DII 数据库中个人专利权人代码重复的现象非常普遍，例如，DII 中所有的张姓专利权人，其代码均为"ZHAN – Individual"。

Ⅳ苏联机构代码：DII 专门为苏联的专利权人机构（Soviet Institute）所编制的专利权人代码。

以上四类代码的结尾标识分别为"– C""– Non – standard""– Individual""– Soviet Institute"，分别代表着四种类型的专利权人。因此，在专利计量分析中根据专利权人代码的结尾标识，我们可以直接判定专利权人的性质。另外，在以上四种类型的专利权人代码中，只有标准代码是唯一的，其他三类代码都不具有唯一性，因此代码重复现象比较严重。标准化代码和非标准化代码所代表的专利权人均为机构，含企业、高校、科研机构、社会组织以及其他企事业单位，若无特殊说明，我们将其统称为公司或企业。在实证研究部分，我们在选择样本数据和计量对象时，考虑到专利权人代码中非标准代码和个人代码重复的现象较为严重，无法进行准确的统计分析，所以，本书仅选择拥有标准化代码的机构作为计量对象。

（二）专利分类号

新技术不断涌现，全世界范围内专利文献的数量持续增长，为实现海量专利文献的有序存储和有效管理，需要借鉴分类思想对其进行组织和检索。通过一套专门的专利文献管理办法，对来自于不同技术主题的专利文献进行归类分档，赋予规范一致的标识，以便通过这些标识能够方便快捷地找到这些文献。各个国家和地区以及相关专利组织分别制定了多种分类体系和办法，而目前国际上通用的专利文献分类法为《国际专利分类法》。德温特拥有自创的一套专利分类体系，对其收录的来自世界各国的专利文献进行统一的归类和整理，编制德温特专利分类号，所以，DII 数据库中的专利记录，同时拥有国际专利分类号（IPC）和德温特专利分类号（DC）。

除了提供 IPC 分类号以外，DII 数据库还采用德温特自创的分类体系为其收录的每件专利重新进行分类，并赋予新的 DC 专利分类号，故而实现了在指定技术领域的快速精确检索。德温特分类体系的最大特点是注重应用性，因此，它把全部技术领域划分三大类，即化学（Chemical）、工程（Engineering）、电子电气（Electronic and Electrical），大类之下细分为 33 个部（section），比如 A-M 为化学，P1-Q7 为工程，S-X 为电子电气，部之下继续细分为 288 个小类（class）。任一专利分类号均由一个标识专业的字母，外加两位数字所构成，比如，X22（Automotive Electrics），X22 是德温特分类代码，括号中的词汇短语是分类名称，所有属于汽车电工学的专利都可以被赋予 X22 作为代码。

IPC 分类号和 DC 分类号分别依据两种专利分类体系编制而成，依据的分类思想不同，揭示的信息维度也不完全一致，IPC 分类体系兼顾功能分类和应用分类两个方面，且相对偏重功能分类，DC 分类号更注重应用分类。IPC 分类号应用的范围更为广泛，全球 100 多个国家、地区及专利组织都在使用，而 DC 分类号则是德温特数据库特有的，应用范围不及国际专利分类号。国际专利分类体系更为细致和具体，但是德温特分类体系在准确性和实用性方面似乎更胜一筹。

专利文献入库时，除了专利文献本身具有的 IPC 分类号以外，DII 专业人员根据该项专利涉及的技术主题及应用领域，为其编制 DC 分类代码。DC 代码后面的括号中附有简短的代码名称，例如，

S01（Electrical Instruments including e. g. instrument panels），T01（Digital Computers），W05 （Alarms，Signalling，Telemetry and Tele-control），如此一来德温特分类号不仅代表着该项专利的技术主题和应用领域，而且在一定程度上同时具备了关键词的功效。倘若某个专利的发明主题由多个不同的技术主题交叉形成，并且归属德温特分类体系中不同的部或类，那么该项专利将被赋予两个或两个以上的 DC 分类号。

事实上，一件专利同时具有两个及以上 DC 分类号的现象非常普遍，正是由于专利分类号共现现象的广泛存在，以 DC 分类号为样本开展专利共类分析才具有了现实基础。在进行专利计量分析时，专利文献的关键词是非常珍贵的数据，许多数据库并不提供专门的关键词数据，所以，专利文献的共词分析受到了很大的限制，而德温特分类号所包含的专利分类名称信息能够在一定程度上充当关键词的功效，从而为共类分析和共词分析提供了宝贵的数据支持。

国际专利分类号也有分类代码和分类名称，但是数据库提供的题录信息中仅包含国际专利分类代码，分类名称还需另外从《国际专利分类表》中逐个进行人工查询，这样就给专利计量工作带来了不便，尤其是当样本数据量较大时，查询工作费时费力。相对而言，德温特分类号更为直观，在开展专利共现分析时，更适合充当计量对象。专利分类号共现（共类）能够反映出不同的技术领域或技术主题之间的关联，企业间技术相似度可以通过专利成果相似性（即拥有同类专利的数量）来辨识，并采用共类分析方法进行测量[①]。专利共类分析还可以用来测度某一技术领域的多学科交叉特性，以及不同技术主题之间的技术关联性[②]。

---

① Joo S H, Kim Y. Measuring relatedness between technological fields [J]. Scientometrics，2010，83（2）：435-454.

② Park H, Yoon J. Assessing coreness and intermediary of technology sectors using patent co-classification analysis：the case of Korean national R&D [J]. Scientometrics，2014，98（2）：853-890.

本书在构建专利多重共现关系网络时，主要以专利权人、德温特分类号、专利引文三个特征项为例。

(三) 专利引文
1. 专利引文数据的计量意义

专利引文反映了专利文献及其所属的发明人、专利权人、机构、国家等之间的关联性，是发明人和审查员的智力活动轨迹，能够较为全面地反映以专利文献为载体的知识交流和技术扩散的模式与规律。专利引文中包含了大量的技术情报，通过文献计量学的研究方法对其进行剖析，能够比较系统地解析出专利信息流动的当前态势和未来趋向。根据引用主体类型不同，专利引文分为申请人引文和审查员引文两种，前者揭示技术继承和发展态势，后者揭示技术相关和同质态势；专利引文数量的时间分析趋势能够反映出专利技术在此项发明技术的生命周期中所处的具体阶段；专利的被引频次可以反映该项专利技术的核心程度；专利的引文（参考文献）数量反映了该项专利技术对于其他科技文献所包含的知识和技术的吸纳程度；对于发明人或专利权人被引情况的统计可以衡量其技术实力[①]。

早在20世纪40年代，Seidel就提出了专利引文分析的概念，他认为存在引文关系的文献必定有着相似的科学观点、研究对象或主题特征，此外，他还指出被引频次较高的专利所包含的技术更为重要。Jaffe等人认为专利之间的相互引用会带来知识的扩散，因此，专利引用可以用作衡量知识扩散的工具，可以借助于专利之间的引用关系来揭示技术领域的知识交流和扩散[②]。一方面，被引频次可以用作评价专利质量和影响力，以及测度知识扩散和流动的指标；另一方面，通过专利引用关系可以向后追溯某一项技术发明的

---

① 隆瑾、何伟、吴秀文：《中美专利引文比较研究》，《图书情报工作》2015年第19期。

② Jaffe A, Trajtenberg M, Henderson R. Geographic localization of knowledge spillovers evidenced by patent citations [J]. *Quarterly Journal of Economics*, 1993, 108 (3): 577–598.

源头，向前推测某一项技术的发展方向和趋势。国内外学者先后提出了专利被引频次、前向引用与后向引用、延展性与缘聚性等指标。

专利引文分析是专利计量学的重要研究方向之一，围绕专利引文数据所开展的计量研究主要采取以下几种方法：一是专利引文数量的统计，将被引频次视为专利质量和影响力的衡量指标，根据被引频次高低识别关键技术、发明者和发明机构；二是专利的引用与被引用关系反映出不同专利之间，以及发明人、机构、国家或地区之间的知识流动和技术转移情况；三是专利引文时序分析，根据专利引文的前后承接关系，梳理技术发展演变历程，并预测未来发展趋势；四是专利引文网络分析及可视化，探测引文现象背后的模式与规律，例如技术会聚、技术融合、技术多元化等问题；五是基于专利文献与非专利文献之间的引用与被引用关系，揭示科学与技术之间的交叉关联。

专利引文关系分为直接引用关系、引文耦合关系、同被引关系、互引关系，进而产生与之对应的几类引文分析方法，其基本原理与期刊论文的引文分析方法相似。结合专利引文信息和发明人、专利权人、机构、地区、国家等信息，专利引文分析的对象从文献本身延伸至发明人、专利权人、机构、地区、国家等相关主体，并且在技术创新问题研究中通常将这些相关主体视为创新主体，基于引文关联探寻不同创新主体之间的关系，并借此预测其在市场竞争中的潜在合作与竞争关系。C Gay 和 C Le Bas 归纳了专利引文所具备的三项功能：一是利用专利文献之间的引用关系来测度知识流动情况；二是利用专利被引情况来评估专利的技术水平及潜在市场价值；三是利用文献中的引用轨迹来探测学科前沿和知识基础，即一群科学研究者近期密集关注的问题与概念[①]。

---

① C Gay, C Le Bas. Uses without too many abuses of patent citations or the simple economics of patent citations as a measure of value and flows of knowledge [J]. *Economics of Innovation and New Technology*, 2005, 14 (5): 333 – 338.

2. DII 数据库提供的引文数据

从 DII 数据库中批量下载的题录信息中包含了被引用专利（Citing Patents, CP）、被引用文献（Citing Reference, CR）和被引用发明人（Cited Inventor, CI）三类特征项。"被引用专利"一栏显示了发明人和专利审查员所列举的参考文献和对比文献信息，下载的题录信息中大部分仅显示被引用专利的专利号，少部分引文数据中还显示专利权人名称等相关信息。"被引用文献"一栏显示了非专利引文数据列表。"被引用发明人"一栏显示了被引用的专利发明人的名字。如果以上项目为空则表示该件专利不包含参考文献信息或者数据库未能将参考文献信息收录在内。所以，DII 数据库的引文信息并不十分完整，仅收录了部分专利的引文数据，引文信息为空的情况较为常见。

由于全球范围内只有少数数据库提供专利引文信息，样本数据获取的渠道相对有限，使得专利引文的计量分析受到了很大的限制。DII 能够提供引文信息，加之 DII 的全面性和权威性等优点，成为专利引文分析的主要数据来源，尽管如此，DII 所收录的许多专利文献仍然不能提供引文信息。本书在实证研究部分下载了一批专利题录信息，总量约为 75000 条，随后计算了包含引文信息的专利比例，结果显示：42.96% 的专利包含"CP－被引用专利"题录项目，17.18% 的专利包含"CR－被引用文献"题录项目，22.67% 的专利包含"CI－被引用发明人"题录项目，也就是说，超过一半的专利文献根本不包含任何引文数据。

可见，DII 专利数据库能够提供的引文数据非常有限，许多不包含引文数据的专利文献实际上被排除在引文分析之外。DII 数据库支持批量下载题录信息的功能，为专利计量提供了便利，尤其是其题录信息中包含的引文数据，虽不全面，却能够为专利引文分析提供珍贵的样本数据。但是，数据库中引文数据的大规模缺失，使得样本数据的代表性受到很大的影响，继而影响到引文分析结果的有效性和准确性。以 DII 数据库作为样本数据来源开展引文分析，其结果只能是部分反映事实，而不能全面、精确地再现事实的全貌。

四 专利文献特征项的多重共现关系

专利文献的著录特征项多达几十种,常见的著录项目包括专利号、发明人、专利权人、分类号、申请日期、优先权日期、引文等,通过专利文献所呈现出的合作、引证、耦合等现象,均可通过特征项之间的共现关系加以呈现,并转换为共现关系网络矩阵进行计量分析。

(一) 专利文献常见特征项之间的关联性分析

专利计量学中的共现分析大多为一重共现分析,即针对某一类特征项的共现关系,构建一模同质网络,如专利权人合作关系网络、分类号共现关系网络等,这种共现分析方法的应用非常广泛,我们将其称为一重共现分析,其特征是从单一维度出发,以一种特征项为分析对象,因此,该方法可以探究的知识广度和深度相对有限。事实上,不同特征项之间存在着千丝万缕的关联(如图3-5所示),反映出的多种类型的共现关系以及交叉共现关系,很难通过一重共现分析来实现,而适合于进行多重共现分析,通过多个特征项和多种共现关系的综合分析,发掘多维度、深层次的模式与规律。

图3-5显示了专利文献所包含的部分常见特征项之间的关联情况,从中可见,不同类型特征项之间的交叉关联性是普遍存在的,在某种程度上反映出一重共现分析存在一定的局限性,也体现了多重共现分析的必要性和优势。综合考虑各个特征项的功能及计量意义、样本数据的可获得性,以及项目组的研究资源和条件,我们从那些常见的专利文献特征项当中选择专利权人(AE)、德温特专利分类号(DC)、专利引文(CP)三类特征项作为计量分析对象,重点关注三类特征项之间的交叉关联性,构建多模异质网络,探索面向专利数据的多重共现分析方法的实现途径。

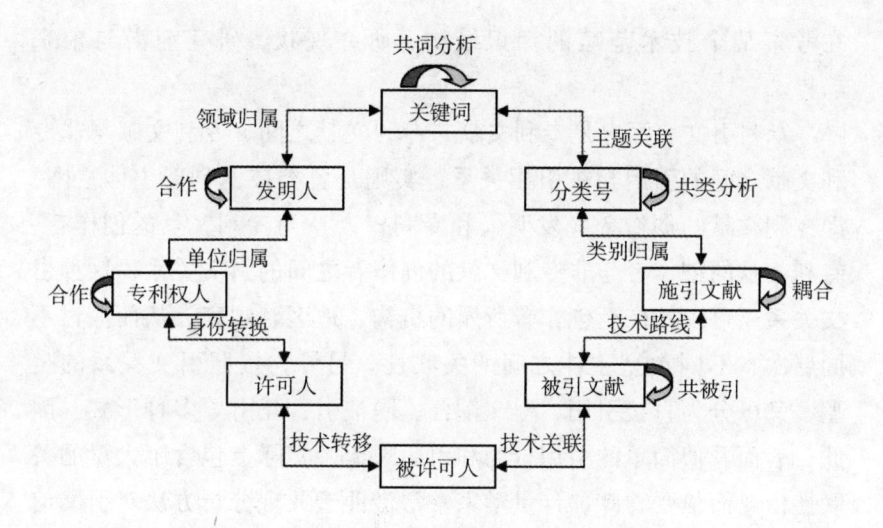

图 3-5 专利文献特征项之间的关联性示意图

(二) 专利权人—分类号—引文三类特征项之间的共现关系

专利权人、分类号、引文是专利文献的三类重要特征项，也是专利计量学中最为常见的三类计量分析对象。从专利计量学角度分析，以上三类特征项包含了更多的有效情报信息，尤其是包含了重要的关联信息，更适合用于共现分析。

专利权人是专利技术的发明者、所有者和应用者，是以专利为产出的技术创新活动的参与者，在专利计量研究中常将专利权人称为技术创新主体，专利权人之间的各种共现现象，如合作、引证、耦合等，反映了技术创新主体之间的合作、竞争、技术溢出等各类关系。

专利分类号体现着专利所归属的技术范畴和专利所涉及的技术主题，包含了专利的技术信息和研究内容，分类号的共现反映出一个专利同时涉猎多个技术范畴或技术主题，一定规模的样本专利数据的共现分析能够用来测度不同技术范畴或技术主题之间的技术联系。当样本专利文献的关键词题录信息缺失时，分类号可以在一定程度上代替关键词，描述一件专利所包含的核心主题和关键内容，此时分类号的共现现象，可参照共词分析的原理进行共类分析，旨在考察某个技术范畴的知识结构、研究现状、研究前沿与未来趋势。

专利引文表面上是专利文献与专利文献之间、专利文献与非专利文献之间的引用与被引用关系，实则是各类技术创新主体之间，即专利文献的创作者（发明人和专利权人）与专利文献的创作者、专利文献的创作者与非专利文献的创作者之间的引文关系，这种引文关系还可以推广至创作者所属的机构、地区、国家，从而探讨不同层次、不同类型主体之间的关联性。另外，按照引文关系的类型，又可分为直接引用、引文耦合、同被引、互引等多种形式。因此，表面看似简单的引用行为和引用现象，实际上包含了大量的关联性信息而倍受青睐，计量学家常常借助于共现分析方法对引文信息进行计量分析，旨在考察和揭示各类主体之间复杂而多变的关系。

依据每一类特征项自身的共现现象，以及不同类型特征项之间的交叉关联性，专利权人、分类号、引文三类特征项可以构成多种类型的共现关系，我们将其分为5个大类和30种关系逐一进行介绍。

第Ⅰ类：一重共现关系

由同一类特征项之间建立的单一维度的共现关系，也称单层共现关系，一重共现关系网络为一模同质网络。以专利权人、专利分类号、专利引文三类特征项为例，本书提及的以专利文献为载体的一重共现关系包括4种，分别为专利权人合作（共现）关系、专利分类号共现（共类）关系、专利文献直接引用关系、专利权人直接引用关系。

#1 专利权人合作关系。依据两个或多个专利权人在同一件专利文献中的联合署名现象而建立，这种合作意味着专利权的共有与分享，专利权人的合作动机是复杂而多样的，或是由于研究主题的相似性，或是彼此利益存在交集，所以合作反映了学术关系的相似性或者社会关系的亲近性。借助于专利权人合作关系网络，可以定量考察每个专利权人的开放意识、合作程度及其在合作关系网络中

的地位和影响力，可以根据网络结构判定不同专利权人之间的亲疏远近关系，可以根据节点聚类现象寻找潜在合作伙伴或潜在专利联盟。如果将合作研究视为知识交流与技术扩散的过程，那么专利权人合作网络能够生动直观地模拟出知识交流与技术扩散的轨迹与规律，若不考虑专利权人署名的先后次序，一般情况下专利权人合作关系网络被认为是同质无向网络。

#2 分类号共现关系。若一件专利同时包含两个或多个分类号，说明该件专利同时涉及两个或多个技术领域或技术主题，所以，分类号共现反映了不同技术领域或技术主题之间的交叉关联性。专利分类号是由专门机构及专业人员依据专利分类体系编制而成，形式固定、内容规范、指向明确，具有较高的准确性和可靠性，是专利文献包含的题录信息当中少数能够反映专利内容和技术信息的特征项之一，共类分析还可以在一定程度上实现共词分析的效果。分类号共现关系网络为同质无向网络。

#3 专利文献的（直接）引用关系。某篇专利文献与其包含的参考文献之间构成了直接的引用关系，如图3-6文献A中包含a、b、c三篇参考文献，文献B包含了b、c、d三篇参考文献，则图中存在6组直接的文献引用关系，分别为A→a、A→b、A→c、B→b、B→c、B→d。直接引用关系反映了施引文献与被引文献之间在知识和技术方面的前后承接关系，可用于考察文献之间的主题相似性，追踪技术发展演变轨迹，回溯技术起源，预测技术趋向，寻找关键技术节点，揭示知识交流与技术扩散规律。直接引用关系带有方向，从施引文献指向被引文献，构成的直接引用关系网络为有向网络，网络节点分别来自于"施引文献集合"和"被引文献集合"两个集合，网络关系从"施引文献集合"指向"被引文献集合"。

#4 专利权人（直接）引用关系。以文献为计量对象的引文关系转化为以专利权人为计量对象的引文关系，引文关系网络中的节点所指代的对象由文献转变为专利权人。专利权人（直接）引用关系反映出专利权人对于知识和技术的吸收与扩散情况，以及专利权人之间的相互影响，这种影响力带有明确的方向，施引专利权人受

到被引专利权人的影响。专利权人（直接）引用关系网络为有向网络，据此可以判断每个专利权人在以专利为载体的知识交流与技术扩散活动中的地位和影响力，寻找高影响力专利权人，根据每个节点的出度与入度衡量每个专利权人对于知识和技术的吸收能力与扩散能力。

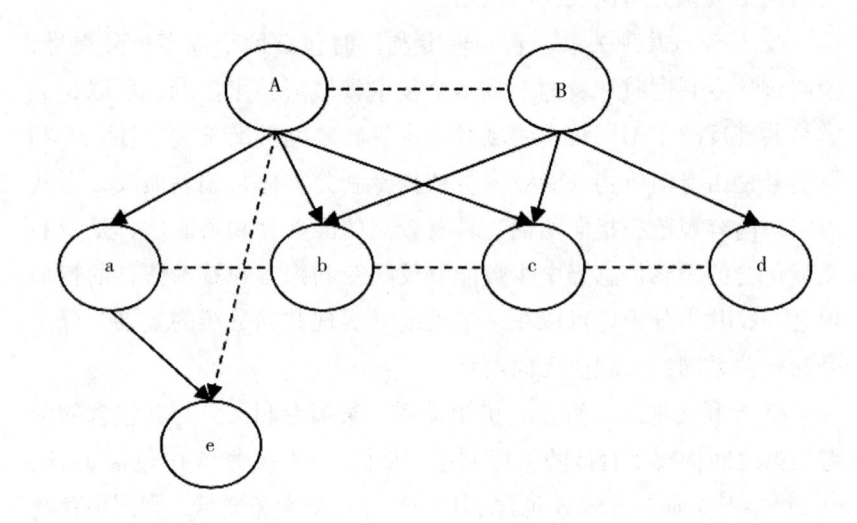

图3-6　不同类型的引文关系示意图

#5 专利分类号直接引用关系。以文献为媒介的引文关系转化为以专利分类号为媒介的引文关系，引文关系网络中的节点所指代的对象由专利文献转变为专利分类号。专利分类号的直接引用关系反映了专利分类号之间在知识和技术方面的关联性，由于专利分类号代表着专利文献所属的技术领域或技术主题，专利分类号直接引用关系实际上代表了各个技术领域或技术主题之间的传承与演化关系，绘制某项技术的发展演变轨迹，并从中寻找关键性的技术领域或技术主题。

第Ⅱ类：耦合关系

表面上是同类特征项之间的关联关系，实际上这种关联性必须借助于另一类特征项才能建立，所以，耦合关系是一种间接的共现关系。而第Ⅰ类一重共现关系是同类特征项之间直接的共现关系。以专利权人、专利分类号、专利引文三类特征项为例，专利耦合关系分为四种：专利文献的引文耦合关系，专利权人的引文耦合关系、专利分类号的引文耦合关系、专利权人（分类号）耦合关系。其中，前三种耦合关系是基于引文关系而生成，而最后一种耦合关系则是以专利分类号为媒介。

#6 专利文献的引文耦合关系。两篇或多篇文献各自包含的参考文献中有一篇或多篇重复的现象，如图3-6所示，文献A和文献B同时拥有2篇相同的参考文献b和c，则文献A和文献B之间存在着引文耦合关系，耦合强度为2。引文耦合关系是引文关系的一种，反映了两篇或多篇文献之间研究主题和技术方向的相似性，耦合强度越高则表明研究主题越相似。引文耦合关系网络常用于考察某一技术领域的知识结构或技术组成。与直接引用关系不同，引文耦合关系是一种间接的关系，在图3-6中我们用虚线表示，且引文耦合关系不存在方向性。所以，文献引文耦合关系网络是同质无向网络。

#7 专利权人的引文耦合关系。由专利文献的引文耦合关系转化而来，用于衡量不同专利权人研究主题的相似性，两个专利权人之间的引文耦合频次越高，则表明两者的研究主题越相似，在技术创新方面易开展合作，而在市场经营方面易成为竞争对象。专利权人的引文耦合关系网络为无向网络，通过网络节点与网络结构的分析，可以探寻各个专利权人之间的合作与竞争关系，便于专利权人寻找潜在的合作伙伴，识别可能的竞争对手。

#8 专利分类号的引文耦合关系。由专利文献的引文耦合关系转化而来，用于衡量不同专利分类号所代表的技术领域或技术主题之间的关联性与相似性。专利分类号的引文耦合关系网络为无向网络，每个节点为一个专利分类号，通过网络节点与网络结构的分析，可以衡量各个专利分类号所代表的技术领域或技术主题的亲疏远近关系，描述和揭示某个技术领域的知识结构。

#9 专利权人（分类号）耦合关系。两个或多个专利权人拥有

一个或多个相同分类号的情况，共有的分类号数量为耦合频次，代表着耦合关系的强度。所以，专利权人（分类号）耦合关系是专利权人之间借助于专利分类号而建立的间接关系，两个专利权人之间的耦合频次越高，则其研究方向越接近。所以，专利权人（分类号）耦合关系主要用于考察不同专利权人之间的技术相似性。而这种技术相似性实际上在一定程度上代表着不同专利权人之间合作与竞争的可能性，一般来说两个专利权人从事的技术主题越相似，技术和产品的同质化程度越高，彼此之间技术合作的可能性越大，商业竞争的可能性也越大。

如果将专利权人合作关系视为现实的合作关系，专利权人（分类号）耦合关系代表着潜在的合作关系。与现实合作关系相比，专利权人（分类号）耦合关系的分析具有两个方面的特色与优势，一是能够同时反映出专利权人之间合作与竞争并存的状态，这也是专利文献不同于其他文献的特别之处；二是现实合作动机较为复杂，社会关系发挥着重要作用，而以专利权人（分类号）耦合为基础构建的隐性合作关系藉由研究主题的相似性来予以评估和判断，排除了主观因素和社会因素的影响。专利权人（分类号）耦合关系网络为同质无向网络。网络分析的原理与专利权人（引文）耦合关系网络和专利权人同被引关系网络相似。

第Ⅲ类：同被引关系

专利文献包含的特征项基于引证与被引现象而建立的共现关系，表面上是同类特征项之间的关系，但与耦合关系类似，这种关联性必须借助于另一类特征项而建立，因此，也是一种间接的共现关系。以专利权人、专利分类号、专利引文三类特征项为例，同被引关系分为三种：专利文献的同被引关系、专利权人的同被引关系、专利分类号的同被引关系。

#10 专利文献的同被引关系。同被引关系指两篇或多篇文献同时被其他文献引用的现象，比如图 3-6 所示，文献 b 和 c 同时被文献 A 和 B 引用，则文献 b 和 c 之间存在着同被引关系，同被引强度为 2。同被引关系是引文关系的一种表现形式，反映了两篇或多

篇同被引文献之间研究主题的相似性和技术关联性，同被引频次越高表明研究主题越相似、技术关联性越强，所以，同被引强度也常常用于分析某一技术领域的知识或技术结构。同被引关系是一种间接的引文关系，在图3-6中我们将其用虚线表示。同被引关系网络是同质无向网络。

在此需要说明的是，除直接引用关系、引文耦合关系、同被引关系以外，文献之间还存在其他类型的引文关系，例如，间接引用关系。如图3-6所示，文献A引用了文献a，文献a又引用了文献e，则文献A和文献e借助于文献a建立起间接的引用关系，间接的引用关系并非现实存在，而是一种潜在的、可预见的引文关系，且这种关系具有方向性，从文献A指向文献e，在图3-6中我们使用有向的虚线标识。间接引用关系是对直接引用关系的补充和扩展，同样用于考察文献之间的传承关系和主题相似性。本研究仅对前三类引文关系进行分析处理，未将间接引用关系纳入研究范围。

#11 专利权人的同被引关系。由专利文献的同被引关系转化而来，同样用于衡量不同专利权人研究主题的相似性，同被引频次越高，则表明两个专利权人的研究主题越相似。依托研究主题的相似性能够深入挖掘专利权人之间隐性的合作与竞争关系，与专利权人的引文耦合关系不同，专利权人的同被引关系完全由第三方专利权人决定，所建立的关系相对更为客观。专利权人同被引关系网络同样为无向网络，分析原理与专利权人引文耦合关系网络相似。除了考察不同专利权人两两之间研究主题的相似性与差异性之外，节点在网络中的中心度和位置也反映了每个专利权人研究主题的分布情况，中心度指标越高、分布位置越居中的节点说明该专利权人从事的是该技术领域的主流研究方向，而中心度低、居于边缘的节点说明其从事的研究主题较为边缘或者更具特色。此外，某一技术领域的多个节点呈现出的聚类关系，反映了该技术领域存在的技术流派及其组成。

#12 专利分类号同被引关系。两个分类号被一篇或多篇专利文献共同引用，说明它们之间存在着一定的知识或技术关联性。专利

分类号同被引关系由专利文献的同被引关系转化而来,用于衡量不同专利分类号所代表的技术领域或技术主题之间的关联性与相似性。专利分类号同被引关系网络为无向网络,其分析原理与专利分类号耦合关系相似。

专利权人之间基于引文关联还可以形成互引关系,例如,专利权人A和B,A引用了B,B也引用了A,则A和B之间存在互引关系。专利文献的引用与被引用关系是相对固定的,并且具有时间上的先后顺序,所以,不存在互引关系,但是,每个专利权人所持有的专利集合和引文集合是不断更新和变化的,专利权人之间可能会存在互引关系。直接引证关系是单向的,由施引专利权人指向被引专利权人,反映了被引方对于施引方产生的技术影响;而互引关系是双向的,每个专利权人既是施引方,又是被引方,互引反映了两个专利权人之间的相互影响。

第Ⅳ类:隶属关系

两类特征项之间的共现关系,是一种单一维度的共现关系。为了将其与两类特征项之间的多重共现关系区分,我们将其称为隶属关系。隶属关系是一类比较特殊的共现关系,反映出两类特征项集合之间的交叉关联性,隶属关系网络为二模同质网络。以专利权人、专利分类号、专利引文三类特征项为例,隶属关系分为三种:专利权人—分类号隶属关系、专利权人—专利引文隶属关系、专利分类号—专利引文隶属关系。

#13 专利权人—分类号隶属关系。每篇专利文献都包含了专利权人和分类号两类特征项,也就是说专利权人和分类号在同一篇文献中共同出现,表明专利权人和分类号两类特征项之间存在着一定的共现关系,为了将其与随后提及的多重共现关系区分,我们将其称之为隶属关系,代表着专利权人集合与分类号集合之间的交叉关联,专利权人与分类号的共现频次代表着关联强度。专利权人—分类号隶属关系网络为二模无向网络。

通过专利权人—分类号隶属关系及其强度的定量描述和分析,从中可以发现每个专利权人拥有的专利在各个技术领域的分布情况，每个专利权人从事哪些技术领域的研发活动，它们对各个技术领域的关注程度如何，它们在各个技术领域的研究力量分布情况如何。另外，我们也可清晰地辨认出每个技术领域都有哪些专利权人参与其中，各个专利权人在某一技术领域的实力可以进行直接的比较，借此可以判定各个专利权人之间研究主题的相似性、技术力量的差异性。依托专利权人—分类号隶属关系网络，我们能够对技术竞争态势进行计量分析和可视化展示，研究专利权人之间现实或隐性的合作与竞争关系。

#14 专利权人—引文共现关系。专利引文节点为专利文献，每篇专利文献都包含有专利权人信息，每个专利权人持有一定数量的专利文献，所以，专利权人和引文之间存在着直接的关联性。通过专利权人—引文共现关系，我们可以看到每个专利权人持有多少以及哪些专利文献，每篇专利文献属于哪个或哪些专利权人，我们尤其关心那些热门专利究竟由哪些专利权人持有。事实上，专利权人—引文共现关系本身并无太大的计量意义，主要充当媒介实现专利文献引文关系向专利权人引文关系的映射。

#15 专利分类号—引文共现关系。实际上是专利分类号与专利文献之间的共现关系，每篇文献都会包含一个或多个专利分类号，这种包含与被包含的关系使得两类特征项之间建立起关联性。通过专利分类号—引文共现关系，我们可以看出每篇引文（参考文献）属于哪个或哪些技术领域。专利分类号—引文共现关系能够充当媒介实现专利文献引文关系向专利分类号引文关系的映射。

第Ⅴ类：多重共现关系

多重共现是指两个及以上类型的特征项之间存在的超过两种及以上共现关系的情况，显然，多重共现关系要比以上四类关系更为复杂，同时包含两个及以上的特征项和两种及以上的共现关系。多重共现关系是由以上十几种关系当中某两种或多种进行组合而成，多重共现分析实际上是对多种共现关系所开展的综合分析。所以，本书在构建多重共现关系时，采取的数据处理方案是将简单关系网络合并生成多重共现关系网络，由此所生成的多重共现关系网络也是一种综合型网络。以专利权人、专利分类号、专利引文三类特征项为例，能够形成的专利多重共现关系分为四种形式：专利权人—分类号共现关系、专利权人—引文共现关系、专利分类号—引文共现关系、专利权人—分类号—引文共现关系。

#16 专利权人—分类号共现关系。由专利权人和分类号两类特征项、#1、#2、#13 三种关系组成，为典型的多重共现关系网络。专利权人—分类号共现关系网络由专利权人合作网络、专利分类号共现网络、专利权人—分类号隶属网络合并而成，为多模异质无向网络，将两类特征项和三种共现关系在同一网络中进行集中展示和综合分析，相较于一重共现分析，多重共现蕴含的信息更加丰富，剖析视角更加多元。专利权人合作关系、专利分类号共现关系、专利权人—分类号隶属关系各自能够反映的信息在该综合型网络中都能得以体现，更有利于显示出某一技术领域的全貌。

#17 专利权人—引文（直接引用）共现关系。同时包含了专利权人和专利引文两类特征项和三种共现关系：#1 专利权人合作关系、#3 专利文献直接引用关系、#14 专利权人—引文文献隶属关系。专利权人—引文（直接引用）共现关系网络由#1、#3、#14 三种基础关系网络合并而成。

#18 专利权人—引文（耦合）共现关系。同时包含了专利权人和专利引文两类特征项和三种共现关系：#1 专利权人合作关系、#6 专利文献引文耦合关系、#14 专利权人—引文文献隶属关系。专利权人—引文（耦合）共现关系网络由#1、#6、#14 三种关系网络合并而成。

#19 专利权人—引文（同被引）共现关系。同时包含了专利权人和专利引文两类特征项和三种共现关系：#1 专利权人合作关系、#10 专利文献同被引关系、#14 专利权人—引文文献隶属关系。专利权人—引文（同被引）共现关系网络由#1、#10、#14 三种基础关系网络合并而成。

#20 专利分类号—引文（直接引用）共现关系。同时包含了专利分类号和专利引文两类特征项和三种共现关系：#2 专利分类号

共现关系、#3专利文献直接引用关系、#15专利分类号—专利文献隶属关系。专利分类号—引文（直接引用）共现关系网络由#2、#3、#15三种基础关系网络合并而成。

#21 专利分类号—引文（耦合）共现关系。同时包含了专利分类号和专利引文两类特征项和三种共现关系：#2专利分类号共现关系、#6专利文献引文耦合关系、#15专利分类号—专利文献隶属关系。专利分类号—引文（耦合）共现关系网络由#2、#6、#15三种基础关系网络合并而成。

#22 专利分类号—引文（同被引）共现关系。同时包含了专利分类号和专利引文两类特征项和三种共现关系：#2专利分类号共现关系、#10专利文献同被引关系、#15专利分类号—专利文献隶属关系。专利分类号—引文（同被引）共现关系网络由#2、#10、#15三种关系网络合并而成。

#23 专利权人—专利分类号—引文（直接引用）共现关系。同时包含了三类特征项和六种共现关系：#1专利权人合作关系、#2专利分类号共现关系、#3专利文献直接引用关系、#13专利权人—分类号隶属关系、#14专利权人—引文文献隶属关系、#15专利分类号—引文文献隶属关系。专利权人—专利分类号—引文（直接引用）共现关系网络由#1、#2、#3、#13、#14、#15六种关系网络合并而成。

#24 专利权人—专利分类号—引文（耦合）共现关系。同时包含了三类特征项和六种共现关系：#1专利权人合作关系、#2专利分类号共现关系、#6专利文献引文耦合关系、#13专利权人—分类号隶属关系、#14专利权人—引文文献隶属关系、#15专利分类号—引文文献隶属关系。专利权人—专利分类号—引文（耦合）共现关系网络由#1、#2、#6、#13、#14、#15六种关系网络合并而成。

#25 专利权人—专利分类号—引文（同被引）共现关系。同时包含了三类特征项和六种共现关系：#1专利权人合作关系、#2专利分类号共现关系、#10专利文献同被引关系、#13专利权人—分

类号隶属关系、#14 专利权人—引文文献隶属关系、#15 专利分类号—引文文献隶属关系。专利权人—专利分类号—引文（同被引）共现关系网络由#1、#2、#10、#13、#14、#15 六种关系网络合并而成。

（三）专利权人—分类号—引文三类特征项的多重共现关系

以专利文献包含的专利权人、专利分类号、引文三类特征项为例，前文列举了三类特征项可能形成的 25 种共现关系，25 种关系共分五个大类，既包含一重共现关系，又包含多重共现关系。本质上都是基于专利文献特征项的共现现象而产生，但每种关系的构成与特征各不相同，分别从不同的维度出发，能够揭示的信息也不一样。我们对其进行归纳和分类，并在表 3-1 中进行集中比较。随后，我们将多重共现关系的组成成分及结构属性在图 3-7 中进行直观展示。

表 3-1 专利特征项（专利权人、分类号、引文）共现关系分类

关系大类	关系类别	包含特征项种类	包含关系种类	特征
第Ⅰ类 一重共现关系	#1 专利权人合作关系	1	1	直接、一模、同质、无向
	#2 分类号共现关系	1	1	直接、一模、同质、无向
	#3 专利文献直接引用关系	1	1	直接、二模、异质、有向
	#4 专利权人直接引用关系	1	1	直接、二模、异质、有向
	#5 专利分类号直接引用关系	1	1	直接、二模、异质、有向

续表

关系大类	关系类别	包含特征项种类	包含关系种类	特征
第Ⅱ类 耦合关系	#6 专利文献（引文）耦合关系	1	1	间接、一模、同质、无向
	#7 专利权人（引文）耦合关系	1	1	间接、一模、同质、无向
	#8 专利分类号（引文）耦合关系	1	1	间接、一模、同质、无向
	#9 专利权人（分类号）耦合关系	1	1	间接、一模、同质、无向
第Ⅲ类 同被引关系	#10 专利文献同被引关系	1	1	间接、一模、同质、无向
	#11 专利权人同被引关系	1	1	间接、一模、同质、无向
	#12 专利分类号同被引关系	1	1	间接、一模、同质、无向
第Ⅳ类 隶属关系	#13 专利权人—分类号隶属关系	2	1	直接、二模、异质、无向
	#14 专利权人—文献隶属关系	2	1	直接、二模、异质、无向
	#15 专利分类号—文献隶属关系	2	1	直接、二模、异质、无向
第Ⅴ类 多重共现关系	#16 专利权人—分类号共现关系	2	3	直接、二模、异质、无向
	#17 专利权人—引文（直接引用）共现关系	2	3	直接、二模、异质、有向
	#18 专利权人—引文（耦合）共现关系	2	3	间接、二模、异质、无向

续表

关系大类	关系类别	包含特征项种类	包含关系种类	特征
第Ⅴ类多重共现关系	#19 专利权人—引文（同被引）共现关系	2	3	间接、二模、异质、无向
	#20 专利分类号—引文（直接引用）共现关系	2	3	直接、二模、异质、有向
	#21 专利分类号—引文（耦合）共现关系	2	3	间接、二模、异质、无向
	#22 专利分类号—引文（同被引）同现关系	2	3	间接、二模、异质、无向
	#23 专利权人—专利分类号—引文（直接引用）共现关系	3	6	直接、三模、异质、有向
	#24 专利权人—专利分类号—引文（耦合）共现关系	3	6	间接、三模、异质、无向
	#25 专利权人—专利分类号—引文（同被引）共现关系	3	6	间接、三模、异质、无向

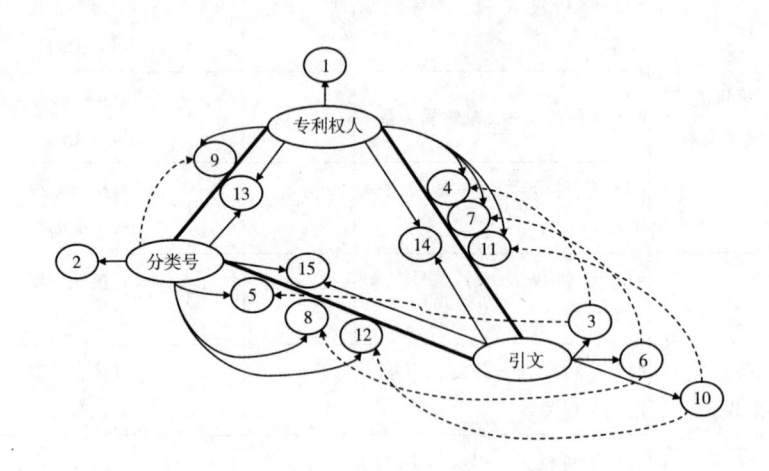

图 3-7 多重共现关系的基本组成成分及结构

在此需要说明的是，#3 专利文献直接引用关系、#4 专利权人直接引用关系、#5 分类号直接引用关系，虽然表面看来是同类特征项之间的共现关系，但是直接引用关系带有方向性，从施引文献（专利权人、分类号）指向被引文献（专利权人、分类号），所以在建立关联时实际上存在着两类特征项集合，分别为施引文献（专利权人、分类号）集合和被引文献（专利权人、分类号）集合，这两类集合中包含的元素并不相同，所以，直接引用关系基于两类特征项集合之间的关联而生成，所以我们将其视为二模、异质网络。

表 3-1 中 25 种共现关系共分五大类，其中，第 V 类是本书所界定的多重共现关系，而前四类中虽然部分关系，如耦合关系、同被引关系，必须借助于其他特征项才能建立关联，从某种意义上已经具备了一定的多重共现性质，但在本书中我们仍将其视为一重共现。第五类多重共现所包含的 10 种关系，全部都是由前面 15 种一重共现关系组合而成，所以，我们将前面四大类 15 种关系统称为基本共现关系。这 15 种关系作为多重共现关系的组成成分，相互之间的关联性及其整体呈现出的结构属性如图 3-7 所示。

图 3-7 中列举的 15 种基本共现关系均是建立在专利权人、专利分类号、专利引文三类特征项直接或间接共现的基础之上。有单个箭头指向的关系对应表 3-1 中第 I 类一重共现关系；有两个箭头指向表明该种关系代表着两类特征项之间的关联；两个箭头连线均为实线的关系对应表格当中的第 IV 类隶属关系；一个为实线一个为虚线的关系对应表格当中第 II 类耦合关系和第 III 类共被引关系；虚线箭头的起始端所指向的特征项在建立共现关系时只充当媒介作用。

第 V 类多重共现网络实际上是复合关系网络，是由两类及以上特征项、两种及以上基本共现关系组合而成，既包含同类特征项之间的共现关系，又包含不同特征项之间的交叉关联关系。多重共现关系网络是由多个基本共现关系网络合并而成，更适合于对某一技术领域的创新活动进行较为全面的计量分析。综上所述，本研究提出的多重共现分析实际上是一种综合分析的思想，通过将多类特征项和多种基本共现关系整合在同一网络当中予以集中呈现和整体分析，从而对其进行更为全面和综合的描述与揭示。相较一重共现分析，多重共现分析涵盖的关系更加繁复，剖析的维度更加多元，能够提供的信息也更加丰富。

第四章 多重共现分析的方法研究

多重共现建立在传统的一重共现分析的基础之上,多重共现分析方法整合了合著分析、共词分析、共类分析、引文分析、耦合分析等多种共现分析方法,从而突破一重共现分析方法从单一维度反映单一关系的局限性,能够从不同的维度和视角对同类实体之间以及不同类别实体之间错综复杂的关联性进行综合考察和全面分析。本书将以专利权人(Assignee,AE)作为主要计量分析对象,在对多种共现分析方法进行归类和比较的基础上,探讨专利多重共现分析可能的实现途径,采用多个矩阵合并的方式,将多种不同类型的专利特征项及其相互之间的关联性整合在同一网络矩阵当中,进而通过社会网络分析和可视化方法及工具,对专利权人之间以及专利权人与其他著录特征项之间的共现关系及交叉关联进行直观展示和计量分析。

一 传统共现分析方法的归类

共现分析以文献之间或文献所包含的特征项之间的共现频次,定量测度不同主体或知识单元之间的相似性。Eck N. J. V. 和 Waltman L. 认为共现分析即为相似性分析[①]。社会网络分析及可视化方法与共现分析相结合,极大地推动了共现分析的发展,通过构

---

① Eck NJV, Waltman L. How to normalize cooccurrence data? An analysis of some well-known similarity measures [J]. *Journal of the American Society for Information Science and Technology*, 2009, 60 (8): 1635–1651.

建各类共现关系网络，使得共现分析更为直观生动①。近年来涌现出一大批共现分析的研究成果，按照计量对象的不同，共现分析主要分为以下几种：耦合分析、合作分析、共引分析、共词分析、共类分析。国内外现有的共现分析大多以期刊论文作为研究对象，例如，合著分析、共词分析等，这些共现分析方法在长期而广泛的应用过程中不断丰富和完善，其中，大部分方法可以被移植到专利文献的计量分析当中，例如，利用合著分析方法对专利权人之间的合作关系进行研究，再如基于关键词共现（共词）分析引申出专利分类号共现（共类）分析。本小节将系统梳理和比较目前较为常见的共现分析方法，重点探讨该种方法应用于专利文献计量时的基本原理、实现方式、典型特征、揭示维度以及应用范围。

（一）合著分析方法

1. 以合著来研究合作

考察作者、机构、国家或地区等之间的合作关系，学术论文是最主要的合作载体和计量对象，其次是专利，显性合作关系的界定以成果联合署名为标识（co-authorship 或 co-inventorship）。大科学时代，科学技术研究的合作化趋向日益显著，不论是以论文为代表的科学研究或是以专利为代表的技术创新研究，合作的比重都在逐年上升②。Zhenzhong Ma 和 Yender Lee③ 指出人类已经进入"技术全球化"的时期。合作关系网络的分析成为该研究领域的主流，通过网络结构或网络节点的计量分析，来考察节点之间合作关系的强弱远近，寻找明星节点或潜在合作伙伴，并根据网络聚类情况发

---

① Ma FC, Li YT. Utilizing social network analysis to study the characteristics and functions of the co-occurrence network of online tags [J]. *Online Information Review*, 2014, 38 (2): 232-247.

② Henriksen Dorte. The rise in co-authorship in the social sciences (1980-2013) [J]. *Scientometrics*, 2016, 107 (2): 455-476.

③ Ma Z, Lee Y. Patent application and technological collaboration in inventive activities: 1980-2005 [J]. *Technovation*, 2008 (28): 379-390.

现小团体①。合作研究不断走向深入，许多学者试图从合作关系网络中发掘更多的有效信息②，或者试图改进合作关系网络的构造方法或呈现方式③。

科学家希望并且需要与同行进行交流，科学家通过发表论文进行学术交往，并且通过提供科技情报的方式来进行优先权声明和确认，而不是以"秘而不宣"的形式来独享科学成果。论文是科学家记录科学发现并确认优先权的手段，也是科学家之间进行情报交流与沟通的重要渠道，当越来越多的科学家热衷于阅读和发表论文的时候，也意味着论文作为科学研究成果的重要性正在不断地被提升。虽然，论文不是科学研究的唯一产出形式，但是，论文的特征项总是蕴含或者能够直接表露出科学家在科学研究活动中的"蛛丝马迹"，这些为我们捕捉科学研究的规律提供了珍贵的资料，而且论文具有显性、公开、稳定、规范等优良品质，非常适合于进行量化分析。因此，文献计量学家毫不犹豫地选择以学术论文为样本对科学研究活动及其从业人员进行研究，并且这一做法延续至今。文献计量学中的经典定律，如布拉德福定律、洛特卡定律、指数增长规律、文献老化规律等，都是以期刊论文作为统计样本，时至今日文献计量学家们仍然在对学术论文进行各种各样的计量分析。

科学家习惯于以发表论文的方式来记录研究发现和确认产权，而这些论文成果为我们考察科学家之间的学术关系提供了线索。论文合著研究之所以能够流行开来，还有一个基本前提是人们相信科学家在决定论文署名时是理性的、慎重的、实事求是的。科学研究

---

① Christiane Goetze. An empirical enquiry into co‐patent networks and their stars: The case of cardiac pacemaker technology [J]. *Technovation*, 2010 (30): 436–446. Peng Liu, Haoxiang Xia. Structure and evolution of co‐authorship network in an interdisciplinary research field [J]. *Scientometrics*, 2015, 103 (1): 101–134.

② Khor KA, Yu LG. Influence of international co‐authorship on the research citation impact of young universities [J]. *Scientometrics*, 2016, 107 (3): 1095–1110.

③ Ontalba‐Ruiperez JA, Orduna‐Malea E, Alonso‐Arroyo A. Identifying institutional relationships in a geographically distributed public health system using interlinking and co‐authorship methods [J]. *Scientometrics*, 2016, 106 (3): 1167–1191.

是一项极其严肃认真的活动,当科学家在发表论文以确认知识产权时,对于署名问题更是严肃认真的。联合署名必定是多名作者共同参与科学研究,共同为论文的撰写和发表付出有实质意义的努力和贡献。所以,联合署名表明了多名作者对于合作研究这一客观事实的共同认可,也代表着多名作者对于论文成果的共有和分享。

与此同时,我们通常认为署名的先后代表着多名作者在研究过程中贡献的大小或者重要性的排序,最大的贡献者为第一作者或者通讯作者,作者排名越靠前则其贡献度或重要性越大。因此,有些学者在对合著现象进行统计时,会根据作者排名的先后顺序赋予不同的作者大小不等的权值以使计量结果更为准确地反映科学合作的现实情况。当然,这种赋值方法只是基于研究者的理论假设,真实的合作状态,尤其每个合作者的贡献度和重要性,很难完全精确地进行区分和量化,但是,反映了人们对于论文合著问题的一个基本态度,就是对作者署名的充分尊重,以及根据作者署名来确认合作关系的充分认可。

2. 合著研究本质上是共现分析

文献计量学中的合作通常是指合著(Co-authorship),即以联合署名作为合作的识别标识。两个作者的名字在同一篇论文中共同出现,即可视为合作(合著),二者共同署名的论文越多,则合作(合著)频次越高,表明二者之间的合作关系越紧密。当作者数量较大时,作者两两之间的合作频次可以通过合著矩阵来表示,矩阵中的数值代表着作者之间的合作频次或根据合作频次计算出的合作强度标准值。将矩阵导入社会网络分析及可视化软件,就可以对合著关系进行定量化和可视化的分析和挖掘,特别是网络图谱能够直观呈现出单纯的数字无法反映的特征和规律,作者之间的亲疏远近关系便可一目了然。这就是作者共现分析——合作(著)研究的基本思路,其本质是共现分析,通过作者名字的共现分析定量揭示作者之间的关联性(合作关系)。

1963年,普赖斯在《小科学,大科学》一书中指出,统计显示,20世纪初期以来,合著论文占比稳步提高。此后,许多文献计量学家采用这一方法对不同时期、不同学科的合著论文比例继续进行统计，发现各个学科的合著论文比例长期保持逐年上升的发展态势。科研合作的程度在持续强化是不争的事实，而且正在向着更高层次、更广范围、更多维度的趋向发展。伴随着这种趋势关于科研合作问题的研究也渐成热点。2000年，在著名科学计量学家克里奇墨（H. Kretschmer）的倡议之下，来自全世界20多个国家和地区的64名专家学者在柏林创建了以科学合作为研究主题的国际科技合作网络组织——COLLNET，使得关于科研合作问题的研究走向了制度化、规范化，并使之在进入21世纪之后达到了高潮。

3. 合著研究能够获得哪些信息

各年度合著论文比例的统计是早期合著研究的常用手段，用于描述科研合作的历时发展趋势。之后出现了合作率、合作度、国内合作系数、国际合作系数等指标，更为精确地反映合著论文所代表的合作程度、合作规模、合作范围等信息，主要用于考察各个作者、机构、地区、国家的合作情况。社会网络分析及可视化方法的引入，使得合著研究能够反映出更多的有效信息。

通过合著关系网络的计量分析和可视化展示，网络密度、网络节点、网络结构等各个维度，都能解读出一些可供参考的有效信息，每个节点代表着一个作者、机构、地区、国家，他们在网络中的地位、影响力、活跃程度如何，哪些行动者应该引起管理部门的关注和重视，他们的现实合作伙伴与潜在合作伙伴有哪些，合作关系的强度和广度如何，网络结构和合作关系是否具有稳定性，网络聚类中呈现出哪些小团体和派系，等等。

合作的过程中总是伴随着知识、信息、资源的传递与分享，合作关系是知识交流和信息传播的渠道，所以，合作关系网络能够反映出知识交流与知识扩散的情况[1]。网络图谱模拟出知识交流与知识扩散的路径与轨迹，每个节点在知识交流与知识扩散中居于何种

---

[1] 邱均平：《基于作者合作、引证、链接关系的知识交流研究》，《图书情报知识》2011年第6期。

位置、承担何种角色便一目了然。另外，合作关系实际上是社会关系在科学研究领域的延伸和映射，在对合著现象进行分析时发现，相互熟识的人更容易进行合作，科研人员会有意识地出于经营社会关系的目的而去尝试构建合作关系[①]。所以，论文合著现象和合著关系的研究也可以用来度量作者之间社会关系的亲疏远近。

对于合著现象的研究不仅能够客观地描述现状，也能够透过现象发现规律，并根据规律去预测未来。例如，通过绘制合作率和合作度曲线，可以预见未来一段时期的合作程度和合作规模。在社会关系网络中，每个节点都会受到网络整体及其他节点的影响和制约，其行动必定会受制于网络。所以，通过分析合著关系网络的结构和节点，可以预测每个节点（行动者）在特定的网络结构中，将会采取何种行动方案才能更有利于自身的发展。例如，是否需要扩展合作关系网络，在发展新的合作关系时谁是最佳的合作伙伴，哪些合作关系应该得到加强，哪些合作关系应该被削弱，结构洞是应该继续保持还是要做出改变，何种模式才能够实现更优的合作效果，等等，这些问题都可以从合著关系网络中寻找答案。

4. 现实的合作与潜在的合作

以联合署名为标志的合著是显性合作或现实合作，以往文献计量学者们对于合作问题的研究实际上都是合著研究，即针对外在的或现实的科研合作关系开展的计量分析。在此基础之上，有学者指出，除了这种以合著为标志的显性合作或现实合作以外，科学家之间还存在着间接的、内隐的或者潜在的合作关系。现实的合作关系只是冰山一角，隐藏在水面以下的潜在合作，可能蕴含着更多有价值的信息。一些学者致力于揭示冰山以下的潜在合作关系，例如，刘志辉和张志强[②]提出作者关键词耦合分析方法，并且在以期刊论文为样本的实证研究中证实了该方法在揭示作者之间的潜在关联性

[①] 赵蓉英、温芳芳：《科研合作与知识交流》，《图书情报工作》2011 年第 20 期。
[②] 刘志辉、张志强：《作者关键词耦合分析方法及实证研究》，《情报学报》2010 年第 2 期。

方面的有效性和可行性；邱均平和王菲菲[1]将期刊论文作者之间的合作关系分为外在和潜在两种，合著代表着外在的合作关系，可以从文献中直接发现，而潜在的合作关系则不容易被直接观察，借助于作者关键词耦合分析和因子分析方法，作者发掘出作者之间的潜在合作关系，并将其与外在的合作关系进行了比较。

现实的合作关系，其合作动机比较复杂，总是人为加入了各种社会关系因素，无法排除主观因素的干扰，例如，学者们对于虚假合作、师生合作等问题存在着广泛的质疑和争议。而基于关键词耦合而形成的潜在合作关系，排除了人为因素的干扰和控制，仅从研究主题的相似性角度出发，探索较为单纯的学术合作关系。这种研究思路是对传统合著研究的革新，是对现实合作关系的有力补充，能够对某一学科或研究领域内，揭示科研人员之间知识交流的模式与规律、探索共同的研究主题等提供更加独特的借鉴和启示。

5. 合著研究的合理性与非合理性

一直以来，利用合著论文来研究科研合作现象是计量学界比较通行的做法。事实上，合著非但不能等同于合作，合著研究的科学性和合理性还须进一步论证。Smith M[2] 开创了利用合著论文研究科学合作行为的先河，但他同时指出该种方法存在明显的局限性，以合著论文为样本对合作问题进行计量分析必须满足三个前提条件：一是合作必然产生了合著论文，换言之，合作行为所带来的成果必然以合著论文的形式存在；二是论文署名完整地包含了所有的合作者；三是每一位合著者都实际参与了合作研究，对合著论文做出了真实的贡献。

在现实情况下，上述三个前提条件全部满足的可能性较小，第一，论文仅是科研产出的若干形式之一，科研成果还包括专利、图书、科技报告等其他形式，因此对合著论文的研究只能反映科研情况的一个侧面；第二，论文署名带有一定的主观性，自然无法杜绝虚假

---

[1] 邱均平、王菲菲：《基于 SNA 的国内竞争情报领域作者合作关系研究》，《图书馆论坛》2010 年第 30 卷第 6 期。

[2] Smith M. The trend toward multiple authorship in psychology [J]. *American Psychologist*, 1958 (13): 596–599.

署名等一些异常情况；第三，合作者的贡献度难以精确计算和区分，署名的先后顺序未必完全科学合理。因此，现实情况是，科研合作并不必然产生合著论文成果，合著论文也不一定能够反映真实的合作关系，署名的先后顺序有时也不能严格代表合作者的贡献多少。

另外，文献计量学家常用的文献数据库，无论是中文数据库还是外文数据库，如中国知网、CSSCI、Web of Science 等，都无法排除重名问题。实际上，重名现象是较为普遍的，尤其是 Web of Science 的重名问题更为严重。例如，王伟、王威、王维、王薇、王炜、王玮等，英文名字均为 WEI WANG。有些女性作者结婚后会更换姓氏，出现一个作者拥有两个或多个名字的现象。还有作者姓名的全称与简写并存的问题更是比比皆是。部分数据库服务商也在为此做出积极的努力和探索，试图降低作者名称不统一、不规范对文献计量结果产生的负面影响，比如汤森路透研发了 Research ID，爱思唯尔研发了 Author ID，中科院文献情报中心正在积极推广"开放研究者与贡献者身份识别号（ORCID）"。还有作者名称标注不规范问题，这在外文数据库中较为常见，例如 Leo Egghe 和 L Egghe，Carol L Barry 和 Barry CL 等，这些也需要进行规范化和合并处理。如果不进行人工干预，统计结果的准确性和可靠性势必会大打折扣。目前，我们在对作者信息进行统计时，主要依靠人工辨别的方式区分重名作者，这种做法的效率很低，难以应对较大规模的样本数据。

尽管存在一些不足和问题，但通过合著论文对合作问题进行研究的方法优势也比较明显：第一，通过署名来标识合作关系是一个简单有效的办法，纵使少数论文在署名上存在不规范的现象，但就大多数合著论文而言，其署名通常是合作者经过认真思考和充分沟通后敲定的，署名作者一般对论文的形成都有着切实的贡献，合作者间也都存在着真实的合作关系；第二，论文一旦发表之后，署名信息就完全固定下来，统计结果可以进行重复验证；第三，Web of Science、CNKI、CSSCI 等文献数据库为合著问题的研究提供了坚实支撑，这些数据库能够为研究提供大规模样本；第四，与问卷调查、专家访问等方法相比，通过合著研究合作问题的做法，在过程上屏蔽了主观因素的干扰，做到了研究的定量化和客观化；第五，通过合著研究合作问题的方法，其成本低廉、简单实用，相比之下，问卷调查、专家访问等方法成本较高，调查样本也相对有限。

鉴于上述几个方面的优势，目前合著论文的统计分析是实现科学合作问题定量研究的主流方式。正如王崇德[①]所言："尽管学者们试图从多个不同角度探究科学合作的本质与规律，但目前最常见的研究手段仍然只能是合著论文。"正因如此，在对待合著与科学合作关系的问题上，我们一定要做到两点论和重点论的统一，具体体现为，既注重通过合著论文对合作问题开展深入研究，又对此方法的局限性持谨慎态度，在实际工作中，尽量采用问卷调查、专家访问等多种方法作为补充，对合著论文计量法的研究结论予以检验和修正。

6. 技术研发活动中的合作行为

人类可以凭借个人理性而建立起合作关系，并且通过群体合作突破个体能力和条件的限制，获得更优的结果和更好的发展。科学家之间的合作有助于实现知识的交流和资源的共享，进而提升科研产出效率。科学史显示，科学合作与近代科学同时期产生，科学合作在推进科学专业化和职业化方面起到了积极的作用。进入大科学时代以后，科学合作的趋势进一步增强，合作成为科学研究活动中一种普遍的现象，合作研究也成为科学研究的主流模式。论文是科学研究成果的重要载体，早期文献计量学家针对科学合作问题的研究均是基于学术论文而展开，论文中两个及以上的作者联合署名成为判定科学合作关系的主要指标，合著关系反映了作者之间直接、显性的关系。在大规模样本数据的支持下，合著分析成为定量揭示科学家之间学术关系的主要手段。依据作者与其所属机构、国家之间的隶属关系，作者之间的合著关系可以映射为机构之间、国家之间的合作关系，从而将作者合著研究引申为同时涵盖作者、机构、

---

① 王崇德：《论科学合作》，《科技管理研究》1984年第5期。

地区、国家等不同层次主体的广义合作研究。

技术研发活动中亦是如此，一件专利由多个发明人共同完成或者由多个专利权人共同持有，即为合作研发。与合著论文一样，如果两个发明人或者两个专利权人在专利文献中联合署名，则可以直接判定发明人或者专利权人之间存在专利合作关系。文献计量学中原有的以学术论文为载体的合著分析方法、指标和工具都可以直接应用于专利合作现象和专利合作关系的研究，例如，利用合著率（DC）和合著度（CI）指标衡量某一国家、机构或学科的合作程度和合作规模，利用社会网络分析方法揭示不同的国家、机构、科学家之间的合作关系，利用专利合作网络的聚类结构判定不同的技术流派及其亲疏远近关系，利用可视化方法及工具追踪知识流动和知识扩散的规律。

专利合作是发明人之间或专利权人之间直接、显性的共现关系，以共同署名为标识，合著分析是典型的一重共现分析，反映了发明人之间或者专利权人之间单一维度的关系。在专利文献中，发明人合作代表着专利研发人员之间的关系，在合作网络中每一个节点代表着一个发明人；专利权人分为机构和个人两种类型，若为职务发明，专利权人一般为机构，即发明人所属单位，若为非职务发明，专利权人一般为个人，即发明人本人。考虑到专利数据库中自然人重名现象比较普遍，无法获得准确的计量结果，因此，多以机构专利权人作为计量对象，分析机构之间的专利合作关系。当然，根据专利权人所属的国家和地区，可以将专利权人合作映射为专利权人所属国家或地区之间的合作，如此将合作关系层层映射，便可以从宏观（国家或地区）、中观（机构）和微观（发明人）三个层次对显性的专利合作关系进行计量分析。

下图4-1中发明人、机构、国家三个层级的专利合作关系可以转化为矩阵形式进行数字化表示，便于下一步进行计算和网络分析，矩阵中的数字表示合作频次，矩阵示例及其转化关系如图4-2所示。

节点 A_1 - A_9 分别代表着9个发明人，节点之间的连线代表着发明人之间的合作关系（Co-inventorship），发明人之间的合作关系的数字化表现形式为矩阵 i；9 个发明人分别归属于 $C_1 - C_5$ 5 个机构，根据 9 个发明人与 5 个机构之间的隶属关系，矩阵 i 可以转化为矩阵 ii，代表着 5 个机构之间的专利合作关系；根据发明人及其机构的国别信息，又可以将发明人合作关系或者机构合作关系进一步转化为国家之间的专利合作关系，机构 C_1 和 C_2 的国别属于 CN - 中国，机构 C_3 属于 US - 美国，机构 C_4 和 C_5 属于 JP - 日本，这样三个国家之间的专利合作关系可以用矩阵 iii 来进行定量表征。

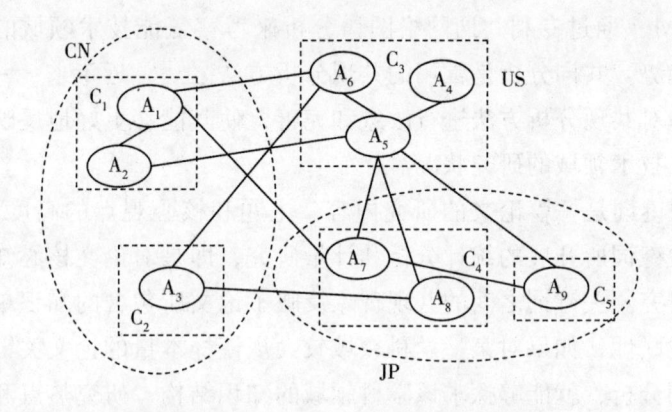

图 4-1 不同层级专利合作关系示意图

$$\begin{Bmatrix} 0 & 1 & 0 & 0 & 0 & 1 & 1 & 0 & 0 \\ 1 & 0 & 0 & 0 & 1 & 0 & 0 & 0 & 0 \\ 0 & 0 & 0 & 0 & 0 & 1 & 0 & 1 & 0 \\ 0 & 0 & 0 & 0 & 1 & 0 & 0 & 0 & 0 \\ 0 & 1 & 0 & 1 & 0 & 1 & 1 & 1 & 1 \\ 1 & 0 & 1 & 0 & 1 & 0 & 0 & 0 & 0 \\ 1 & 0 & 0 & 0 & 1 & 0 & 0 & 0 & 1 \\ 0 & 0 & 1 & 0 & 1 & 0 & 0 & 0 & 0 \\ 0 & 0 & 0 & 0 & 1 & 0 & 1 & 0 & 0 \end{Bmatrix} \Rightarrow \begin{Bmatrix} 0 & 0 & 2 & 1 & 0 \\ 0 & 0 & 1 & 1 & 0 \\ 2 & 1 & 0 & 2 & 1 \\ 1 & 1 & 2 & 0 & 1 \\ 0 & 0 & 1 & 1 & 0 \end{Bmatrix} \Rightarrow \begin{Bmatrix} 0 & 3 & 2 \\ 3 & 0 & 3 \\ 2 & 3 & 0 \end{Bmatrix}$$

    i   ii   iii

图 4-2 不同层级专利合作关系矩阵转化示例

（二）共类分析方法

1. 从共词分析到共类分析

共词分析以关键词或主题词之间的共现关系及强度为基础，凭借共词网络，去研究某一学科或技术领域的知识结构、研究重点、研究前沿和趋势。Munoz - Leiva 等人[①]利用共词分析方法探测了消费者行为研究领域的研究热点。Ravikumar S 等人[②]利用共词分析方法描绘了科学计量学领域的知识结构。Wu Chao - Chan 和 Leu Hoang - Jyh[③] 通过专利共词网络图谱分析来考察氢能技术领域的技术发展趋势。共词分析是常用的共现分析方法之一，近年来，一些学者开始对共现分析方法进行改进和完善，使其能够更好地反映某一学科或技术领域的研究状况。

关键词是一篇论文的研究内容、主题和核心观点的高度浓缩，针对关键词所开展的统计分析和计量研究，即是对论文核心知识单元的研究。关键词之间的共现现象反映了论文所包含的知识单元之间的关联性，如果对某一学科领域较大规模样本量的论文关键词进行共词分析，就能够探求该学科领域的知识结构、研究热点和发展前沿。早在1986年，Callon M[④] 提出了广义的共词分析理念，认为共词分析的对象不单单是词汇（主题词或关键词），专利分类号同样可以作为共词分析的对象。利用共词分析方法对分类号进行计量

---

① Munoz - Leiva F, Viedma - del - Jesus MI, Sanchez - Fernandez J. An application of co - word analysis and bibliometric maps for detecting the most highlighting themes in the consumer behaviour research from a longitudinal perspective [J]. *Quality & Quantity*, 2012, 46（4）: 1077 - 1095.

② Ravikumar S, Agrahari A, Singh SN. Mapping the intellectual structure of scientometrics: a co - word analysis of the journal Scientometrics (2005 - 2010) [J], *Scientometrics*, 2015, 102 (1): 929 - 955.

③ Wu CC, Leu HJ. Examining the trends of technological development in hydrogen energy using patent co - word map analysis [J]. *International Journal of Hydrogen Energy*, 2014, 39 (33): 19262 - 19269.

④ Gallon M. "Some elements of a sociology of translation: domestication of the scallops and the fishermen of St Brieuc Bay," in J. Law (ed) *Power, Action and Belief: A New Sociology of Knowledge?*, London: Routledge, 1986: 196 - 233.

分析，其基本原理和计量方法与词汇（关键词或主题词）共现分析相同。为了将分类号共现分析与词汇（关键词或主题词）共现分析区分开来，分类号共现分析又被称之为共类分析。

以论文关键词为对象的共词分析在文献计量学中应用非常广泛，Web of Science、CSSCI、CNKI 等国内外主流数据库均提供关键词题录信息，且具备批量下载功能，从而为以期刊论文为载体的共词分析提供了稳定可靠的数据支持。从 DII 数据库中下载的专利文献的题录信息中并不包含关键词，如果要对专利文献进行共词分析，还必须要自行从专利文献中提取关键词，技术难度较大，即便是抽取技术主题词，也需要在领域专家的指导和帮助下进行人工判读，能够处理的样本数据规模很小，这些问题在一定程度上限制了共词分析在专利文献计量中的应用。

共类分析在一定程度上弥补了专利文献难以进行共词分析的不足，专利文献中出现的分类号，不仅代表着专利所属的技术门类，而且如同论文中的关键词，能够在一定程度上反映专利文献包含的技术内容，尽管不能精确地反映专利文献的具体内容和技术细节，但是能够窥探到专利文献包含的技术主题和所属的技术领域。通过分类号频次的统计分析来揭示技术热点，依托专利分类号共现（共类）现象及关系的计量分析来反映专利分类号所标识的技术主题之间的关联水平和聚类关系。虽然，共类分析方法不及共词分析那么广泛，但是在专利文献计量中已经获得了一定的应用，其有效性也得到了充分的证实，尤其是共类分析在考察不同技术领域或技术主题的交叉关联性方面，表现出显著的优势。

从 20 世纪 80 年代开始，国外学者就已经提出共类分析思想，专利文献所包含的专利分类号可以直接作为共现分析的计量对象。在一定程度上，专利分类号可以反映某项发明创造所属的技术领域或者所涉及的技术主题，这就为通过分类号共现关系网络去审视不同技术领域或者不同技术主题的技术关联性提供了可能性，而基于不同技术主题的交叉关联性就可以实现对新兴技术的预测[①]。Hyun-seok Park 和 Janghyeok Yoon[②] 以韩国专利局的专利文献为例，构建 IPC 专利分类号共现网络，识别某一技术领域中的核心和媒介，以期为科研决策服务，并认为专利共类分析方法能够在一定程度上克服共引分析的不足。Kim Minji 和 Heo Eunnyeong[③] 利用共类分析方法定量揭示了太阳能电池技术领域的多学科交叉特征。

以期刊论文为样本的共类分析，能够用来测度学科交叉度[④]。以专利文献为样本的共类分析，能够解析不同领域间技术演进的关联，揭示目标领域的技术演进脉络和技术网络结构[⑤]。此外，专利共类分析还被较多地应用于描述技术竞争态势[⑥]、测度不同领域的技术涵盖性[⑦]、识别学科交叉特征[⑧]、测度专利技术的跨度[⑨]、揭示重大发明创造的技术多元化特征[⑩]、追踪技术关联度的演变趋势[⑪]。

[①] Wen FF. Technological Relatedness based on Co – classification Network Analysis: ACase Study on Electricity Sector [J]. *Journal of Digital Information Management*, 2016, 14 (1): 26–32.

[②] Park H, Yoon J. Assessing coreness and intermediarity of technology sectors using patent co – classification analysis: the case of Korean national R&D [J]. *Scientometrics*, 2014, 98 (2): 853–890.

[③] Kim M, Heo E. Co – classification analysis of inter – disciplinarity on solar cell research [J]. *New & Renewable Energy*, 2011, 7 (1): 36–44.

[④] 许海云、刘春江、雷炳旭等:《学科交叉的测度、可视化研究及应用——一个情报学文献计量研究案例》,《图书情报工作》2014 年第 12 期。

[⑤] 徐申萌、王贤文:《基于德温特手工代码共现的技术结构网络分析方法》, 中国科学学与科技政策研究会:《第七届中国科技政策与管理学术年会论文集》, 2011 年, 第 9 页。

[⑥] 洪珊珊:《基于专利数据的 4G 技术竞争态势研究》, 东北师范大学, 2015 年。

[⑦] 王涌涛、栾春娟:《不同领域技术涵盖性的测度及启示》,《情报杂志》2013 年第 11 期。

[⑧] 赵楠楠:《共现分析在学科交叉特征识别中的应用》, 大连理工大学, 2015 年。

[⑨] 汪莉、栾春娟、侯海燕:《专利跨度的测度及其应用研究》, 中国科学学与科技政策研究会:《第十届中国科技政策与管理学术年会论文集——分 8: 科学学与政策科学理论方法》, 2014 年, 第 5 页。

[⑩] 栾春娟、侯海燕、王贤文:《重大发明创造的技术多元化特征更明显吗?》,《科学学与科学技术管理》2014 年第 4 期。

[⑪] 栾春娟、刘则渊、王贤文:《发散与收敛: 技术关联度的演变趋势分析——以全球太阳能技术的专利计量为例》,《研究与发展管理》2013 年第 4 期。

2. 以专利为载体的共类分析

一件专利可能同时涉及不同类别的技术主题，应依据技术主题的多样性进行多重分类，赋予其多个分类号，将其中最具代表性的分类号列为第一，谓之主分类号，其余分类号谓之次分类号，后者是对前者的补充。因此，同一专利可能同时拥有多个分类号，多个分类号之间构成共现关系。由前文可知，专利分类号标识了一件专利归属的技术领域，倘若一件专利同时拥有多个专利分类号，就表明该专利同时归属多个技术领域，并且同时具有多个技术领域的特征。

专利分类号共现分析可以体现出不同技术领域之间的相关性，可以表征某个技术领域的组成结构，测度不同技术领域或技术主题之间的技术相关性，并试图从共类网络的聚类结构中预测即将产生的新兴技术领域或技术主题。OECD 将共类分析作为测度现有技术与潜在技术之间交互关系的手段。Leydesdorff[①] 指出共类分析能够解释某一技术领域的发展趋势，展示不同层级技术之间的关联关系，并且分类号共现的可视化效果要优于共引关系。

学者们认为每一个专利分类号代表着一个技术子领域，根据层级不同，技术子领域可以进一步细分形成不同层级的专利分类号，技术子领域之间的关联关系可以借助于不同层级的专利分类号的共现网络来表示。在专利分类号共现网络中，每个节点代表着一个分类号（技术子领域），节点之间的连线代表着不同分类号（技术子领域）之间的共现关系，节点大小反映了每一个技术子领域的热门程度，连线的粗细反映了不同技术子领域之间的共现强度。通过一定的聚类或分派规则，网络中的技术子领域被划分到不同的类别中，形成子技术集群，它们表征着某个技术领域的研究主题，也解释了子技术领域内部和外部之间的相互关系，反映了共类网络中的技术链，其结构状态反映了各子技术领域间技术关联的联系形式与过程，

---

① Leydesdorff L. Patent classifications as indicators of intellectual organization [J]. *Journal of the American Society for Information Science and Technology*, 2008, 59 (10): 1582 – 1597.

即技术网络中的认知结构①。因此,专利分类号共现网络结构在一定程度上代表着某一技术领域所包含的研究主题及其组成结构。

3. 共类分析的优势与不足

分类号以较为成熟的分类体系和编码原则作为标引依据,从学科专业的角度揭示文献内容,能够较为准确地反映文献的学科归属。在专利文献所包含的各类题录信息中,分类号是少有的能够反映专利文献内容特征的题录信息之一,也是唯一一个直接从学科专业角度反映专利文献内容的著录特征项。如果一个分类号与多个分类号间都存在共现,就表明该分类号所标识的技术主题具备显著的技术交叉性,就学科性质而言,表明该技术主题具有较高的开放性特征。两个分类号之间的共现频次越高,表明它们分别标识的技术主题间的关联关系越强。因此,共类分析的主要功能是不同学科或技术领域之间关联性的测度和分析,尤其适合用来定量考察某一学科领域或技术领域在多学科交叉或多技术交叉方面的属性特征,以及不同学科或技术领域受到的关注程度。

DII 数据库中同时提供了国际专利分类号(IPC)、德温特专利分类号(DC)和德温特手工分类号(MC)等多种不同形式的分类号。分别依据国际专利分类体系和德温特专利分类体系,由专业人员对专利文献进行分类和编码,都是非常成熟的分类体系,确保了专利分类号的准确性和规范性。分类号代码具有一定的规律性,依据相对固定的编码规则,分类号长度反映了分类号所属的学科专业的等级,例如,IPC 分类体系由部、大类、小类、大组和小组五个等级组成;DII 分类体系由大类、部、小类三个等级组成。分类号中的字母和数字及其长度直接反映了专利在分类体系中所处的层级。所以,截取不同位次的分类号进行计量分析,能够从不同的层次考察专利的学科特征。在揭示层级关系方面,共类分析也具有其他共现分析方法无法取代的优越性。

尽管如此,共类分析的局限性也是显而易见的,分类号遵循以

---

① 杨冠灿:《基于多重关系整合的专利网络结构研究》,武汉大学,2013 年。

学科为中心的分类理念，能够很好地反映文献的"族性"特征和学科归属，但是对文献内容的揭示能力却相对有限，难以深入、准确地反映文献内容所包含的主题、概念、知识单元等特征。因此，共类分析在用来描述和考察研究进展、知识结构、热点与前沿等方面，分析效果不如关键词共现。

此外，在对某一学科领域或技术领域开展实际的计量分析时，我们发现共类网络通常包含了较为密集的共现关系。在对网络结构及节点位置进行分析时发现一些较为传统的、成熟的主题往往处于网络的核心位置，尤其是在专利共类网络中，这种现象更为显著，那些基础性较强、通用性较强、较为成熟和传统的分类号总是居于网络中心，且与其他分类号之间存在着较为广泛和密集的共现关系，从而成为共类网络中的"明星"节点。而那些新兴的技术主题则处于较为边缘的位置，频次和中心度相对较低，在社会网络分析中总是容易被忽略。这样的网络结构在揭示研究热点和前沿时，过于关注基础和传统主题，而对新兴技术主题的反映程度较弱，使得共类分析在进行新兴技术预测以及前沿技术分析时存在一定的障碍和局限。

分类号依据现有的分类工具中固有的概念而产生，无法及时准确地反映新近出现的主题概念。当遇到新近出现的技术主题时，无法从现有的分类工具中找到严格对应的分类号码和分类名称，而只能从分类工具已有的条目当中选择较为相近的分类号和分类名称。这种"退而求其次"的分类方法，影响了分类的准确性，使得分类号不能准确地反映论文或专利所包含的真实内容。当然，也直接影响了共类分析的有效性，尤其当采用共类分析方法对某一技术领域的热点和前沿问题进行描述和分析时，研究结果的客观性和准确性难免让人产生质疑。

综上所述，作为分类法和主题法两种语言体系的标引结果，分类号与关键词对于论文内容的揭示维度大不相同，前者从学科专业角度出发确定文献的学科归属，侧重于概念的归类，而后者则以自然语言词汇或者短语形式表达文献的主题概念，侧重于概念的表达。共类分析对于文献内容的揭示程度不如共词分析，只能较为粗略地反映专利的技术主题方面的信息,对知识结构和技术构成的分析也不够精确。但是,在定量考察学科交叉特征和规律方面,分类号是唯一直接从学科专业角度反映文献内容的特征项,共类分析提供了独特的研究视角,在考察某一技术领域的学科交叉性,以及不同技术主题之间的交叉关联特性方面具有不可取代性。

(三) 耦合分析方法

早在1963年,Kessler[1] 提出了耦合分析的方法,以两篇论文共同引用的文献数量作为耦合强度 (Coupling Strength) 指标,用于衡量论文之间在学科归属和专业内容方面的接近程度。耦合分析通常以文献或作者作为计量单元,通过耦合分析可以预测技术突变、探测技术前沿、识别研究基础、分析学科结构、寻找某一学科领域的核心研究主题和关键作者[2]。Lee Jae - Yun[3],Huang Mu - hsuan 等人[4]认为耦合分析能够克服共引分析的不足,例如引文时滞、引文缺失,能够更好地揭示当前的研究现状。Zhao 和 Strotmann[5] 对共

---

[1] Kessler MM. Bibliographic coupling between scientific papers [J]. *American Documentation*, 1963, 14 (1), 10 – 25.

[2] Osmo K, Martin M. Anticipating technological breakthroughs: Using bibliographic coupling to explore the nanotubes paradigm [J]. *Scientometrics*, 2007, 70 (3): 759 – 777. Huang MH, Chang CP. Detecting research fronts in OLED field using bibliographic coupling with sliding window [J]. *Scientometrics*, 2014, 98 (3): 1721 – 1744. Gonzalez – Alcaide G, Calafat A, Becona E. Core research areas on addiction in Spain through the Web of Science bibliographic coupling analysis (2000 – 2013) [J]. *ADICCIONES*, 2014, 26 (2): 168 – 183.

[3] Lee, JY. Bibliographic author coupling analysis: A new methodological approach for identifying research trends [J]. *Journal of the Korean Society for Information Management*, 2008, 25 (1): 173 – 190.

[4] Chen D, Huang M, Hsieh H et al. Identifying missing relevant patent citation links by usingbibliographic coupling in LED illuminating technology [J]. *Journal of Informetrics*, 2011, 5 (3): 400 – 412.

[5] Zhao DZ, Strotmann A. Evolution of research activities and intellectual influences in information science 1996 – 2005: Introducing author bibliographic – coupling analysis [J]. *Journal of the American Society for Information Science and Technology*, 2008, 59 (13): 2070 – 2086.

引分析和耦合分析进行比较,认为二者可以互为补充。近年来耦合分析的研究成果有所增长,但研究热度不及引文分析和合作研究,单纯的耦合分析较少,许多研究成果都是将耦合分析与共引分析结合起来使用,或者对两者进行比较分析。

耦合分析是分析对象两两之间借助于第三方特征项而建立的关联,其本质仍然是共现分析,只不过这种共现关系必须通过一定的媒介而建立,是一种间接的、隐性的学术关联。虽然耦合分析对象属于同一类特征项,但是耦合媒介却属于另一类特征项。而共词、共类、合著等单纯的一重共现关系则是同类特征项之间直接建立的关联,无须其他特征项充当媒介。因此,耦合的共现形式不同于单纯的一重共现分析,在一定程度上已经具备了多重共现的某些特质,我们将耦合视为多重共现的一种特殊形式,探讨耦合分析在专利文献计量中的应用,除了以往常见的引文耦合关系以外,本研究还尝试将"德温特专利分类号(DC)"作为耦合关系的新媒介。

纵观国内外研究现状可以发现,期刊论文一直是耦合分析的主要样本,而针对专利文献的实证研究相对较少,以期刊论文包含的引文和关键词为媒介的耦合分析已经获得了较为广泛的应用,但是,以专利文献为样本的相关研究仍然较为少见,尤其是以专利分类号为基础的耦合分析尚未有专门的计量分析。实际上,专利文献当中也包含有耦合关系,耦合分析方法同样适用于专利文献计量。另外,专利分类号从学科专业角度反映了专利文献的内容特征,具有形式规范、指代明确、易于计量等优良属性,与关键词和引文一样,可以充当耦合分析的关系媒介。

耦合分析同样可以用于专利计量,孙涛涛和刘云[1]以美国专利与商标局(USPTO)的专利为样本,通过专利文献的耦合分析锁定某一技术领域的主要参与者及其竞争优势,成为企业技术竞争情报

---

[1] 孙涛涛、刘云:《基于专利耦合的企业技术竞争情报分析》,《科研管理》2011年第9期。

分析的典型案例。吕惠琳和刘杨[①]采用专利耦合分析法测度了企业间的技术相关性，结果表明专利耦合关系图谱可以明确主要专利权人的技术分布情况，发掘竞争对手以及分布在不同技术组群中的潜在合作伙伴。李睿等人[②]通过实证研究的结果比较，认为引文耦合方法擅长于发现专利间的相似性，如果能够与同被引等其他方法结合起来使用，更能提升分析效果。

专利文献的耦合分析原理与论文的耦合分析原理相同，如图4-3所示，实线表示引文关系，由施引文献指向被引文献（参考文献），实线的走向由箭头表示，虚线表示耦合关系。专利文献 P_1 和 P_2 由于拥有相同的参考文献 CP_3，二者之间建立起耦合关联，这种耦合关联实际上是建立在引文关系的基础之上，从这一角度分析，耦合分析是引文分析的一种形式，只不过文献 P_1 和 P_2 之间借助于第三方文献 CP_3 而建立关联，因此，耦合关联是一种间接的引文关系。

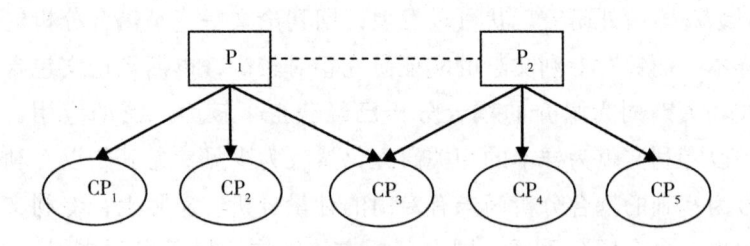

图4-3 专利文献耦合关系示意图

由专利文献耦合关系引申出专利权人耦合关系，如图4-4所示，两个专利权人 A_1 和 A_2 由于拥有相同的参考文献而建立耦合关联，这是专利权人之间借助于参考文献而建立的关联，虽然从表面来看，专利权人耦合关系矩阵属于同质网络，矩阵中仅包含"专利

[①] 吕惠琳、刘杨：《基于专利耦合的波导光互连企业技术相似性分析》，《情报探索》2016年第1期。

[②] 李睿、张玲玲、郭世月：《专利同被引聚类与专利引用耦合聚类的对比分析》，《图书情报工作》2012年第8期。

权人"一种特征项，但实际上矩阵的产生必须借助于另一种特征项"参考文献"才能实现，也就是说，耦合关联必须建立在某种媒介之上，这一点明显不同于合著关系。

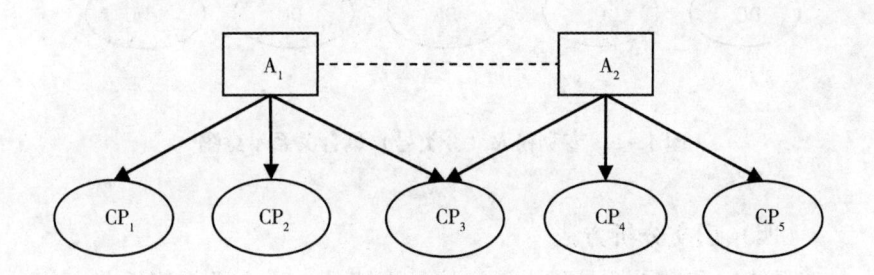

图 4-4　专利权人（文献）耦合关系示意图

当然，能够充当媒介的，不仅是参考文献，以往以论文为载体的耦合分析，关键词可以充当作者之间耦合关系的媒介，从而提出作者（关键词）耦合分析的思路和方法。鉴于此，在以专利文献为载体的专利权人耦合分析中，除了专利权人（文献）耦合关系以外，我们将尝试以专利分类号作为媒介，建立专利权人（分类号）耦合关系。如图 4-5 所示，两个专利权人 A_1 和 A_2 拥有相同的专利分类号 DC_3 而建立耦合关联。

在实证研究部分，我们将以"专利权人"作为耦合分析对象，以"德温特专利分类号"和"专利引文"为媒介，分别构建专利权人（分类号）耦合关系网络和专利权人（引文）耦合关系网络，并将其与专利权人合作网络进行对比，通过两种耦合网络和合作网络的比较，探讨耦合分析方法在专利文献计量中的应用，比较各类共现分析方法对于学科知识结构的揭示能力，重点关注耦合分析所代表的潜在合作关系与合作研究（联合署名）所代表的现实合作关系的异同。

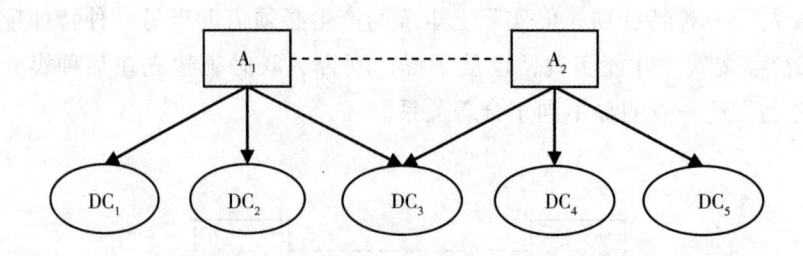

图4-5 专利权人（分类号）耦合关系示意图

（四）引文分析方法

系统性和继承性是科学研究的显著特性，后人必须依托前人的已有成就才能继续前行，而新旧知识的先后传承关系在科学文献这一科研人员的劳动成果中表现为引用现象，参考文献是作者参考借鉴他人科技成果的记录，它体现了作者严谨求实的科学态度，同时也为读者提供了丰富的背景信息，使读者能够更为深入系统地了解到研究对象或主题的发展渊源和具体过程。另外，参考文献还展示了相关的科技成果或学术观点之间的交叉、呼应、支持、质疑与佐证等各种关系，客观上为人们定量分析文献的产生、分布、变化规律提供了便利条件[①]。正如普赖斯所言"引文能够把全部科学论文编织成一张大网，每一篇论文都是在其他论文的基础上产生的，而其本身又是后来者的一个起点。"

1. 引文分析的基本原理

科研人员往往会在论文末尾标注科学研究和论文撰写过程中参考或引用过的文献，这体现了严谨求实的科学精神。被标注出的文献，一方面显示了科研人员在研究中的主要情报来源；另一方面对人们深入认识科研人员新思想的产生、发展、变化过程提供了便利。自19世纪以来，这种严谨的科学态度受到科学界的广泛赞同和共同遵守，并将其作为学术规范确立起来。引用成为一种普遍的科学行为，引文

---

① 王崇德：《我国科技期刊文献的引文分析》，《情报科学》1981年第5期。

也随之成为一种常见的学术现象,并成为科学文献的重要组成部分。参考文献一般位于篇末,另外,存在形式还包括文中注释、脚注、间注和夹注等。一个作者被引用,说明其成果具有一定的影响力,受到了施引人的关注,这种引用关系是作者、文献之间某种内在联系的体现。自20世纪初期以来,人们常常采用这种引文分析的方法,对科学发展中的许多问题进行定量研究。比如,评判科学家的科研成效和科学进步的水平、预测学科发展的趋向、了解科学家的信息需求、挖掘科学潜能、谋划科技发展蓝图、拟定科技政策等。

引证行为一般涉及两个概念,即参考文献和引证文献,但在实际应用过程中,有时也称参考文献为引文,习惯上引文分析的"引文",恰恰是针对普赖斯所指的"reference"而言的[①]。正是因为引证与被引证之间的相对性,Nicolaisen曾指出"引证与参考具有同义性"[②]。许多文献的引证与被引证组成了引证网络,早在1965年,Price创造性地展示了文献引证之间的复杂关系,如图4-6所示的引证关系,箭头指向施引文献,箭尾连接被引文献,图中的所有概念均是相对应于文献A而言的[③]。

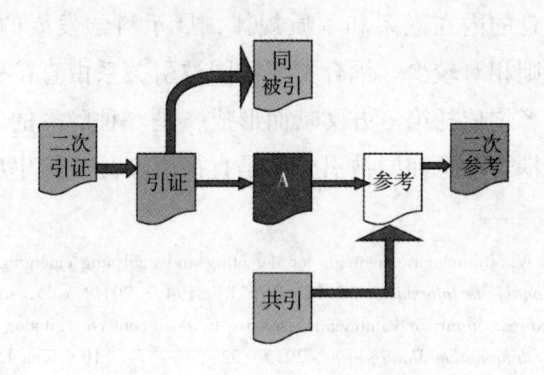

图4-6 引证相关概念的关系

[①] 王崇德:《文献计量学引论》,广西师范大学出版社1997年版,第371页。

[②] Nicolaisen J. Citation analysis [J]. Annual Review of Information Science and Technology, 2007 (41): 609-641.

[③] 袁军鹏:《科学计量学高级教程》,科学技术文献出版社2010年版,第123页。

2. 经典的引文分析方法

以论文为样本的共引分析通常用来揭示不同学科领域的知识结构，预测即将出现的新兴学科领域，寻找高影响力作者、机构或文献，识别因聚类而形成的小团体[①]。以专利为样本的共引分析通常用来分析不同技术领域的知识结构，考察不同发明人或专利权人的影响力及其相互之间的技术关联性，梳理某项技术的发展脉络或者某个机构的技术路线，预测即将出现的新兴技术领域或商业机会[②]。文献计量学中经典的引文分析方法主要分为四个大类：一是直接引用关系分析，用来追溯学科或技术起源，寻找发展历程中的关键文献，预测未来发展的方向和趋势；二是引文耦合分析，用来测度不同研究主题或技术领域的相似性；三是同被引分析，同样用来测度不同研究主题或技术领域的相似性；四是互引分析，对"引用"进行全息呈现，以便深入探究一个完整的引文关系网络所隐含的科学知识架构及其背后的社会认知关系[③]。

直接引文分析、耦合分析、同被引分析等方法被广泛地应用于研究科学文献的内在联系和本质规律，展示科学发展的动态结构，而互引分析则相对较少。耦合关系和同被引关系由直接引文关系衍生而来，两者均依托第三方文献而形成，是一种隐匿的、非直接的学术关系。耦合分析和同被引分析是直接引文分析衍生出的分析方

---

① Glänzel W. Bibliometric methods for detecting and analysing emerging research topics [J]. *El Profesionalde la Informacion*, 2012, 2 (21), 194 – 201. Lee JY. Identifying the research fronts in Korean library and information science by document co – citation analysis [J]. *Korean Society for Information Management*, 2015, 32 (4): 77 – 106. Wen LS, Yogesh KD. Citation and co – citation analysis to identify core and emerging knowledge in electronic commerce research [J]. *Scientometrics*, 2013, 93 (4): 1317 – 1337.

② Li X, Chen H, Huang Z et al. Patent citation network in nanotechnology (1976 – 2004) [J]. *Journal of Nanoparticle Research*, 2007, 9 (3), 337 – 352. Ahmad B, Bruno A, Catherine B. Discovering and assessing fields of expertise in nanomedicine: a patent co – citation network perspective [J]. *Scientometrics*, 2013, 94 (3): 1111 – 1136.

③ 邱均平、王菲菲：《基于作者互引分析的科学结构研究探析——以科学计量学为例》，《科学学研究》2012 年第 6 期。

法，它们的出现极大地丰富了引文分析的理论和方法体系。虽然都是间接的引文关系，由于计量方法和分析角度的不同，耦合与同被引关系之间存在着明显差别。文献耦合关系具有显著的固定性和长期性特征，同被引关系则具有明显的多变性和短期性特征，文献耦合是静态的结构模型，而同被引则是动态的结构模型；耦合分析是回溯性的，而同被引分析则是展望性的。由此可知，在描述某一学科或某项技术的研究前沿和发展趋势时，同被引关系具备的动态性和展望性特征，使得同被引分析方法更具优越性[①]。

直接引文关系和互引关系既可以用来衡量文献或作者之间的知识关联性，也能够用来考察知识或技术溢出效应；耦合和同被引只能用来衡量知识关联性，无法体现文献或作者之间的学术影响。直接的引文关系带有方向性，由施引者指向被引者，反映了新旧知识的前后传承关系，以及被引者对于施引者产生的影响；引文耦合关系和同被引关系没有方向，反映了不同文献或作者之间的知识关联性和主题相似性；互引关系带有双重方向，双方兼具施引和互引双重身份，代表着作者之间的相互影响和双向关联。另外，前三种引文关系可以发生在文献之间，也可以存在于作者之间，但是文献之间不可能存在互引关系。

早期的引文分析常以期刊论文作为计量对象，引文分析、耦合分析、同被引、互引等概念在最初提出之时都是以期刊论文作为分析载体。实际上，引文是一种普遍的科学现象，所有包含引文信息的文献都可以作为引文分析的计量对象，除期刊论文之外，会议论文、学位论文、图书、专利文献等都可以作为样本来开展引文分析。此外，引文关系并不仅局限于文献之间，它剖析的是一种大量、广泛存在的两个及以上不同主体与同一对象之间的关系，故而，引文分析的对象可以从文献推广至与文献相关的一切特征对象，例如，作者、机构、国家、期刊、学科等，于是出现了形式多样的引用关系、耦合关系、同被引关系，以及形式多样的引文分

---

① 王洵：《引文分析中的"同引"》，《情报科学》1982年第3期。

析。在耦合关系网络、同被引关系网络、互引关系网络当中，作者科研兴趣的异同使得网络呈现出一定的聚类结构，借此能够探寻潜在的合作伙伴或者合作群体，并探测某一学科或技术领域的研究派别和知识结构。

3. 引文分析的争议和不足

自引文分析方法提出以后，便一直面临着争议和质疑。例如，引用动机复杂多变、引用行为易受主观因素干扰、负面引用并不能反映文献的质量和水平等。除了引文本身所具有的不足以外，具体到以上几种引文分析方法，也存在着一些问题。例如，直接引用关系、耦合关系、互引关系均是由作者自己建立，这样的引文关系不可避免地受到作者主观意愿的干扰，作者可以对引文关系施以影响，甚至出于某种特别的目的进行不当引用或虚假引用，例如，在自己的论文中加入一些莫须有的参考文献，试图使自己以及自己的文献与一些重要的文献及其作者建立起关联。事实上，引用行为的主观性确实会对引文分析的结果产生负面的影响，甚至会使引文分析出现某些作者蓄意设计的结果。

当剔除自引之后，同被引关系完全由第三方作者建立，必须有许多作者同时引用某两篇文献才能够使其达到比较高的同被引频次，可见，同被引并非是一种由作者本人构建的关系，而是一种由他人构建的关系，尽管他引无法完全消除主观因素，但毕竟不再是作者个人能够决定，所以在一定程度上排除被引文献作者本人对于引文分析结果的干扰，从这一角度分析，同被引分析似乎更具客观性。

引文分析的效果受制于引文数据库的收录规模与数据质量，这也是当前引文分析面临的一大问题。世界上知名的引文数据库为引文分析提供了重要的引文数据来源，比如，Web of Science 是外文文献引文分析的主要数据源，CSSCI、CSD 等是中文文献引文分析的主要数据源，这些数据库为大规模的引文数据分析提供了诸多便利，同时也导致引文分析对其形成严重的依赖。数据库收录的引文数据是否全面、数据格式是否规范等，都会对引文分析结果产生直接而显著的影响，包括中国在内的许多国家和地区的专利文献数据库并不提供引文信息，导致专利引文分析的应用受到较大的限制。

4. 面向专利文献的引文分析

早在1947年，H. C. Harry曾向美国专利局建议设立专利引文系统以便能够对专利文献开展引文分析，但令人遗憾的是该建议并未被美国专利局立即采用。1949年，A. H. Seidel在题为《CITATION SYSTEM FOR PATENT OFFICE》的论文中，提出了将文献计量学中的引文分析方法应用于专利文献计量研究的思想及实施方案[1]。只是，当时大规模的专利引文数据库并未出现，大规模引文样本数据难以获得，专利引文分析的实证研究受到了限制，此后多年间相关研究成果并不多见，但是将引文分析方法应用于专利文献的计量分析是完全可行的。1970年之后，随着计算机技术的快速发展和广泛应用，专利文献数据库相继出现并且部分数据库还提供引文数据，专利引文分析方法才获得了快速的推广应用。

专利引文分析与以论文为载体的引文分析的原理相似，按照引文关系类型可以分为直接引用、间接引用、引文耦合、同被引、互引等几种类型。当然，由专利文献之间的引文关系可以引申出发明人、专利权人、专利所属的机构或国家之间的引文关系。早期的专利引文分析主要以引文频次的高低来评估专利文献的价值、影响力、创新程度和市场价值，专利引文分析与社会网络分析的结合，赋予其更多的意义和功能。不同类型的引文分析对于引文信息的揭示维度存在一定的差异：直接引用主要突出技术新颖性，间接引用反映相应的基础技术，引文耦合用于考察技术共享程度，而同被引则用来衡量技术关联性。

通过专利引文网络分析可以实现以下几个方面的功能：一是追踪技术发展轨迹，追溯某项技术的起源，梳理技术发展演变的历程，预测未来发展趋势和方向；二是用于技术评估，计算节点中心

---

[1] Seidel AH. Citation system for patent office [J]. *Journal of the Patent Office Society*, 1949 (31): 554 – 567.

度属性，考察各个节点所代表的文献、发明人、专利权人、机构、国家等相关主体在引文网络中的地位及影响力，识别关键性的技术发明、研发机构及个人；三是依据引文网络中节点呈现出的网络结构及聚类关系，考察各个节点所代表的文献、发明人、专利权人、机构、国家所属的技术类别及其相互之间的亲疏远近关系；四是揭示知识结构和技术构成，探讨技术基础、研究热点以及发展前沿；五是通过引文链接和前后传承关系追踪知识流动和技术转移的规律。除了直接或间接的专利引文网络分析以外，专利耦合和专利同被引也可以借助于社会网络分析方法实现，用来考察不同文献、发明人、专利权人、机构、国家之间的技术关联程度。例如，Wang 等人曾构建专利同被引网络，以此来衡量世界500强企业之间的技术相关度[1]。

专利引文分为专利文献和非专利文献两种，其中，非专利文献引文包括期刊论文、会议论文、图书、公告等，主要用以说明学术界的当前状况、表明专利申请的创新性和独特性、追溯基本概念和原始文献等。专利文献与非专利文献之间的引文关系实际上反映了技术与科学之间的关联性。20世纪90年代，Schmoch U 曾通过专利与论文之间的引用关系追踪知识从科学领域向技术领域的转移[2]；Narin F 针对专利文献引用学术论文的现象开展统计分析，借此考察技术创新与科学研究之间的知识关联性，并指出从引文关系来看，科学与技术之间的关联性日益紧密[3]。

通过专利—非专利引文关系的计量，能够对科学与技术之间的关联性进行定量分析，借此可以衡量基础科研系统向技术创新系统

---

[1] Wang X, Zhang X, Xu S. Patent co-citation networks of Fortune 500 companies [J]. *Scientometrics*, 2011, 88 (3): 761-770.

[2] Schmoch U. Tracing the knowledge transfer from science to technology as reflected in patent indicator [J]. *Scientometrics*, 1993, 26 (1): 193-211. Schmoch U. Indicators and the relations between science and technology [J]. *Scientometrics*, 1997, 38 (1): 103-116.

[3] Narin F, Hamilton KS, Olivastro D. The increasing linkage between U.S. technology and public science [J]. *Research Policy*, 1997, 26 (3): 317-330.

的知识流动情况。DII 为专利—非专利引文分析提供了一定的便利条件，它实现了专利文献与学术论文的双向对接，同时提供专利文献引文和非专利文献引文两种类型的引文数据，并且在 CP 和 CR 两个题录数据项中分别显示。尽管，专利—非专利引文分析尚不及专利—专利引文分析那样普及，但是却提供了一种新颖独特的分析维度，为探索科学与技术之间的关系提供了现实的可能性。这一点也是专利引文分析区别于以往的以学术论文为载体的引文分析的一大特征。

与此同时，我们必须注意到专利引文分析的局限性也是显而易见的。专利引文的覆盖面较窄，据统计，70% 的专利要么被引次数为零，要么被引次数为 1 次或者 2 次，留下大量的潜在信息有待挖掘[1]。包括中国在内的许多国家和地区的专利审查机构，在其公布的专利文献中并不提供专利引文信息，极大地限制了专利引文分析方法的适用范围。在实证研究和应用研究部分，本研究以德温特专利数据库（DII）作为样本数据来源，该数据库提供专利引文数据并支持专利文献题录信息批量下载。

二　多重共现分析方法的设计

本书所定义的"多重共现分析"是指不同类型特征项之间的多种类型关系及其交叉关联性的综合分析，通过对两个及以上的基础共现关系网络矩阵进行合并和归类，生成异质、多模的多重共现网络矩阵，然后再对其进行社会网络分析和可视化展示。如此，可以借助于同一网络实现对不同类型节点、不同类型关系的多维展示和综合分析。由两个及以上特征项、两种及以上共现关系组成的多重共现关系网络（也称超网络），同时包含了各种直接或间接、显性或隐性、无向或有向的关联结构，与一重共现关系网络相比，具有

---

[1] Aristo. 专利引文分析方法研究进展 [EB/OL]. [2013 – 07 – 30]. http://blog.sina.com.cn/s/blog_ 4c9dc2a10101aqnb.html.

显著的多层性、多元性、嵌套性特征，尤其适合揭示间接的、潜在的、隐性的、交叉的关系。

（一）基础网络的生成

DII 数据库收录的专利文献包含了专利号（PN）、题名（TI）、专利权人名称及代码（AE）、德温特专利分类号（DC）、国际专利分类号（IPC）、优先权信息（PI）、专利引文（CP）等多达 20 多项的题录信息，我们从中选择 AE、DC 和 CP 三类特征项信息，以此为例展示和说明本研究所开展的多重共现分析的思路和方法。假定样本数据中包含了一批专利文献，专利权人集合 $A = \{a_1, a_2, a_3, \cdots, a_m\}$，德温特专利分类号集合 $D = \{d_1, d_2, d_3, \cdots, d_n\}$，专利引文集合 $C = \{c_1, c_2, c_3, \cdots, c_k\}$，以上三类特征项之间的对应关系如表 4-1 所示：

表 4-1　专利权人、德温特分类号与专利引文的对应关系表

文献编号	专利权人	德温特分类号	专利引文
#1	a_1, a_2, a_3	d_1, d_2, d_3, d_4	c_1, c_2
#2	a_2, a_3, a_4	d_1, d_2, d_4	c_1, c_2, c_3
#3	a_1, a_4	d_2, d_3	c_2, c_3, c_4
…	…	…	…
#P	a_1, a_3, a_5, a_m	d_1, d_3, d_n	c_2, c_4, c_5, c_k

如表 4-1 所示，从样本专利文献中提取出的三类特征项内部和外部均存在着各种各样的共现关系，依据表中内容，我们可以生成三类基础共现网络。

第 I 类　一重共现网络

一重共现网络由同种特征项组成，网络中仅包含一类共现关系，且为特征项之间的直接共现关系。以专利权人（AE）、德温特分类号（DC）、专利引文（CP）为例，结合表 4-1 中信息，能够

生成（ⅰ）AE-AE 共现（合作）网络和（ⅱ）DC-DC 共现（共类）网络。以上两类网络均为同质、一模、无向网络，网络矩阵分别如图 4-7 和图 4-8 所示：

	a_1	a_2	a_3	…	a_m
a_1	0	1	2	…	1
a_2	1	0	2	…	0
a_3	2	2	0	…	1
…	…	…	…	…	…
a_m	1	0	1	…	0

图 4-7 （ⅰ）AE-AE 共现（合作）网络矩阵

图 4-7 的共现网络显示了各个专利权人之间的专利合作关系，即在专利文献中以联合署名为标识的显性合作，类似于科技论文中的合著现象，表明专利权人之间围绕该项专利曾开展过合作研究并就研究成果共同申请专利，最终共享专利权。合作的动机多种多样，在文献计量学领域，我们通常将合作视为学术关系的标识，合作研究、共享专利现象的背后，是合作者之间技术主题的相似性、知识的交流与资源的共享，当然也有可能是社会关系在专利研发领域的映射。文献计量学的研究者一般通过这种直接而显性的合作关系的计量分析，来梳理不同创新主体之间的学术关系、追踪知识交流的规律，并根据合作网络中的聚类现象，衡量不同创新主体的技术相似性、发掘可能的技术流派或创新同盟。

合作（著）分析作为计量学领域常见的计量手段，是典型的一重共现分析，能够有效地反映合作者之间直接显性的合作关系。但是，合作网络只能告诉我们两个专利权人之间是否存在显性的合作，以及合作频次如何，但是，更为详细的合作信息却无从知晓，例如，专利权人之间围绕哪些技术主题在开展合作，哪些技术主题的合作现象更为活跃等。这就是一重共现分析的局限性，它只能从单一的角度去审视某一特定类型的共现关系,可以辨析出的信息比较有限。

	d_1	d_2	d_3	...	d_n
d_1	0	2	3	...	1
d_2	2	0	2	...	0
d_3	3	2	0	...	1
...	...	...	...	...	...
d_n	1	0	1	...	0

图 4-8　(ⅱ) DC-DC 共现(共类)网络矩阵

图 4-8 的共现网络显示出德温特专利分类号(DC)之间的共类关系,每个分类号代表着一件专利所属的技术主题或者应用领域。一件专利同时拥有多个专利分类号表明该专利同时涉及多个技术主题或应用领域。在样本集合中,分类号的频次反映了该分类号所表征的技术主题的研究热度,而分类号之间的共现关系及强度则体现了分类号所表征的技术主题之间的相似度,以及各个技术主题的多学科交叉特性。凭借共类关系网络及其聚类现象,可以考察某个技术领域的知识结构和技术组成情况,各个技术主题的交叉融合现状,而在技术交叉之处又往往孕育着新的技术生长点。

尽管如此,共类分析只能体现专利分类号所表征的技术主题之间的关联性,但是,相关的专利权人和专利文献信息却无法获得,比如,每个技术主题究竟有哪些创新主体参与其中,主要的技术力量分布情况如何,哪些个人或机构在技术交叉点上表现活跃,又有哪些创新主体可能会引领未来新的技术生长点等。可见,作为一重共现分析方法,共类分析同样存在着一定的局限性。

第Ⅱ类　隶属关系网络

隶属关系网络由两类特征项组成,但是网络中仅包含一种共现关系,即两种特征项之间的隶属(映射)关系。以专利权人

(AE)、德温特分类号(DC)、专利引文(CP)为例,结合表4-1中信息,能够生成(ⅲ) AE-DC 隶属关系网络、(ⅳ) AE-CP 隶属关系网络、(ⅴ) DC-CP 隶属关系网络。以上三个网络全部为二模网络,用以表明每两类特征项之间的对应关系,也是两个一重共现网络之间进行合并、建立关联的纽带。三个隶属关系网络的初始矩阵分别如图4-9、图4-10和图4-11所示:

	d_1	d_2	d_3	…	d_n
a_1	2	2	3	…	1
a_2	2	2	1	…	0
a_3	3	2	2	…	1
…	…	…	…	…	…
a_m	1	0	1	…	1

图4-9 (ⅲ) AE-DC 隶属关系网络矩阵

图4-9的矩阵显示出专利权人(AE)与德温特分类号(DC)之间的对应关系,反映了两类特征项之间的交叉关联性。从中可以看出,每个专利权人主要从事哪些技术主题及其在各个技术主题的专利产出情况,结合隶属关系网络中的共现频次数据,可以了解到各个专利权人涉猎的技术领域的广度,以及对于各个技术主题的关注程度。与此同时,也可以看到每个技术主题究竟有哪些专利权人参与其中,哪些机构在该研究主题或研究领域处于技术领先地位,以及主要研发力量的分布情况如何。

该矩阵显示出专利权人(AE)与专利引文(CP)之间的对应关系,从中可以了解到,每个专利权人拥有哪些专利引文,各个引文的引用频次如何。反之,也可以获知每篇引文究竟属于哪个专利权人,尤其可以直接看到那些引人注目的高被引文献由哪些企业或机构持有。

	c_1	c_2	c_3	…	c_k
a_1	1	3	1	…	1
a_2	2	2	1	…	0
a_3	2	3	1	…	1
…	…	…	…	…	…
a_m	0	1	0	…	1

图 4 - 10　(ⅳ) AE - CP 隶属关系网络矩阵

	c_1	c_2	c_3	…	c_k
d_1	2	3	1	…	1
d_2	2	3	2	…	0
d_3	1	3	1	…	1
…	…	…	…	…	…
d_n	0	1	0	…	1

图 4 - 11　(ⅴ) DC - CP 隶属关系网络矩阵

图 4 - 11 的矩阵显示出德温特分类号 (DC) 与专利引文 (CP) 之间的对应关系,从中可以了解到每个分类号的被引情况,据此能够衡量每个分类号所表征的技术主题在某一技术领域的地位和影响力。反之,借助于 DC - CP 隶属关系网络,也可以了解到每篇专利引文所属的技术主题,尤其是能够直观地看到那些高被引专利的学科归属。

第Ⅲ类　耦合关系网络

耦合关系是同类特征项之间借助于第三方特征项而建立的关联,耦合网络中包含的是间接的、隐性的关系,而其他三类基础网络则都是直接的、显性的关系。从表面来看,耦合关系网络是由同一类型的特征项、同一类型的共现关系组成,为同质、一模网络,但实际上耦合关系必须以其他特征项作为媒介而产生。因此，我们将耦合关系定义为一类特殊的多重共现关系，以将其与单纯的一重共现关系区分开来。在这一部分，我们将以专利权人（AE）为例，分别以德温特分类号（DC）和专利引文（CP）为媒介，建立两种类型的专利权人耦合关系网络，分别为（vi）专利权人（分类号）耦合关系网络 AE - (DC) - AE 和（vii）专利权人（引文）耦合关系网络 AE - (CP) - AE，耦合关系矩阵分别如图 4 - 12 和图 4 - 13 所示。

	a_1	a_2	a_3	…	a_m
a_1	0	6	7	…	3
a_2	6	0	7	…	2
a_3	7	7	0	…	3
…	…	…	…	…	…
a_m	3	2	3	…	0

图 4 - 12　（vi）AE - (DC) - AE 耦合关系网络矩阵

图 4 - 12 的矩阵显示出专利权人之间借助于德温特分类号而形成的耦合关系，这种间接的共现关系代表着专利权人拥有的分类号的相似程度，即专利权人从事的技术主题的接近程度，耦合频次越高，则说明两个专利权人的技术主题越相似。这种相似性一方面说明两者之间存在着合作的潜力，即技术主题越相似，开展合作的可能越大，因此，可以借助于耦合关系网络寻找潜在的合作伙伴；另一方面，技术主题的相近性也说明两个专利权人之间或许在技术、业务、产品等方面构成了竞争关系，因为专利本身就是许多企业进行技术垄断和商业竞争的武器，即技术主题越相似，面临的竞争威胁越大，因此，又可以借助于耦合关系网络发掘企业的竞争对手。

单纯的耦合关系网络只能告诉大家两个专利权人之间的相似程度，但是无法从中解读出更为详细的相关信息。例如，这些专利权人主要从事哪些技术主题的研究，它们存在较多相似性的研究领域或者共同的技术主题有哪些等。

	a_1	a_2	a_3	…	a_m
a_1	0	4	8	…	4
a_2	4	0	5	…	1
a_3	8	5	0	…	4
…	…	…	…	…	…
a_m	4	1	4	…	0

图 4 - 13　（ⅶ）AE - （CP） - AE 耦合关系网络矩阵

图 4 - 13 的矩阵显示了专利权人之间借助于专利引文而形成的耦合关系，耦合强度代表着两个专利权人引用的参考文献的相似程度，而前一种耦合关系则反映了两个专利权人所从事的技术主题的接近程度，虽然两种耦合关系都反映了专利权人之间的相似性，但是，揭示的维度却不相同，分类号耦合反映了专利权人所拥有的专利在学科归属方面的相似性，而引文耦合则反映了专利权人所拥有的专利在研究内容方面的相似性。引文耦合频次越高，两个专利权人持有的一致的参考文献越多，说明两者的研究内容越是接近。当然，这种引文耦合关系也可以作为寻找潜在合作伙伴和竞争对手的直接依据。但是，与前一种耦合关系一样，专利权人引文耦合关系网络同样无法提供一些更为细节化的参考信息。

第Ⅳ类　引证关系网络

引文关系大致分为四种类型：直接引证关系、引文耦合关系、同被引关系、互引关系，其中，直接引证关系具有直接、显性、有向的特征，且不需要借助于第三方特征项建立关联，我们将其作为一类单独列举；引文耦合关系和同被引关系为间接、隐性、无向的关系，且都需要借助于第三方特征项建立关联，引文耦合是计量对象作为施引方共同引用其他文献的情况,而同被引则是反向关系,是计量对象作为被引方被其他文献共同引用的情况;互引关系是双向的,且仅存在于专利权人之间。直接引证关系网络为二模非对称矩阵,而后三种引文关系网络为一模对称矩阵。鉴于以上四种引文关系具有不同的特征,所以把它们分别归入不同的类别,在这里我们把直接引证关系、同被引关系、互引关系各自单独作为一类举例。

引证关系是直接、显性的共现关系,并不需要借助于任何媒介,而且更重要的是具有方向性,由施引文献(专利权人)指向被引文献(专利权人),从而形成同质、有向网络,所以,我们将这种直接而有向的引证关系网络单独列为一类,以便与其他三类无向网络相区别。仍然是以表 4-1 中的共现信息为例,在这里构建两个引证关系网络:(ⅷ)文献(CP-CP)引证关系网络和(ⅸ)专利权人(AE-AE)引证关系网络,网络矩阵分别如图 4-14 和图 4-15 所示。

	c_1	c_2	c_3	…	c_k
c_1	1	1	0	…	0
c_2	1	1	1	…	0
c_3	0	1	1	…	0
…	…	…	…	…	…
c_k	0	1	0	…	1

图 4-14　(ⅷ) CP-CP 引证关系网络矩阵

图 4-14 的矩阵显示了专利文献之间的直接引证关系,这种带有方向性的引证关系体现了文献之间知识的前后承继关系,从引证关系网络中,可以追溯技术起源,也可以梳理技术演进的脉络,还能够找到技术演进中的关键节点或热门文献。但是,这些专利文献的学科归属和专利权人归属信息,无法直接从引证关系网络中看到,还需要回到样本集中,逐个查找相关信息。

图 4-15 的矩阵显示了专利权人之间的直接引证关系，借助专利权人引证关系网络，可以判定每个专利权人在技术演进中的地位和影响力，寻找关键性的专利权人。但是，当面对高被引专利权人时，我们想进一步了解每个专利权人拥有哪些专利，又是哪些专利被频繁引用使得该专利权人成为关键节点，这些问题同样无法从引证关系网络中直接获得答案，相关背景信息仍需要再回到样本集中逐个追查。

	a_1	a_2	a_3	…	a_m
a_1	1	3	1	…	1
a_2	1	1	1	…	0
a_3	0	0	0	…	0
…	…	…	…	…	…
a_m	0	0	0	…	0

图 4-15 （ix）AE-AE 引证关系网络矩阵

第V类 同被引关系网络

从表 4-1 包含的共现信息中，我们分别提取出专利文献同被引网络（x）和专利权人同被引网络（xi），网络初始矩阵分别如图 4-16 和图 4-17 所示。

	c_1	c_2	c_3	…	c_k
c_1	0	2	1	…	0
c_2	2	0	2	…	1
c_3	1	2	0	…	0
…	…	…	…	…	…
c_k	0	1	0	…	0

图 4-16 （x）CP-CP 同被引关系网络矩阵

第四章 多重共现分析的方法研究

图 4-16 的矩阵显示了不同的专利文献之间的同被引关系，与耦合关系类似，同被引频次同样代表着专利文献之间的技术主题或研究内容的相似性。只是，引文耦合关系较为稳定，而同被引关系则可能随着新的引文数据的积累而发生变化。

	a_1	a_2	a_3	…	a_m
a_1	0	3	0	…	0
a_2	3	0	0	…	1
a_3	0	0	0	…	0
…	…	…	…	…	…
a_m	0	1	0	…	0

图 4-17 （ⅺ）AE-AE 同被引关系网络矩阵

图 4-17 的矩阵显示了不同专利权人之间的同被引关系，与专利权人耦合关系类似，同被引频次可以用来衡量专利权人之间技术主题和研究内容的相似性，同样可以用来寻找潜在合作伙伴或竞争对手。

第Ⅵ类 互引关系网络

互引关系由引证关系引申而来，既不同于直接引证关系，也不同于引文耦合关系和同被引关系。互引关系仅存在于专利权人（及其所属的机构或国家）之间，专利文献之间不存在互引关系。互引关系是两个专利权人之间基于相互引用而形成的互动关系，所以，互引关系是双向的。我们将专利权互引关系也单独作为一类，以表 4-1 中的信息为例，构建专利权人互引关系网络矩阵（ⅻ），如图 4-18 所示。

图 4-18 的矩阵显示了专利权人之间的互引关系，每个专利权人既是施引者又是被引者，体现了双向的引证关系。直接引证关系是单向的，反映了某个被引专利权人对于另一个施引专利权人产生

的技术影响,或者某个施引专利权人对于另一个被引专利权人的技术依赖性;互引关系是双向的,反映了两个专利权人之间相互影响、彼此依赖的关系。

	a_1	a_2	a_3	…	a_m
a_1	0	1	0	…	0
a_2	1	0	0	…	0
a_3	0	0	0	…	0
…	…	…	…	…	…
a_m	0	0	0	…	0

图 4-18　（ⅻ）AE-AE 互引关系网络矩阵

综上所述,我们以专利权人（AE）、德温特专利分类号（DC）、专利引文（CP）等三类特征项为例,分别构建了 12 种基础共现关系网络矩阵,如表 4-2 所示。分别介绍了每种基础共现关系网络的特征及使用范围,在对以上 12 种基础网络进行比较之后可以发现,它们分别从不同的角度切入,建立起不同类型的共现关系,但是存在的共性问题是,研究维度单一、揭示信息有限。这些共现分析方法大多只关注某一特定类型的特征项,由于割裂了不同特征项之间的交叉关联性,导致在进行社会网络分析和可视化展示时,忽略了许多间接的、隐性的、潜在的关联关系,从而导致一些细节信息无法被揭示。从其对比分析中我们再次证实了以一重共现为主流的传统共现分析方法确实存在一定的局限性,这也是我们探索多重共现分析的主要原因。随后,我们将以这 12 种网络为基础,尝试构建多重共现关系网络,对不同类型的共现关系,尤其是不同特征项之间的交叉共现关系,进行综合分析和多维展示。

表 4-2　　　　专利基础共现关系网络矩阵汇总表

序号	关系类型	主要特征
i	AE – AE 合作关系	无向、一模、对称
ii	DC – DC 共类关系	无向、一模、对称
iii	AE – DC 隶属（对应）关系	有向、二模、非对称
iv	AE – CP 隶属（对应）关系	有向、二模、非对称
v	DC – CP 隶属（对应）关系	有向、二模、非对称
vi	AE –（DC）– AE 耦合关系	无向、一模、对称
vii	AE –（CP）– AE 耦合关系	无向、一模、对称
viii	CP – CP（直接）引证关系	有向、二模、非对称
ix	AE – AE（直接）引证关系	有向、二模、非对称
x	CP – CP 同被引关系	无向、一模、对称
xi	AE – AE 同被引关系	无向、一模、对称
xii	AE – AE 互引关系	双向、一模、对称

（二）基础网络的标准化

以上我们获得了 12 个基础网络矩阵，初始矩阵中的数值代表着共现频次，例如，在矩阵（ⅰ）中，A_{ij}代表着专利权人 A_i 与 A_j 之间的共现（合作）次数。下文中我们将根据研究需要，从中选择部分基础网络矩阵进行组合，以生成多重共现网络矩阵。但在矩阵合并处理之前，我们注意到，以上 12 个基础网络矩阵，分别基于不同特征项之间的不同类型的共现关系而建立，初始矩阵中的数据具有不同的量纲，无法直接进行合并或者加总。所以，在构建多重共现关系网络之前，必须对初始矩阵进行一定的标准化处理，以消除量纲影响。目前，常见的无量纲化数据处理方案主要包含以下几种：

1. 极差化处理

$$C'_{ij} = \frac{C_{ij} - Min}{Max - Min} \qquad （式 4-1）$$

其中，C_{ij}为原始值，C'_{ij}为标准值，Min 为数据集中的极小值，

Max 为数据集中的极大值。采用极差化方法处理数据时，必须事先已知极大值和极小值，且数据集合中的极大值和极小值不能是异常数据。

2. Z – score 标准化

$$C'_{ij} = \frac{C_{ij} - Mean}{SD} \qquad （式4-2）$$

其中，$Mean$ 为平均值，SD 为标准差。经过标准化处理以后，数据呈正态分布，均值为0，方差为1。Z – score 标准化方法在两种情形下适用，一是不知极大值和极小值的情形；二是存在超出取值范畴的离群数据的情形。

3. Decimal Scaling 小数定标标准化

$$C'_{ij} = \frac{C_{ij}}{j*10} \qquad （式4-3）$$

其中，j 为符合条件的最小整数，该方法采用改变数据小数点位置的方式来实现标准化。

4. 极大化处理

$$C'_{ij} = \frac{C_{ij}}{Max} \qquad （式4-4）$$

5. 极小化处理

$$C'_{ij} = \frac{C_{ij}}{Min} \qquad （式4-5）$$

6. 均值化处理

$$C'_{ij} = \frac{C_{ij}}{Mean} \qquad （式4-6）$$

7. 相似性矩阵标准化处理

此外，还有几种针对网络矩阵的标准化处理方法，其中，在文献计量学领域，学者们通常采用 Salton、Jaccard、Cosine 方法对共现矩阵进行标准化处理并计算相似度，这三种方法的计算公式分别为：

$$C'_{ij} = \frac{C_{ij}}{\sqrt{C_i * C_j}} \qquad （式4-7）$$

$$C'_{ij} = \frac{C_{ij}}{C_i + C_j - C_{ij}} \qquad (式4-8)$$

$$C'_{ij} = \frac{\sum C_{ij}}{\sqrt{\sum C_i} * \sqrt{\sum C_j}} \qquad (式4-9)$$

Salton系数、Jaccard系数、Cosine余弦值主要用来比较两个或多个数据集之间的相似性与差异性，指标值越大说明相似度越高。在共现矩阵中，我们利用Salton、Jaccard、Cosine方法对初始矩阵进行标准化处理并计算数据之间的相似度，还有助于消除特征项在样本集中出现频次的差异对于共现关系强度的影响。例如，在对合著网络进行社会网络分析时，利用Salton、Jaccard、Cosine方法对初始矩阵进行处理，能够消除作者发文量对于共现频次的影响，使得标准化处理以后的合著矩阵能够更好地反映作者之间的相似性。

在对数据进行无量纲化处理时，要求处理之后所得的标准值，既保留了原始值的属性特征，又能够反映出样本集合中各个指标的变异程度，以及各个数据彼此之间的关联性和相互影响程度，与此同时还可以满足对数据进行某些特殊分析的需要。在对以上几种无量纲化处理方案进行比较时可以发现，极差化处理、极大化处理、极小化处理，适用于极大值和极小值已知，且不存在异常的极大值和极小值的情况，另外，当数据集中有新的数据加入时，可能会导致最大值和最小值变化，需要重新进行定义；当采用Z-score标准化方法对原始数据进行无量纲化处理时，掩盖了原始数据集中各个指标的变异程度的差别，所以并不适合于多指标的综合评价当中；采用均值化方法对原始数据进行处理时，这种指标变异程度的差异能够得以保留，但是，均值化方法并没有考虑专利权人、专利分类号、专利引文等在样本集合中的出现频次对于共现频次的影响。与上述几种标准化处理方案相比，Jaccard、Salton、Cosine是专门针对相似矩阵的标准化处理方案，能够兼顾共现频次和计量对象的出现频次两个方面的数据，更适合于对本研究所构建的基础共现关系网络进行无量纲化处理。经过综合比较和多轮尝试之后，我们决定采用Salton系数方案对几个基础网络的初始矩阵数据实施标准化处理，在进行无量纲化处理之后，再选择其中两个或两个以上的基础共现关系网络的标准化矩阵进行合并处理，生成新的专利多重共现关系网络。

（三）多重共现网络的构建

在对上述12种基础共现网络进行标准化处理以后，消除了量纲差异的影响，可以根据研究需要选择其中的两种或两种以上的基础网络，通过网络矩阵合并的形式生成多重共现网络。在本节中，我们将以专利权人（AE）、德温特分类号（DC）和专利引文（CP）三个特征项为例，分别说明包含两个特征项的多重共现关系网络和同时包含三个特征项的多重共现关系网络的构建方法。

1. AE – DC 多重共现关系网络

专利权人—德温特分类号多重共现关系网络通过（ⅰ）专利权人共现（合作）关系网络、（ⅱ）分类号共现（共类）关系网络和（ⅲ）专利权人—德温特分类号隶属（对应）关系网络等三个基础网络的标准化矩阵合并而成，其合并方法如图4-19所示。

	a_1 a_2 a_3 … a_m	d_1 d_2 d_3 … d_n
a_1 a_2 a_3 … a_m	矩阵 ⅰ AE – AE 合作关系网络	矩阵 ⅲ AE – DC 隶属关系网络
d_1 d_2 d_3 … d_n	矩阵 ⅲ AE – DC 隶属关系网络	矩阵 ⅱ DC – DC 共类关系网络

图4-19 专利权人—分类号多重共现关系网络矩阵的组成结构

如图 4-19 所示，该综合网络矩阵整合了两类特征项和三种共现关系，为二模、无向、异质网络，其中，两类特征项：专利权人（AE）、德温特专利分类号（DC）。三种共现关系：（ⅰ）AE-AE 合作关系、（ⅱ）DC-DC 共类关系、（ⅲ）AE-DC 隶属关系。根据以上合并规则，我们对 ⅰ、ⅱ、ⅲ 三个基础网络的标准化矩阵进行了合并处理，生成了 AE-DC 多重共现网络，合并之后的矩阵如图 4-20 所示：

	a_1	a_2	a_3	...	a_m	d_1	d_2	d_3	...	d_n
a_1	0.0000	0.4082	0.6667	...	0.5774	0.0000	0.6667	1.0000	...	0.5774
a_2	0.4082	0.0000	0.8165	...	0.0000	0.8165	0.0000	0.8165	...	0.0000
a_3	0.6667	0.8165	0.0000	...	0.5774	1.0000	0.6667	0.0000	...	0.5774
...	...	...	...	...	...	...	...	...	...	...
a_m	0.5774	0.0000	0.5774	...	0.0000	0.5774	0.0000	0.5774	...	0.0000
d_1	0.0000	0.8165	1.0000	...	0.5774	0.0000	0.6667	1.0000	...	0.5774
d_2	0.6667	0.0000	0.6667	...	0.0000	0.6667	0.0000	0.6667	...	0.0000
d_3	1.0000	0.8165	0.0000	...	0.5774	1.0000	0.6667	0.0000	...	0.5774
...	...	...	...	...	...	...	...	...	...	...
d_n	0.5774	0.0000	0.5774	...	0.0000	0.5774	0.0000	0.5774	...	0.0000

图 4-20 AE-DC 多重共现关系网络矩阵示例

由图 4-20 可知，该多重共现网络由 2 个一模网络和 1 个二模网络组成。基于 m 个专利权人和 n 个分类号之间的三种共现关系。合并以后生成的多重共现网络中包含了（m+n）个节点，成为一个（m+n）*（m+n）的对称矩阵，矩阵中的数值大小代表着共现强度。三个基础网络合并以后，生成一个多模、异质、无向的超网络矩阵，同时包含了两种特征项以及三种共现关系。与原有的基础共现网络相比，多重共现关系网络中能够反映的内容更丰富，对于共现关系的揭示维度也更多元化。由于在合并之前已经通过 Salton 标准化方法进行了无量纲化处理，该多重共现网络矩阵随后可以直接导入 Ucinet 和 NetDraw 软件中进行相应的社会网络分析和可视化展示。

2. AE – DC – CP 多重共现关系网络

如果将专利权人（AE）、德温特分类号（DC）和专利引文（CP）三个特征项全部包含在内，将其相关的 6 个基础网络矩阵进行合并，将生成一个更为庞大和复杂的多重共现关系网络。其合并原理和操作方法与前文 AE – DC 多重共现关系网络基本相同，只不过在此基础之上又增加了一个特征项和三种共现关系，合并以后生成的多重共现网络矩阵的组成结构如图 4 – 21 所示：

	a_1 a_2 a_3 … a_m	d_1 d_2 d_3 … d_n	c_1 c_2 c_3 … c_k
a_1 a_2 a_3 … a_m	矩阵 ⅰ AE – AE 合作关系网络	矩阵 ⅲ AE – DC 隶属关系网络	矩阵 ⅳ AE – CP 隶属关系网络
d_1 d_2 d_3 … d_n	矩阵 ⅲ AE – DC 隶属关系网络	矩阵 ⅱ DC – DC 共类关系网络	矩阵 ⅴ DC – CP 隶属关系网络
c_1 c_2 c_3 … c_k	矩阵 ⅳ AE – CP 隶属关系网络	矩阵 ⅴ DC – CP 隶属关系网络	矩阵 ⅷ CP – CP 引证关系网络

图 4 – 21　AE – DC – CP 多重共现关系网络矩阵的组成结构

由图 4-21 多重共现网络的组成结构可知，该网络整合了 3 个特征项和 6 种共现关系，由 6 个基础共现网络的矩阵合并而成，分别为 2 个一重共现网络、3 个隶属关系网络、1 个引证关系网络。

（ⅰ）AE-AE 合作关系网络：为同质、一模、无向网络，反映了不同专利权人之间围绕专利技术所开展的共同研发、联合申请的行为，以在专利文献中联合署名作为基本识别标志；

（ⅱ）DC-DC 共类关系网络：反映了德温特专利分类号之间的共现现象，而共类现象的背后是各个专利分类号所代表的不同技术主题或应用领域间的交叉关联性，所以，共类分析多用于测度某一技术领域的多学科交叉特征以及不同的技术主题之间的相似性；

（ⅷ）CP-CP 引证关系网络：反映了不同专利文献之间直接的引证与被引证关系，其背后是专利文献所包含的知识和技术之间的前后传承关系，该基础网络为二模、同质、有向网络，由施引文献指向被引文献，这也是组成多重共现网络的 6 个基础网络中唯一一个有向网络；

（ⅲ）AE-DC 隶属关系网络：代表着专利权人与专利分类号之间的对应关系，若将 DC 分类号视为专利文献所属的技术主题或应用领域，从专利权人与德温特分类号之间的对应关系可以解读出每个专利权人从事哪些技术主题的研发，以及每个技术领域主要由哪些专利权人参与其中。

（ⅳ）AE-CP 隶属关系网络：代表着专利权人与专利引文之间的对应关系，能够为专利文献引文关系向专利权人引文关系的转换提供依据。另外，在共现关系网络图谱中，可以直接看到每个高被引文献是由哪个专利权人完成的，以及每个专利权人主要拥有哪些专利文献。

（ⅴ）DC-CP 隶属关系网络：代表着德温特分类号与专利引文之间的对应关系，能够直接显示出每个专利引文所属的技术主题或应用领域，也可以展示出各个技术主题涉及的专利文献的被引情况，依据被引情况判定各个技术主题在技术发展过程中的研究热度和技术影响力。

综上，三种隶属（对应）关系反映了不同特征项之间的交叉关联性。每一种隶属关系单独拿出来做社会网络分析或者绘制隶属关系网络图时，并不能从中解读出太多的有效信息，所以，在以往的文献计量学实证研究中，多为合著网络、共词网络、引文网络等，我们很少看到专门针对某种隶属关系的计量分析。但是，在本研究试图构建多重共现关系网络时，发现隶属关系恰恰是不同特征项之间建立关联的媒介，也是将合作网络、共类网络、引文网络等代表一重共现关系的基础网络进行合并的纽带。而在多重共现网络图谱中，隶属关系进一步增强了网络的直观性和可读性，不仅从多个维度反映了不同特征项之间的交叉共现关系，而且使得整个多重共现网络更加清晰易读，所以，更适合于发掘多重关系中所蕴含的隐性知识与潜在发现。关于这一特征，我们将在实证研究部分，通过多重共现关系网络与一重共现关系网络的实际对比，进行详细的说明和展示。

根据以上方案，将ⅰ、ⅱ、ⅲ、ⅳ、ⅴ、ⅷ等6个基础共现关系网络的标准化矩阵进行合并，生成新的专利权人—德温特分类号—专利引文多重共现关系网络矩阵，如图4-22所示：

由 m 个专利权人、n 个德温特分类号、k 个专利引文组成一个 $(m+n+k)*(m+n+k)$ 的超网络矩阵，其中，包含了6种基础共现关系。矩阵中的数值是由特征项两两之间的共现频次经标准化处理获得，代表着共现强度，数值越大，则共现强度越高。三类特征项之间错综复杂的共现关系可以通过社会网络分析及可视化的方法和工具进行计量研究，多重共现关系网络在 Ucinet 中将会获得哪些不一样的结果，在 NetDraw 中又将会呈现出什么样的可视化状态。我们将在实证研究部分借助于一定的专利样本数据进行实际检验，并将其与一重共现关系网络进行比较分析。

至此，我们设计了一种通过矩阵合并方法由多个基础共现网络生成新的多重共现关系网络的方法，该方法共包含三个步骤：第一步，从样本数据中提取基础共现关系网络；第二步，对基础共现关系网络的矩阵进行标准化处理，以消除各个基础网络的量纲差异；

第三步,将基础共现网络的标准化矩阵进行合并,生成多重共现关系网络矩阵。在本节中我们以专利权人(AE)、德温特分类号(DC)、专利引文(CP)三类特征项为例,分别介绍和展示了AE-DC多重共现关系网络、AE-DC-CP多重共现关系网络的合并方法与操作步骤。

	a_1	a_2	a_3	…	a_m	d_1	d_2	d_3	…	d_n	c_1	c_2	c_3	…	c_k
a_1	0.0000	0.4082	0.6667	…	0.5774	0.0000	0.6667	1.0000	…	0.5774	0.4082	0.8660	0.4082	…	0.5774
a_2	0.4082	0.0000	0.8165	…	0.0000	0.8165	0.0000	0.8165	…	0.0000	1.0000	0.7071	0.5000	…	0.0000
a_3	0.6667	0.8165	0.0000	…	0.5774	1.0000	0.6667	0.0000	…	0.5774	0.8165	0.8660	0.4082	…	0.5774
…	…	…	…	…	…	…	…	…	…	…	…	…	…	…	…
a_m	0.5774	0.0000	0.5774	…	0.0000	0.5774	0.0000	0.5774	…	0.0000	0.0000	0.5000	0.0000	…	1.0000
d_1	0.0000	0.8165	1.0000	…	0.5774	0.0000	0.667	1.0000	…	0.5774	0.8165	0.8660	0.4082	…	5774
d_2	0.6667	0.0000	0.6667	…	0.0000	0.6667	0.0000	0.6667	…	0.0000	0.8165	0.8660	0.8165	…	0.0000
d_3	1.0000	0.8165	0.0000	…	0.5774	1.0000	0.6667	0.0000	…	0.5774	0.4082	0.8660	0.4082	…	0.5774
…	…	…	…	…	…	…	…	…	…	…	…	…	…	…	…
d_n	0.5774	0.0000	0.5774	…	0.0000	0.5774	0.0000	0.5774	…	0.0000	0.0000	0.5000	0.0000	…	1.0000
c_1	0.4082	1.0000	0.8165	…	0.0000	0.8165	0.8165	0.4082	…	0.0000	0.5000	0.3536	0.0000	…	0.0000
c_2	0.8660	0.7071	0.8660	…	0.5000	0.8660	0.8660	0.8660	…	0.5000	0.3536	0.2500	0.3536	…	0.0000
c_3	0.4082	0.5000	0.4082	…	0.0000	0.4082	0.8165	0.4082	…	0.0000	0.0000	0.3536	0.5000	…	0.0000
…	…	…	…	…	…	…	…	…	…	…	…	…	…	…	…
c_k	0.5774	0.0000	0.5774	…	1.0000	0.5774	0.0000	0.5774	…	1.0000	0.0000	0.5000	0.0000	…	1.0000

图4-22 AE-DC-CP多重共现关系网络矩阵示例

其本质是通过矩阵合并实现多种共现关系的整合,原理简单、易于操作,除AE、DC、CP以外,还可以利用该方法进行其他特征项的多重共现分析,具体实施方案和操作步骤与之基本相似,在此不再赘述,也可以将其应用至以学术论文为样本数据的计量分析当中,依据作者、关键词、引文、期刊、机构、国家等其他特征项的共现关系及交叉关联构建不同类型的多重共现网络,将不同特征项之间错综复杂的共现关系在同一个共现超网络中进行集中展示和综合分析。

(四) 多重共现关系的合并

在以上12种基础共现关系网络中,我们注意到同类特征项之间可以同时存在着多种共现关系,例如,专利权人之间同时存在着合作、(直接)引证、耦合、同被引、互引等多种共现关系,由此生成了4种不同类型的基础共现关系网络。在对专利文献进行多重共现分析时,除了对不同类型特征项形成的多种共现关系进行合并处理以外,我们也要能够对这种同类型特征项之间的多种共现关系进行归类和汇总,使其能够以一定的方式整合在同一网络当中,并且能够借助于社会网络分析及可视化的方法和工具进行综合分析与多维展示,这种多重共现分析无法通过简单的矩阵合并进行操作,在此我们将利用一种新的方法,通过共现关系归类的形式,生成一个新的多重共现关系网络。在这里我们仅以专利权人(AE)这一类特征项为例,探讨如何将专利权人之间的4种共现关系进行归类和整合。

1. 专利权人共现关系的归类

以专利文献为样本,依据专利权人(AE)、德温特分类号(DC)、专利引文(CP)三类特征项内部和外部的共现关系,我们从中提炼出专利权人之间的4种共现关系,分别为:①合作关系、②耦合关系、③互引关系、④同被引关系,每两个专利权人之间可能仅存在1种共现关系,也可能同时存在2种、3种或者4种共现关系,当然,也有可能不存在任何共现关系。据此我们对专利权人两两之间的共现关系的类型进行梳理和归类,按照排列组合的原则,归纳出15种不同的情况,如表4-3所示:

表4-3　　　　　　　专利权人之间共现关系的类型

关系编号	关系组成	关系种类	关系类型
Ⅰ	①	1	合作
Ⅱ	②	1	耦合
Ⅲ	③	1	互引
Ⅳ	④	1	同被引
Ⅴ	①+②	2	合作/耦合
Ⅵ	①+③	2	合作/互引
Ⅶ	①+④	2	合作/同被引
Ⅷ	②+③	2	耦合/互引
Ⅸ	②+④	2	耦合/同被引
Ⅹ	③+④	2	互引/同被引
Ⅺ	①+②+③	3	合作/耦合/互引
Ⅻ	②+③+④	3	耦合/互引/同被引
ⅩⅢ	①+②+④	3	合作/耦合/同被引
ⅩⅣ	①+②+③+④	4	合作/耦合/互引/同被引
ⅩⅤ	—	0	无共现关系

如表4-3所示，4种共现关系排列组合出15种不同的情况，我们用Ⅰ-ⅩⅤ分别为每种情况编码：Ⅰ-Ⅳ是指专利权人之间存在着某一种单一的共现关系的情况；Ⅴ-Ⅹ代表着专利权人之间同时存在着某两种共现关系的情况；Ⅺ-ⅩⅢ代表着专利权人之间同时存在3种共现关系的情况；ⅩⅣ是指专利权人之间同时存在着合作、耦合、同被引、互引4种共现关系的情况；ⅩⅤ表示专利权人之间不存在任何共现关系。

2. 建立专利权人多重共现关系矩阵

利用表4-3中专利权人之间各种共现关系的15种排列组合规

则，生成一个新的专利权人多重共现关系网络，矩阵如图4-23所示。

	a_1	a_2	a_3	…	a_m
a_1	0	X	XIII	…	XIII
a_2	X	0	XIII	…	VIII
a_3	XIII	XIII	0	…	V
…	…	…	…	…	…
a_m	XIII	VIII	V	…	0

图4-23 专利权人多重共现关系网络矩阵示例

在对专利权人之间的多种关系进行归类整理之后，生成新的专利权人多重共现关系矩阵，各个专利权人两两之间的共现关系被重新整理归类，结合表4-3中的类别信息可知，专利权人a_1和a_2之间是第X类关系，即同时存在互引和同被引两种共现关系；a_1和a_3、a_2和a_3之间是第XIII类关系，即同时存在合作、耦合、同被引三种关系。如此，获得的专利权人多重共现关系网络矩阵，可以利用NetDraw绘制网络关系图，利用不同颜色的连线对不同类型的关系进行区分。另外，通过各个基础共现网络标准化矩阵直接相加，获得多重共现关系强度的加总值，作为新的多重共现关系网络矩阵的数值，由此对每两个专利权人之间的多重共现关系的强度进行测度。

第五章 实证研究 I
——专利多重共现网络分析

我们以太阳能汽车技术领域为例，以 DII 专利数据库为样本数据来源，从中下载专利样本数据，采用多重共现分析方法对专利文献中所包含的各类题录信息进行计量分析，选择专利权人（AE）、德温特专利分类号（DC）、专利引文（CP）三类特征项作为计量对象，分别从不同的维度构建多重共现关系网络，并将其与传统的一重共现关系及网络进行比较，旨在验证专利多重共现分析的合理性与可行性。

一 样本数据

（一）样本数据的来源

德温特专利数据库（Derwent Innovations Index，DII）是科睿唯安旗下产品，包含了专利索引和专利引文信息。DII 由专门的技术人员对其收录的来自全世界各地不同语种的专利文献进行整理、归类、分析和著录，确保了题录信息的准确性、权威性、可用性，为专利检索和专利分析提供了数据基础，有助于企业了解和消化吸收全球技术成果，有效规避侵权风险，优化研发和专利战略。DII 数据库具有以下特征和优势：

第一，规模大、来源广。DII 是目前全球最大的专利文献数据库，收录了来自全球 41 个专利机构、100 多个国家、超过 1800 万条的基本发明专利，3890 多万条专利情报；涉及 30 多种语言，将近 75% 的摘要记录是从非英文专利中提取获得；数据回溯到 1963

年。DII 包含的专利数据更新非常及时，各国专利在公布后 1—3 个月之内即可被 DII 收录，数据每周更新，使得全球专利机构及科技工作者能够及时追踪技术发展的前沿及动态。

第二，权威性与准确性。DII 聘请专业技术人员和领域专家，对其收录的原始文献信息进行二次加工整理，包括重新撰写摘要、提取技术关键信息、纠正题录信息、编制分类代码。DII 拥有一支近千人的专业团队，每年撰写超过 250 万条专利摘要。DII 从全世界范围内收录的原始专利数据，其中，大约 18% 的专利都包含有错误的题录信息，需要进行纠错处理①。另外，各个国家和地区使用的分类体系也不尽相同，DII 利用其特有的分类和编码体系对其收录的专利文献重新进行分类和编码，编制德温特分类代码（DC）和德温特手工代码（MC）。目前，全球范围内超过 40 个专利局向 DII 提供原始数据，并且在受理专利申请、进行专利审查时将 DII 作为评估专利新颖性的主要参照。

第三，统一性与通用性。DII 为来自非英语国家的专利文献撰写英文摘要，从而有效地克服了语言障碍，使得专利信息能够在全世界范围内获得广泛的流通和使用。DII 为每件专利赋予比较规范的专利权人代码，为拥有专利数量在千件以上的机构赋予唯一的标准化代码，从而在一定程度上降低了专利权人重名、名称不统一等问题对专利检索效果所产生的负面影响。另外，DII 还将全球范围内的专利家族信息进行汇总整理，将其视为同一件专利，在加工整理时赋予统一的题目、摘要、分类号等题录信息，如此有助于提高专利检索和情报分析的精准性与效率性。

第四，多元性与易用性。目前，DII 与 SCI 等文献数据库同属于科睿唯安集团，DII 与 Web of Science（SCIE）双向对接和整合，从而建立起专利和论文之间的关联，如此实现了基础研究成果（论

---

① Clarivate Analytics. Derwent World Patents Index（DWPI）The world's most trusted source of patent information. [EB/OL]. [2017-07-02]. http：//clarivate.com/patent-research-and-ip-administration/patent-research-and-analysis/derwent-world-patents-index-dwpi/.

文)与应用研究成果(专利)的有效融合,使得科学研究和技术创新两个相对独立的领域建立起交叉关联,从而有助于用户更为全面、系统地认识和把握全球科学研究与技术创新的态势与趋向,并且为市场前景的预测和分析提供了充分的数据支持①。DII 的题录信息中同时包含专利和论文两类参考文献,并且在被引用专利(Citing Patents,CP)和被引用文献(Citing Reference,CR)两个题录项中分别显示,从而建立起跨越专利和论文两类文献的更为广泛的引文网络。

DII 素以准确性、规范性、可用性、及时性等诸多优良的品质而著称,多年以来被广泛地应用于科技查新、专利审查、科技管理、行业分析、技术监测、企业经营等多个领域,受到世界各地专利机构以及广大科技工作者的普遍认可。与此同时,DII 也为科学计量学领域的学者提供了良好的样本数据,尤其在对全球范围内的专利成果进行计量研究时,DII 是首选的数据来源。鉴于以上情况,我们以 DII 数据库作为样本数据来源,从中获取专利题录信息,开展专利多重共现分析的实证研究和应用研究。

(二) 样本数据的检索

本书之所以选择太阳能汽车技术领域为例开展实证研究,主要出于以下两个方面的考虑:第一,太阳能汽车是一个极具技术价值和市场潜力的新兴产业,尽管大家对其前景充满信心,但是距离大规模的开发应用尚有一定距离,目前仍有许多未知的问题等待探索,本书所获得的相关的统计数据和分析结果,希望能够为那些正在进行前期市场探测和开发的企业提供一定的参考信息和决策依据;第二,太阳能汽车是一个热门的研究主题和技术领域,近年来在全世界范围内掀起了研究热潮,各个国家和机构普遍以专利形式对其新发明和新技术予以保护,专利的申请量和授权量不断攀升,

---

① 同济大学图书馆、德温特专利(DII)数据库简介,[EB/OL].[2017 - 07 - 02]. http://www.lib.tongji.edu.cn/site/tongji/cc7cff7c - bbf8 - 4f04 - a006 - 281d35ebb076/info/2013/a8281afd - e8a7 - 4ca8 - bdea - 14296af925fe.html.

为我们随后所开展的实证研究提供了充足的样本数据支持。

从 DII 中检索太阳能汽车技术主题的专利文献，选择"高级检索"功能，检索算式为：TS = solar and TS =（automobile * or car * or vehicle *），索引 =（CDerwent, EDerwent, MDerwent），时间区间不限，检索时间为 2017 年 7 月 2 日，共获得检索记录 75170 条。提取每条记录的题录信息，将所有记录导入 Excel 表进行汇总和整理。

（三）样本数据的整理

1. 样本数据的年代分布情况

以专利申请时间为准，全部样本数据的年代分布情况如图 5-1 所示：

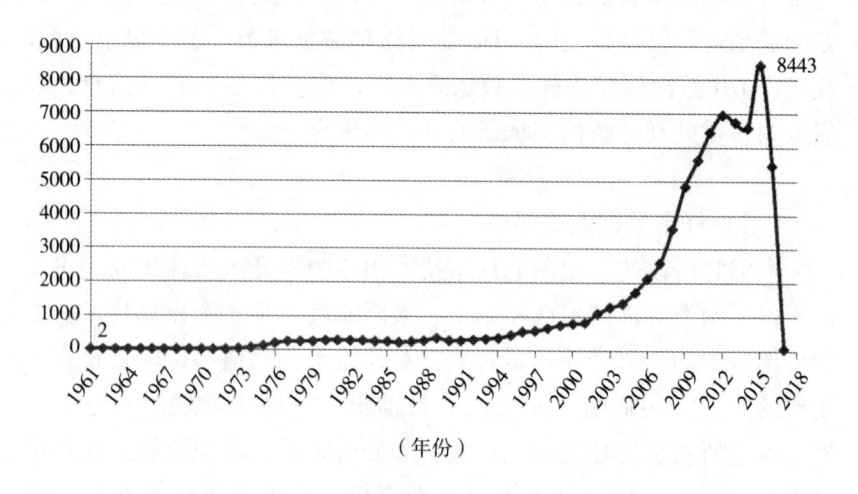

图 5-1　太阳能汽车专利年代分布情况

由图 5-1 所示，DII 数据库中太阳能汽车专利最早出现于 1961 年（以专利申请时间为准），1961 年仅有 2 件相关专利，至 2015 年年度产出量已高达 8443 件，自 1961—2015 年间，全球范围内太阳能汽车专利持续增长，尤其是 2000 年以后呈现出快速增长的发展态势。由于专利申请和审查的周期，加之数据库收录的时滞，

2016年和2017年的专利数据收录并不完整，所以导致2016年和2017年的专利数量低于2015年。整体来看，太阳能汽车技术具有旺盛的生命力，全球范围内专利申请数量仍将继续攀升。

近现代以来，汽车成为人类的主要交通工具，人类从未停止过探索新能源并将其应用于汽车驱动的脚步。电动汽车的起源可以追溯至19世纪30年代，19世纪后期电动汽车曾在部分欧美国家掀起一股热潮，甚至在一段时期内达到了销售和使用的高峰。一组关于1900年美国汽车市场的统计数据显示，当年电动汽车的生产量占全美汽车总产量的28%，销售额超过了燃油和蒸汽汽车的总和。

电动汽车出现伊始便具备了一系列引人注目的新特征：无气味、无震荡、无噪音、操作方便、价格低廉。与内燃机驱动车辆相比，其优势是显而易见的，爱迪生曾经热情地赞颂："电力就是一切，不需要复杂精密的齿轮，没有危险，也没有汽油的恶臭，甚至没有噪音。"电动汽车经历了短暂的20年的辉煌以后，很快就被技术更为先进、速度和舒适度更高的燃油汽车取代，之后大半个世纪电动汽车的发展几乎停滞不前。直到20世纪下半叶出现三次石油危机以后，国际油价急剧上涨，全球环境和气候不断恶化，迫使人们将目光再次投向清洁能源的电动汽车。

自20世纪90年代开始，通用、福特、丰田、日产、本田等汽车企业先后推出电动汽车或者混合动力汽车，并将其投放市场。目前，市场上出现的主流电动汽车，蓄电池靠工业电网充电，其推广应用受制于电池容量和充电桩，耐用性和时速仍无法与燃油汽车相比，另外，电动汽车的电能主要源自火电，虽然能够在一定程度上降低碳排放，但是仍然在很大程度上依托于化石燃料，实际上目前的电动汽车并不是真正的清洁能源汽车，汽车与环境的矛盾仍然存在。

太阳能汽车理念的提出，使得人们对于完全清洁、零排放的新能源汽车再次充满信心。太阳能汽车以电池板取代燃油发动机，以清洁的太阳能发电作为驱动，不需要消耗化石燃料，不会产生有害气体。与目前市面上主流的纯电动汽车和混合动力汽车相比，太阳能汽车完全以光能作为能源,能够实现真正的零排放,从而将新能源汽车环保的优势发挥到极致。英国于1978年制造了世界上第一辆太阳能汽车,虽然时速只有13公里,但在新能源汽车的探索历程中具有里程碑意义。以该事件为标志,太阳能汽车的出现也只有40年的光景。正如许多人所了解到的,太阳能汽车是新兴事物,但是,人们对于相关技术的探索却早已开始,所以,我们在DII数据库中获得的相关专利数据,最早可以追溯至1961年。人类历史上任何一个新产品都不是凭空突然出现的,在1978年太阳能汽车研制成功以前,人们已经对太阳能汽车技术进行了多年的研究,虽然,1961—1978年,每年申请的专利数量很少,但是,却为第一辆太阳能电动汽车的研制奠定了前期的研究基础。

2. 样本数据的国别分布情况

以第一专利权人所属的国家为准,样本数据的国别分布情况如图5-2所示:

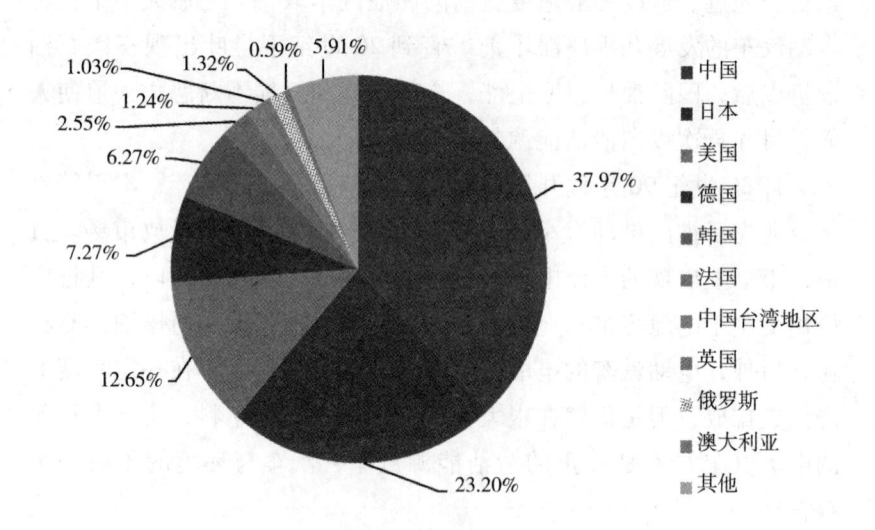

图5-2 太阳能汽车专利国别分布情况

图5-2显示了太阳能汽车技术领域中的专利申请数量前十名的国家和地区,及其专利申请数量在全世界的占比。样本数据中

75170件专利（族）来自于80个国家、地区和专利组织，其中，排名前十的国家和地区占样本总数的94.09%，其他70个国家、地区和专利组织拥有的专利总量仅占样本总数的5.91%。就持有的相关专利数量来看，排名前三的国家分别是中国、日本、美国，其中，中国持有的专利数量超过了日本和美国两个国家的总和，表明中国在该技术领域具有一定的专利数量优势。

太阳能是当前最具开发潜力的清洁无污染新能源，当气候持续变暖、雾霾频频来袭时，大约70%的碳排放来自于汽车尾气，这一统计数据引发了广泛的担忧，燃油汽车已经成为众矢之的。2016年联合国签署的《巴黎协定》更是明确了降低碳排放的目标和任务，并且直接设定了各个缔约国减少碳排放的具体责任以及时间节点。在能源和环境双重危急之下，人们对新能源汽车的呼声高涨，其中，零排放、无污染的太阳能汽车成为最具潜力的解决方案。近年来，太阳能汽车受到全球各个国家和地区的关注和提倡，并且投入了大量的人力物力资源进行技术研发，相应的专利数量快速增长，太阳能汽车产业呈现出蓬勃的发展态势。虽然尚未进入大规模生产和应用的阶段，但是，太阳能汽车技术无疑具有巨大的市场潜力。

3. 样本数据的专利权人类型分布情况

DII对其收录的专利文献的专利权人名称进行了整理，采用DII专有的编码规则为每件专利赋予专利权人代码，编码由两部分组成，两部分之间用"-"连接，"-"以前由四个大写英文组成，一般取自专利权人名称前四位；"-"以后的部分显示出专利权人的类型。该编码系统将全部专利权人分为标准公司、非标准公司、自然人和苏联机构等四种类型，专利权人代码的结尾标识分别为："C""Non-Standard""Individual"和"Soviet Institute"。我们以第一专利权人为准，根据专利权人代码结尾标识区分并统计专利权人类型，绘制出太阳能汽车技术的专利权人类型分布情况，如图5-3所示：

专利多重共现分析方法及应用

```
         0.65%
33.69%         40.97%
                    ■ Individual
                    ■ Non-Standard
                    ■ C
                    ■ Soviet Institute
         23.38%
```

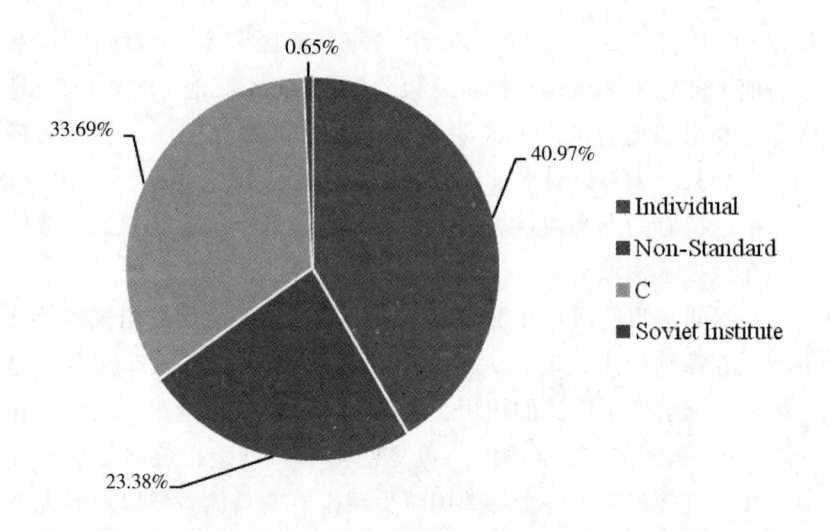

图 5-3 太阳能汽车技术专利权人类型分布情况

由上图可知，40.97%的专利权人为自然人；其次为标准公司（含企业、大学和研究机构），约占样本总数的 1/3；再次为非标准公司（含企业、大学和研究机构）；苏联机构占比极少，仅占样本总数的 0.65%。DII 的专利权人代码中，只有标准化代码能够唯一对应一家机构，其他几类代码均存在不同程度的代码重复现象，不相关的两个机构或自然人拥有相同代码的情况大量存在，从而在一定程度上降低了这几类代码在专利检索和专利计量中的使用价值。鉴于以上情况，为确保分析结果的准确性和可靠性，本书所开展的针对专利权人的计量分析均以标准公司为对象，围绕标准化代码展开计量分析。

二 AE-DC 多重共现网络分析

（一）AE-AE 合作关系网络

样本中共有专利（族）75170 件，共涉及专利权人 138297 个，其中，共包含标准公司 1288 个。首先统计样本集合中各个专利权人拥有的专利数量，考虑到标准公司代码的唯一性，仅统计标准公司的专利数量。但是，样本集合中标准公司数量太多不便于进行社会网络分析和可视化展示，我们从中挑选专利产出较大的持有标准代码的公司作为计量对象，从中选择拥有专利数量在 200 件以上的 25 个标准公司作为计量对象。样本集合中，这 25 个样本公司作为第一专利权人共拥有太阳能汽车技术相关专利 8915 件，若无特殊说明，本书随后开展的实证研究多以 25 个公司作为计量对象、以 8915 件专利作为样本数据。这 25 个样本公司的基本信息如表 5-1 所示：

表 5-1　太阳能汽车技术主要样本公司的基本信息列表

序号	专利权人代码	专利权人名称	专利数量	国别
1	TOYT-C	丰田	608	日本
2	FUJF-C	富士	579	日本
3	SUMO-C	住友	519	日本
4	SHAF-C	夏普	518	日本
5	MITU-C	三菱	518	日本
6	GLDS-C	LG	468	韩国
7	OREA-C	欧莱雅	431	法国
8	KONS-C	柯尼卡	418	日本
9	MERE-C	默克	417	德国
10	MATU-C	松下	358	日本
11	DUPO-C	杜邦	345	美国
12	SMSU-C	三星	341	韩国
13	OKLS-C	海洋王	329	中国
14	ASAG-C	旭硝子	305	日本
15	KANF-C	钟化	290	日本

续表

序号	专利权人代码	专利权人名称	专利数量	国别
16	SGCC-C	国家电网	289	中国
17	TORA-C	东丽	278	日本
18	KYOC-C	京瓷	269	日本
19	BADI-C	巴斯夫	257	德国
20	ASAH-C	旭化成	246	日本
21	SAOL-C	三洋	245	日本
22	BOSC-C	博世	235	德国
23	SIEI-C	西门子	228	德国
24	SONY-C	索尼	218	日本
25	NPDE-C	日本电装	207	日本

表5-1中的25个标准公司按照其拥有的专利数量降序排列，代表着太阳能汽车技术领域中的表现最为活跃的研发力量。其中，丰田公司以逾600件的专利数量居于榜首。从这25个标准公司的国别分布情况来看，15个日本公司、4个德国公司、2个韩国公司、2个中国公司、1个美国公司。日本公司无疑在该技术领域拥有绝对优势，本书取样的25个标准公司中，排名第一的是日本丰田汽车公司，排名前五的全部为日本公司，25个样本公司中有15个来自日本，占样本总量的60%。中国有两家公司入选，其中，海洋王（全称为海洋王照明科技股份有限公司）是国内一家民营高新技术企业，总部位于深圳；国家电网（全称国家电网公司）是一家国有控股公司，也是国内最大的电网企业，在全国各地设立众多的分支机构，因其共用同一个专利权人代码，所以在样本集合中形成了专利总量上的累积优势，实际上国家电网名下的相关专利分别由各个分支机构获得，且单个分支机构的专利数量很少。

另外，从这25个标准公司的业务经营范围来看，其中，入选的整车企业寥寥无几，仅有丰田和三菱两个公司是专门的汽车生产商，其他多数公司的主营业务都不是汽车，而是广泛涉及光学产品、电子器件、半导体设备、玻璃、塑料、新能源、新材料、化工产品等多个领域。一辆太阳能汽车由多达几千项产品和技术组成，涵盖诸多技术领域，其中，许多零部件或相关支撑技术为非汽车公司供给或持有。持有太阳能汽车技术相关专利的公司来自多个不同的行业领域，这也同时说明了太阳能技术是一项组成结构复杂、应用十分广泛的技术领域。例如，25 个样本公司中，欧莱雅是全球知名的法国品牌，主营业务为护肤、彩妆、美发等产品，但在样本集合中，欧莱雅公司拥有的与太阳能技术相关的专利却高达 400 余项，其中，多为与太阳能技术相关的化工产品。

以 8915 件专利为样本、以 25 个专利权人为对象，构建专利权人共现（合作）关系网络，并将其网络矩阵导入 NetDraw 中绘制专利权人合作关系网络图谱，如图 5-4 所示。图中圆形节点代表着各个专利权人（样本公司），节点大小反映了样本集合中每个专利权人拥有的专利数量多少；图中连线代表着专利权人之间的合作关系，关系强度的大小由连线的粗细来显示。

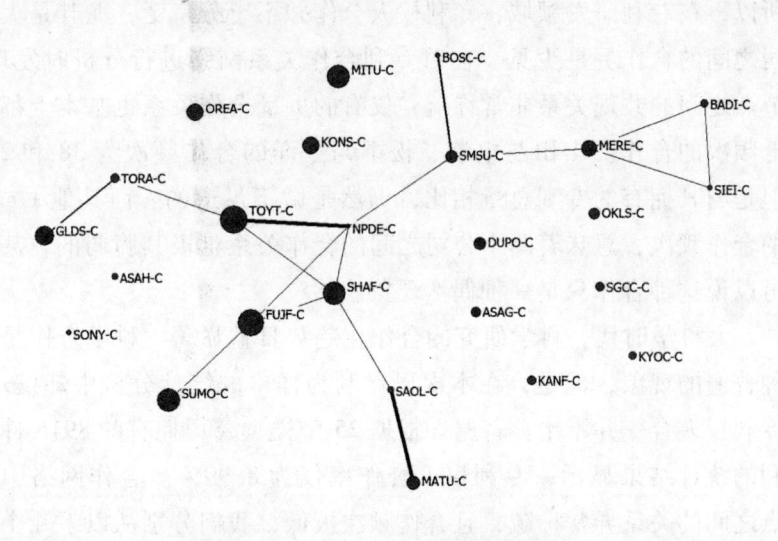

图 5-4　AE-AE 共现关系网络图

专利权人合作网络是一个稀疏的共现关系网络，仅包含少量共现关系。其中，由 14 个节点组成一个主成分，其余 11 个节点全部为孤立节点。在现有的合作关系对中，丰田（TOYT-C）与日本电装（NPDE-C）之间的合作强度最大，合作频次为 38；其次是松下（MATU-C）和三洋（SAOL-C），合作频次为 28；再次为三星（SMSU-C）与博世（BOSC-C）、韩国 LG（GLDS-C）与日本东丽（TORA-C），合作频次分别为 12 和 10。其余的合作关系非常微弱，共现频次仅为 1 或 2。在主成分中，包含两个及以上节点的全连通网络，分别由丰田—富士—夏普—电装等 4 个日本企业、默克—巴斯夫—西门子等 3 个德国企业组成。在节点关系异常稀疏的专利权人合作网络中，仅有的合作关系，尤其是高频次的合作关系，也大多是在同一国家内部的公司之间建立。可见，国别和地域因素在专利合作中发挥着重要的作用。

样本数据中 75170 件专利，其中，32.08% 的专利由两个及以上的专利权人合作完成，即样本集合中总的专利合作率为 32.08%。第一专利权人为标准公司的 8915 件专利，其中 801 件专利拥有两个及以上的专利权人，即专利权人合作率仅为 8.99%。所以，在专利研发领域，专利权人合作并不十分广泛，尤其是大公司之间的合作更是少见。在对专利合作关系网络进行分析时发现，节点之间的共现关系非常稀疏，仅有的少量合作关系也基本上都是低频次的合作。丰田与电装、松下与三洋的合作频次为 38 和 28，但是与其拥有的专利总量相比，仍然是微不足道的。而其他 1 或 2 的合作频次，意味着两个公司之间的合作关系是极其脆弱的，甚至可以说这种合作只是一种偶然现象。

大科学时代，科学研究的合作化趋势日益显著，科学合作是一种普遍的现象，但是，在本次以专利为样本的统计分析中却发现，专利权人合作并不十分普遍。根据 25 个样本公司拥有的 8915 件专利的统计结果显示，专利权人合作率仅为 8.99%。合作网络中节点之间的关系异常稀疏，且合作频次极低，我们分别从以下几个方面分析了导致该现象产生的原因：

第一，专利自身所具有的垄断性特征。垄断即为独占、独享和独有，一项发明创造之所以申请专利，主要目的是希望对其施加垄断性保护，借助法律手段拒绝其他机构或个人进入该发明创造所划定的技术领域。因此，专利是技术垄断和商业竞争的产物，专利权具有排他性。发明人或专利权人在专利研发过程中排斥合作，尽量避免因合作而带来的权利或利益的分享。尤其是对于业务范围相同或相似的企业来说，其产品和服务常常存在着直接的竞争关系，所以，与同行企业的合作无疑加大了技术泄露的风险。出于技术保密的考虑，企业对外开展专利合作的态度是极为谨慎和保守的，并不希望与其他同行开展合作研究。

合作通常是理性个体在综合考虑多方因素以后做出的最优选择，也就是说，只有合作的预期收益超过成本时，双方才有可能开展合作，否则宁可"单打独斗"。合作的动机多种多样，但主要的目的是通过合作实现资源的共享与知识的交流，以弥补自身研究条件、研究资源或科研实力的不足。对于那些研究资源充足、科研实力雄厚的大企业集团来说，例如我们选为样本的 25 个标准公司，全部为全球知名的集团公司，在研究条件和研究实力方面大多居于行业领先地位。他们并不具有对外合作的强烈动机，相比较而言，他们对外面临的竞争威胁要远远超过合作的预期收益。在这种情况下，这些企业对外开展合作的可能性很小，特别是那些实力雄厚、技术领先的标准公司之间更是鲜有合作关系。

第二，专利兼具技术、经济和法律三重属性。专利不仅是科学研究和技术开发的产物，更是商业竞争和法律诉讼的武器。专利必然表现出与学术论文所不同的特征，甚至在某些方面可能会违背科学研究活动中的一般性规律。例如，在科学研究合作化不断增强的大趋势之下，专利权人合作率仍然非常低。专利明显不同于期刊论文、会议文献、图书等其他形式的科研产出，专利能够直接转化为技术或产品，从而为发明人和专利权人带来丰厚的经济回报。专利权是一种受到法律保护的无形财产权，只有拒绝与他人分享才能使预期的经济收益最大化。所以，在专利研发过程中，决定专利权人是否选择合作的首要因素是经济收益,而非技术或学术方面的动机。

对于许多企业来说,即便合作确实有利于提升科研产出和科研效率,若有悖于经济收益最大化的目标,合作也是要尽力避免的。以联合署名为标志的专利合作意味着发明人或专利权人对于发明成果的共同持有以及相应的专利权的分享。例如,我国专利法第 8 条规定,合作专利的产权归属采取约定优先原则,若无约定,专利权由合作各方共同享有。合作研究所导致的专利权的分享,势必会大大降低专利权的预期收益。所以,对于以利益最大化为经营目标的企业来说,大多并不鼓励在专利研发活动中对外开展合作。由此可见,专利所具有的经济属性,对专利合作具有一定的抑制作用。

第三,科学技术领域的竞争不断加剧。合作与竞争是科学技术发展过程中面临的两大永恒主题,合作与竞争这对矛盾体共存于专利中,使得专利表现出合作与竞争并存的双重特征。科技是第一生产力,科技是现代企业竞争力的关键组成要素,企业在商业领域的竞争归根结底是科技实力的较量。专利成为各个国家和企业参与市场竞争的有力武器,为了垄断先进技术、攫取高额利润、抢夺市场份额,全世界范围内许多国家和企业都在加强专利研发投入、积极进行专利部署,一些企业甚至不惜设置专利陷阱和专利池来限制或打击对手。美国、日本等国家的大企业集团都曾经凭借其技术优势在全球范围内进行扩张,通过在其他国家或地区申请专利的方式抢夺国外市场并压制本土企业的创新空间。从 20 世纪 90 年代开始,美国的海外专利申请率就已经高达 90% 以上。[1] 美国企业在全世界大肆扩张的背后,专利发挥着十分关键的功效。

太阳能汽车技术代表着全球汽车产业的发展趋势,具有巨大的市场潜力,许多国家和企业已经将其作为重点关注的领域。截至目前,太阳能汽车尚未大规模投放市场,商业领域的竞争尚未全面启

---

[1] Landry R. An economic analysis of the effect of collaboration on academic research productivity [J]. *Higher Education*, 1996, 32 (3): 283–301.

动,但是,技术研发领域的竞争早已如火如荼。科技领域的竞争越是激烈,专利所具有的垄断性和竞争性特征越是被无限地放大和强化,专利合作行为越是受到排斥和抑制。越是新兴的技术,企业越是希望能够独占和独享。太阳能汽车即将掀起一场新的产业革命,全世界范围内各个相关企业都在厉兵秣马积极应战,技术竞争的加剧必然会使企业尽力争取更多独占性的专利技术,而对外所开展的跨组织合作以及联合申请,并不符合企业当前面临的发展需求。尤其是像丰田这样的世界顶级汽车企业来说,最希望看到的是在未来的太阳能汽车市场上一枝独秀,而不是与其他企业分享技术和市场。

(二) DC-DC 共类关系网络

样本集合中共包含 249 个德温特分类号代码,分别来自 34 个不同的部,即德温特分类体系中所有的部均有涉及,说明太阳能汽车确实是多学科技术融合的产物,涉猎的技术范围非常广泛,其中,47.75% 的分类号属于"电子和电气(Electronic and Electrical)"大类,46.16% 的分类号属于"化学(Chemical)"大类,只有 6.09% 的分类号来自于"工程(Engineering)"大类。我们统计了样本集合中各个分类号的出现频次,其中,出现频次大于 500 的分类号有 13 个,这些高频分类号的基本信息如表 5-2 所示。

表 5-2　　　　高频德温特分类号基本信息列表

序号	分类号代码	分类号名称	频次	所属大类
1	L03	电子器件,电子设备的化学特性	5482	化学
2	X15	非化石燃料发电系统	4618	电子和电气
3	U12	分立式器件,如 LED、光伏电池	3846	电子和电气
4	U11	半导体材料与工艺	3190	电子和电气
5	A85	电气应用	2583	化学

续表

序号	分类号代码	分类号名称	频次	所属大类
6	U14	存储器、薄膜和混合电路、数字存储器	1458	电子和电气
7	A89	摄影，实验室设备，光学	1032	化学
8	X16	电化学存储	1027	电子和电气
9	A26	其他冷凝聚合物、有机硅聚合物、聚酰亚胺	988	化学
10	P73	层状产品	763	工程
11	E13	杂环族化合物	601	化学
12	X22	汽车电子	598	电子和电气
13	A14	其他可替代单烯烃，聚氯乙烯，聚四氟乙烯	571	化学

表中 13 个德温特专利分类号在样本集合中出现频次都在 500 次以上，无疑代表着太阳能汽车专利技术领域的热门主题。其中，排名第一的研究热点是"L03－电子器件，电子设备的化学特性"；其次是"X15－非化石燃料发电系统"；再次是"U12－分立式器件，如 LED、光伏电池"和"U11－半导体材料与工艺"。这些既是该技术领域的热点研究主题，也在一定程度上代表着太阳能汽车的核心知识和关键技术。虽然，从专利分类号的总量来看，太阳能汽车涉猎的技术范围非常广泛，但是就专利分类号的分布情况来看，该技术领域的研究重心仍然是由少部分关键和热门的技术主题组成，当然，这些高频分类号所代表的技术主题也是当前乃至未来全球太阳能汽车技术领域广大企业开展技术和市场竞争的焦点。

样本集合中，每件专利拥有多少不等的德温特专利分类号，最少为 1 个，最多为 20 个，96.28% 的专利拥有两个及以上的 DC 分类号，只有 3.72% 的专利仅拥有一个 DC 分类号，平均每件专利拥有 DC 分类号 4.91 个。而前文对于专利权人共现（合作）现象的统计表明，仅有 8.99% 的专利包含两个及以上的专利权人。可见，分类号共现（共类）现象非常普遍，与（专利权人）合作分析相比，共类分析的样本更具代表性。根据样本集合中各个分类号的共现关系，构建 DC – DC 共现关系网络矩阵（249 * 249），采用 Salton 方法进行标准化处理之后转换成相似性矩阵，并导入 Ucinet 和 NetDraw 软件中进行社会网络分析和可视化展示。

DC – DC 共类网络由 249 个节点和 11850 个连线组成，初始矩阵经标准化处理以后，Ucinet 计算所得的网络密度为 0.0038。由于页面所限，而节点数量过多，代表共类关系的连线层层交叠无法展示出网络结构，为了达到更为清晰的可视化效果，我们过滤掉低强度的共类关系，仅保留较高强度（阈值 $C'_{ij} \geqslant 0.1$）的共现关系及节点，如图 5 – 5 所示。方形节点代表着 DC 分类号，节点大小反映其在样本集合中的出现频次；图中连线代表着 DC 分类号之间的共现（类）关系，连线的粗细反映了关系强度的大小，即初始共类矩阵的 Salton 系数值。

初始网络中 249 个 DC 分类号组成了一个关系较为紧密的共类关系网络，当剔除掉低强度的共类关系以后（阈值为 0.1），共类网络保留了 147 个节点和 362 条连线，得到一个简化的共类关系网络，如图 5 – 5 所示，该网络呈现出了较为清晰的聚类结构。我们以不同的节点颜色对网络所包含的各个成分进行了标识，如图 5 – 6 所示。

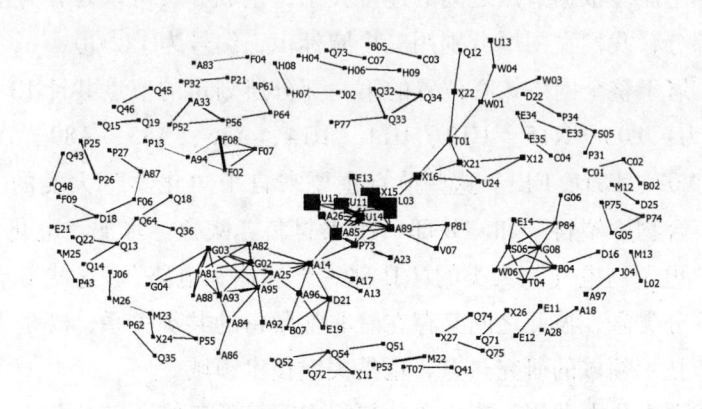

图 5 – 5　DC – DC 共类关系网络简化图（$C'_{ij} \geqslant 0.1$）

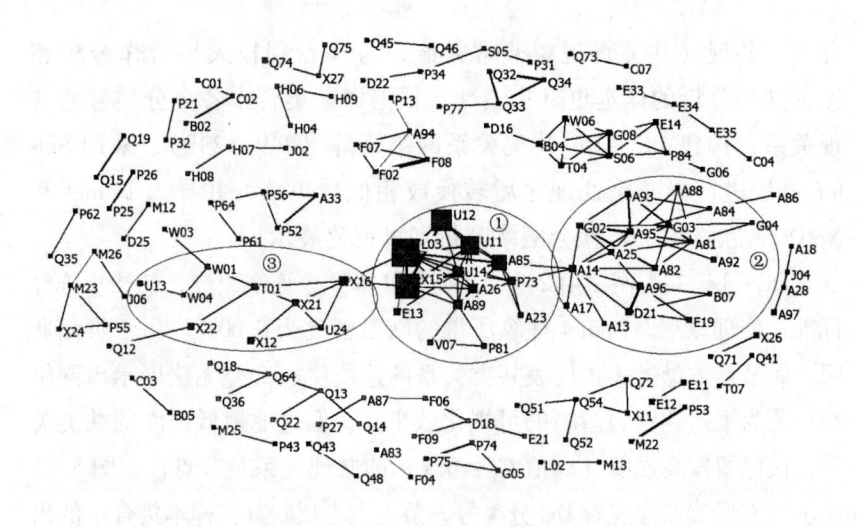

图 5-6 DC-DC 共类关系网络的成分组成结构图

图 5-6 包含的 147 个节点所呈现出的聚类现象，不仅显示出不同技术主题间的技术相似性以及学科交叉关联，而且直观呈现出整个太阳能汽车技术领域的知识结构和技术组成情况。从中可以发现各节点组成的子网是共类关系网络的主成分包含了图中约三分之一的节点和连线而这些节点无疑代表着太阳能汽车领域的技术基础和研究主流。根据节点之间的连接关系，主成分又可以划分为三个组成部分，我们在图中分别用三个圈标识，编号为①②③。

①居于整个网络核心位置的第一部分所划定的节点共计 13 个，分别为：L03、X15、U12、U11、U14、A26、A85、A89、P73、A23、V07、P81、E13。这些节点主要来自于"化学"大类的"A 部-聚合物、塑料"和"L 部-耐火材料、陶瓷、水泥、电化学"以及"电子与电气"大类的"U 部-半导体和电路"。这些节点既是高频分类号，彼此之间又存在着非常紧密的共类关系，既是太阳能汽车技术领域的研究热点，也是关键技术领域。

②主成分中右侧一簇节点，其频次明显低于第一部分节点，但是彼此之间也存在着较为紧密的共类关系。该部分共由 19 个节点组成，包括 A13、A14、A17、A25、A81、A82、A84、A86、A88、

A92、A93、A 95、A96、G02、G03、G04、D21、E19、B07，这些DC分类号全部隶属于"化学"大类，绝大多数来自于"A部-聚合物、塑料"；其次是"G部-印刷、涂料、照相"。

③主成分所包含的第三部分，位于主成分的左侧位置，由11个节点组成，这些节点不仅频次低于第一部分节点，而且彼此之间的共类关系也没有第一部分和第二部分节点那么紧密。该部分所包含的节点分别为：X16、X21、U24、X12、X22、T01、W01、W03、W04、U13、Q12。从其学科归属来看，除"Q12-悬挂、加热、门、屏幕"属于"工程"大类——"机械"部分——"Q1一般车辆"部，其余10个节点全部来自于"电子和电气"大类，其中，以"X-电力工程"和"W-通讯"两个部为主，以"U-半导体和电路"和"T-计算机和控制"两个部为辅。

从主成分所包含的三个部分的组成结构来看，第二部分的节点来自于"化学"大类；第三部分的节点来自于"电子和电气"大类；第一部分节点则同时来自于"化学"和"电子和电气"两个大类。而无论从节点频次来看，还是从网络结构来看，第一部分代表着整个技术领域的核心。从主成分所呈现出的聚类关系推测，太阳能汽车技术是一个跨越"化学"与"电子和电气"两个学科大类，由"聚合物、塑料"和"耐火材料、陶瓷、水泥、电化学""半导体和电路""电力工程""通讯"等技术主题交叉融合形成的新兴技术领域，具有显著的多学科交叉特性。

主成分所包含的三个部分，分别由A14和X16两个节点连接，从网络结构来看，A14和X16位于"桥"的位置。"A14-其他可替代单烯烃，聚氯乙烯，聚四氟乙烯"是连接第一部分和第二部分的"桥"，"X16-电化学存储"是连接第二部分和第三部分的"桥"。既然太阳能汽车技术是"化学"与"电子和电气"两个学科大类交叉的产物，那么A14和X16所代表的两个技术主题无疑在该技术领域的学科交叉融合中发挥着关键性的作用。

除此以外，我们在共类关系网络中还发现了其他一些比较特别的成分，例如，由W06、G08、E14、P84、G06、S06、T04、B04、

D16 等 9 个节点组成的一个成分，虽然没有主成分那么醒目，但是也具有鲜明的个性特征。这 9 个节点横跨"化学""工程""电子和电气"三个大类，分别来自于"W-通讯""G-印刷、涂料、照相""E-一般化学""P8-光学、照相""G-印刷、涂料、照相""S-仪器、测量和测试""T-计算机和控制""B-药物""D-食品、洗涤剂、水处理、生物技术"等 9 个部。说明该成分所代表的技术领域具有更为显著和广泛的学科交叉性。该技术领域的研究主题与主成分所代表的主流方向不太一致，代表着太阳能汽车技术领域的另一支方向，从研究热度和共类关系来看，该技术领域具备较强的研究潜力，可能会成为未来太阳能汽车技术的主要发展趋势之一。

在 DC-DC 共类关系网络中，除聚类现象所呈现出的网络结构特征以外，各个节点之间的共类关系及强度也是一目了然。我们根据节点之间的连线，可以判定两个节点所代表的技术主题之间的关联性，例如，G08 和 S06、M22 和 P53，如果从分类号代码来看，这些 DC 分类号来自于不同的部和大类，彼此之间没有直接的关联性，但在共类关系网络中，其关联性却是清晰和显著的。高强度的共类关系，说明这些技术主题之间存在着深厚的关联、彼此交叉融合的潜力很大，而恰恰是在这些多学科交叉的领域往往孕育着新的技术生长点。因此，共类分析可以被应用于技术预测当中，以共类网络的计量和可视化结果为依据，结合领域专家的专业知识和经验，能够对该技术领域的未来发展趋势，以及即将诞生的新兴技术进行一定的分析和预测。

（三）AE-DC 隶属关系网络

AE-DC 隶属关系网络由 25 个专利权人节点和 249 个 DC 分类号节点组成，为二模异质网络，我们将初始网络矩阵进行标准化处理，然后利用 NetDraw 绘制网络图谱，为达到更为清晰的可视化效果，我们将阈值设置为 $C_{ij}^{z} \geq 0.1$，以剔除低强度的共现关系，得到 AE-DC 隶属关系网络简化图，如图 5-7 所示。圆形节点为专利权人，方形节点为

DC分类号,节点大小反映了样本集合中专利权人和DC分类号的出现频次;图中连线代表着专利权人与DC分类号之间的共现(隶属)关系,连线的粗细反映了共现关系的强度。

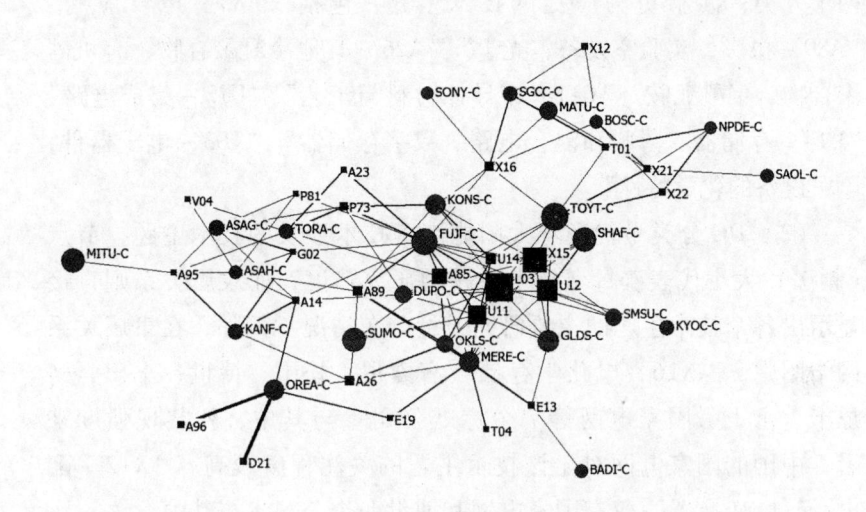

图 5-7　AE-DC 隶属关系网络简化图（$C'_{ij} \geq 0.1$）

隶属关系网络显示出每个专利权人所从事的主要技术主题,以及每个技术主题究竟有哪些专利权人参与其中。

（1）25个样本专利权人虽然都参与太阳能汽车技术的研发,并且在该技术领域拥有较强的研发实力,但是,每个专利权人关注的技术主题却不相同。例如,三菱（MITU-C）的研究方向非常专一,所关注的技术主题为"A95-运输,包括汽车配件、轮胎和军备";而同为汽车企业,丰田（TOYT-C）涉猎的技术主题就非常广泛,包括"T01-数字计算机""X21-电动汽车""X22-汽车电工学""X16-电化学存储""X15-非化石燃料发电系统""L03-电子器件,电子设备的化学特性""U12-分立式器件,如LED、光伏电池""U14-存储器、薄膜和混合电路、数字存储器""A85-电气应用"等。

中国两个企业国家电网（SGCC-C）和海洋王（OKLS-C）表

现出不同的特征，前者集中关注"电子和电气"大类的3个技术主题，包括"X16-电化学存储""X12-配电/元件/变换器""T01-数字计算机"；后者的技术范围主要涵盖"化学"和"电子和电气"两个大类，涉猎更为广泛的技术主题，包括"A85-电气应用""A89-摄影，实验室设备，光学""A26-其他冷凝聚合物、有机硅聚合物、聚酰亚胺""U11-半导体材料与工艺""U13-集成电路""U14-存储器、薄膜和混合电路、数字存储器""L03-电子器件，电子设备的化学特性"。

（2）DC分类号代表着太阳能汽车技术涉及的技术主题，节点（频次）大小代表着每个技术主题的研究热度，而隶属关系则直接显示出各个技术主题的主要研究力量分布情况。例如，在隶属关系网络图中，"X16-电化学存储"有索尼、松下、博世、丰田、柯尼卡、富士、国家电网等7个标准公司参与其中，就共现强度来看，中国的国家电网对于该技术主题的关注程度较高。"X12-配电/元件/变换器"仅有国家电网和博世两个公司参与其中。

（3）网络结构代表着各个专利权人和DC分类号在太阳能汽车技术领域的位置和影响力。从网络聚类关系来看，"L03-电子器件，电子设备的化学特性""X15-非化石燃料发电系统""U12-分立式器件，如LED、光伏电池""U11-半导体材料与工艺""U14-存储器、薄膜和混合电路、数字存储器""A85-电气应用"，这6个分类号居于整个网络的核心，受到丰田、夏普、三星、LG、柯尼卡、默克、海洋王、杜邦、住友、富士、钟化等标准公司的广泛关注。而这6个节点恰好也是样本集合中出现频次最高的6个DC分类号。再次证实，这6个DC分类号所代表的技术主题，不仅是整个太阳能汽车技术领域的研究主流，而且是整个技术领域最受关注的焦点。

（4）AE-DC隶属关系网络中，每个节点的中心度指标，显示出节点所代表的专利权人或DC分类号的多元性特征，其中，专利权人的中心度指标反映了该专利权人涉猎的技术范围的大小，指标值越大则表明该专利权人从事的技术主题越多样化；DC分类号的中心度指标反映了参与该技术主题专利研发的公司数量，指标值越大说明该技术主题受到越多公司的关注,从另外一种角度代表着该技术主题的研究热度。因此,节点的中心性指标和出现频次指标可以互为参照,从不同角度反映专利权人的活跃程度和 DC 分类号的研究热度。

(5) 在最初取样时,我们就发现欧莱雅(OREA – C)比较特别,这是一家化妆品公司,主营护发、彩妆及护肤产品,但是却拥有大量的太阳能汽车相关专利。在 AE – DC 隶属关系网络中,我们发现欧莱雅所持有的专利的技术主题确实比较特别,明显区别于其他公司。图 5 – 7 中,欧莱雅共涉及 5 个技术主题,其中,最主要的两个技术主题是"A96 – 医疗,牙科、兽医、化妆品""D21 – 牙科或梳洗目的的配制剂",其次是"A14 – 其他取代单烯烃,聚氯乙烯、聚四氟乙烯""E19 – 其他有机化合物,未知结构的混合物""A26 – 其他冷凝聚合物、有机硅聚合物、聚酰亚胺"。可见,样本集合中欧莱雅拥有的相关专利仍然与化妆品高度相关,确实与太阳能汽车技术的主流方向存在较大偏差。在对该公司的背景信息进行整理时发现,虽然欧莱雅的主营业务并非太阳能产品,但是近年来启动了大规模的太阳能光伏发电项目,使用太阳能和风能等清洁能源发电来满足各个厂区和办公场所的用电需求。另外,该公司拥有行业领先的防晒专利产品和技术,这些或许是欧莱雅能够拥有大量太阳能技术相关专利的原因。

(四) AE – DC 多重共现关系网络

将以上 AE – AE 合作关系网络 (25 * 25) 和 DC – DC 共类关系网络 (249 * 249),以及 AE – DC 隶属关系网络 (25 * 249) 的标准化矩阵进行合并,得到一个 AE – DC 多重共现关系网络矩阵 (274 * 274)。该矩阵由 25 个专利权人节点和 249 个 DC 分类号节点组成,同时包含了三种共现关系,将合并以后的矩阵导入 Ucinet 和 NetDraw 进行社会网络分析和可视化展示。274 个节点之间结成较为紧密的共现网络,网络密度为 0.0036,节点之间的平均距离为 1.904。

由于节点数量较多,共现关系连线层层交叠,为使图谱的展示更为清晰易读,我们保留了高频次的节点和高强度的连线,将节点频次阈值设定为 200，由此保留了 25 个专利权人节点和 38 个 DC 分类号节点；将 DC – DC 共类关系和 AE – DC 隶属关系的强度阈值分别设置为 0.1 和 0.05，由于 AE – AE 合作网络本身关系就比较稀疏，所以没有对 AE – AE 共现关系设置阈值。最后，获得 AE – DC 多重共现关系网络的简化图，如图 5 – 8 所示，专利权人和 DC 分类号仍然分别用圆形节点和方形节点表示，AE – AE 合作关系、DC – DC 共类关系、AE – DC 隶属关系分别用深色、浅深色、浅色连线以示区分，连线的粗细代表着共现关系强度。

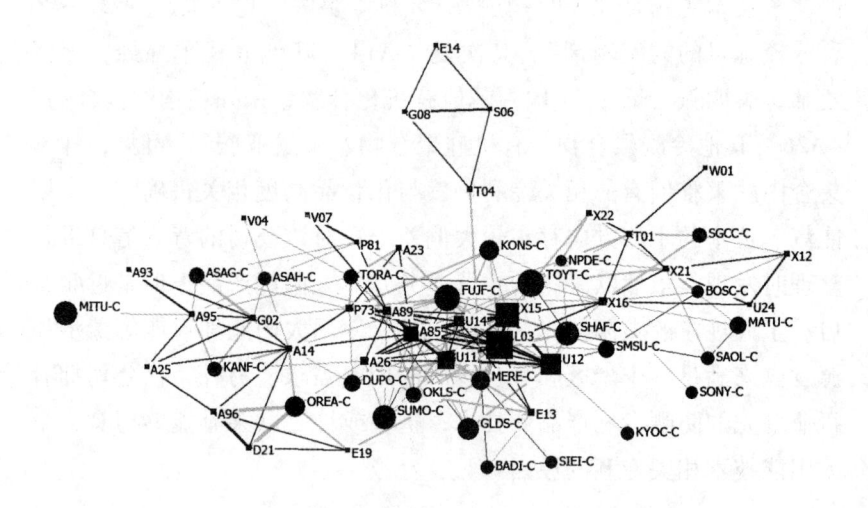

图 5 – 8　AE – DC 多重共现关系网络简化图

（1）在 AE – DC 多重共现关系网络中，不仅直观呈现出各个专利权人之间的合作关系及强度，而且根据 AE – DC 隶属关系可以看出两个专利权人之间拥有哪些相似的技术主题，而双方共同关注的技术主题或许正是它们之间建立合作关系的基础。AE – AE 合作关系网络只能显示出哪些专利权人之间存在合作关系以及合作频次与关系强度如何，AE – DC 多重共现关系则可以进一步告知我们，两个专利权人之间主要围绕哪些技术主题开展合作。例如，就 AE – AE 合作关系网络来看，丰田与日本电装两个公司之间存在着较高强度的合作关系，而通过 AE-DC 多重共现网络，我们可以看到，这两个公司共同关注的技术主题是"T01-数字计算机""X21-电动汽车""X22-汽车电工学"。由此可以判断，这两个公司之间的专利合作研发活动主要是围绕以上三个技术主题展开。再如，松下和三洋两个公司的主营业务并非汽车产品，但是，在太阳能汽车技术领域，两个公司却拥有较多的合作专利，通过 AE-DC 隶属关系网络可以看到，两个公司在太阳能汽车技术领域共同关注的技术主题是"X21-电动汽车"，由此判定该技术主题正是两个公司合作的基础。

（2）无论是在 DC-DC 共类关系网络中，还是在 AE-DC 共类关系网络中，"L03-电子器件，电子设备的化学特性""X15-非化石燃料发电系统""U12-分立式器件，如 LED、光伏电池""U11-半导体材料与工艺""U14-存储器、薄膜和混合电路、数字存储器""A85-电气应用"，这 6 个节点均居于网络中心位置。在 AE-DC 多重共现关系网络中，这 6 个节点仍然居于网络核心位置，不仅相互之间存在着紧密的共类关系，而且与专利权人节点之间存在广泛且紧密的隶属关系，毫无疑问构成整个太阳能汽车技术领域的技术热点和研究主流。这 6 个 DC 分类号节点周围分布着丰田、富士、柯尼卡、夏普、三星、默克、LG、住友等多个公司，这些公司呈现出一些共同的特征，即拥有较多的相关专利，涉猎的技术主题非常多样化，且主要从事太阳能汽车的核心技术领域的研发。据此可以判定，这些公司是推动太阳能汽车技术发展的主要创新力量。

各个节点在多重共现关系网络中的位置，显示出了该节点所代表的专利权人或技术主题在整个太阳能汽车技术领域的地位。居于网络中心位置的专利权人节点和 DC 分类号节点，如丰田、富士等公司和 L03、X15 等技术主题，我们将其视为整个技术领域的研究主力和主流方向。而位于网络边缘位置的节点却表现出完全不同的特征，例如，三菱（MITU-C）、三洋（SAOL-C）、索尼（SONY-C）、巴斯夫（BADI-C）、京瓷（KYOC-C）等公司，虽然拥有的专利数量不少，但是所从事的技术主题非常单一，而且大多为非主流的技术主题。

(3) 我们通常用节点频次,即各个专利权人拥有的相关专利数量的多少,来衡量一个公司在太阳能汽车技术领域的研究实力,而专利总量指标并不能显示公司所从事的技术主题如何。AE-DC 多重共现关系网络允许我们综合采用多个指标,包括专利权人的节点频次和节点中心性,以及专利权人与热点技术主题之间的共现关系及强度等,对专利权人在专利技术创新活动中的表现进行综合的评价和分析。最终发现一批节点,它们既拥有较高的频次和网络中心性指标,又主要从事技术热点和主流方向的研究,那么这些节点所代表的丰田、富士等公司无疑是整个太阳能汽车技术领域最具代表性和最为活跃的创新力量。

显然,综合多个指标进行预测和判定要比单一指标更为全面和准确,例如,丰田和三菱同为世界知名的汽车生产企业,就节点频次来看,丰田和三菱都持有较多数量的相关专利,丰田以 608 件排名第一,三菱以 518 件排名第五,尽管从专利数量角度判断,两个公司同为太阳能汽车技术领域的研究主力。但在 AE-DC 多重共现关系网络中,两个公司却表现出截然不同的属性特征,丰田的中心性指标较高,同时涉猎多个技术主题,且主要关注最核心和热门的技术主题,而三菱却非常专一,仅从事"A95-运输,包括汽车配件、轮胎和军备"技术主题的研究,且 A95 并非太阳能汽车技术领域的主流方向。如果从这一角度分析,三菱并非太阳能汽车技术领域的研究主力。专利现象通常能够折射出专利权人的创新战略与经营策略,根据丰田和三菱两个公司在专利多重共现网络中的特征和表现,我们可以对企业的发展战略进行预测和判断,在太阳能汽车技术领域,丰田以多元化经营为主,而三菱则采用更为专一的发展战略。

(4) AE-DC 多重共现网络显示出各个专利权人之间的技术相似性,而技术相似性可以作为寻找合作伙伴、预测合作关系的直接依据。例如,丰田和电装存在着较高的技术相似性,共同关注 T01、X21、X22 等技术主题,两个公司之间确实存在着较高强度的显性合作关系。但是,我们也注意到许多存在技术相似性的公司之间并没有建立起合作关系,这些就是我们要从多重共现关系网络中进行寻找和预测的潜在合作伙伴。例如,图 5-8 的左侧位置,A93、A95、G02、A25、A14 等 DC 分类号结成了一个较为紧密的共类关系网络,三菱(MITU-C)、旭硝子(ASAG-C)、旭化成(ASAH-C)、钟华(KANF-C)等公司之间围绕这些技术主题拥有较高的相似性,虽然,目前这几个公司之间并不存在显性的合作关系,但是彼此之间开展合作的潜力较大,可以视为潜在的合作伙伴。再如,索尼(SONY-C)、国家电网(SGCC-C)、松下(MATU-C)、博世(BOSC-C)、丰田(TOYT-C)、富士(FUJF-C)、柯尼卡(KONS-C)等公司拥有共同的技术主题"X16-电化学存储",X16虽然研究热度不及 L03、L15 等技术主题,但也是太阳能汽车的关键技术之一,围绕"电化学存储"技术主题,这些公司具有较大的合作潜力,易于结为技术合作同盟。

(5) 技术相似性是促成合作的重要条件,但并非合作的充分条件,合作的动机是极其复杂的。我们看到许多专利权人之间,虽然存在着技术相似性,但是并未建立合作关系,我们将其称之为潜在合作伙伴。而有一些专利权人之间并无技术相似性,但却存在着较高强度的合作关系,例如,博世(BOSC-C)和住友(SUMO-C),博世是一家成立逾 130 年的德国企业,业务范围广泛涉及汽车与智能交通、能源及建筑等多个行业领域;住友集团则是一家日本公司,挖掘机是其传统优势产品。这两个来自不同国家的企业表现出对节能和环保主题的共同关注,在太阳能汽车技术领域建立起合作关系。另外,丰田汽车和日本电装是整个样本集合中合作频次最高的两个公司,对于一些技术主题的共同关注固然是促成合作的重要条件之一,但在对这两个日本企业的背景信息进行整理时发现,丰田汽车和日本电装均隶属于丰田财团,这种行政和财务上的隶属关系,似乎要比技术相似性更能促成合作。因此,在专利研发活动中,合作并非单纯的学术关系,而是具有复杂而深刻的社会背景,对于合作关系的建立和维持来说,亲缘、地缘等社会关系,往往产生着更为显著的影响,甚至合作关系本身就是社会关系在技术创新领域的直接映射。尤其对于专利这种兼具技术、经济、法律三重属性的特殊科研成果来说,合作的动机通常远比论文中的合著更为复杂。

（6）在 AE-DC 多重共现关系网络中，DC 分类号节点之间的共类关系呈现出一定的聚类现象，形成了几个 DC 分类号簇，包括位于中心位置的 L03、X15 等热门节点结成的簇，位于左侧的 A93、A95 等几个来自"化学"大类的节点结成的簇，位于右侧的 X16、X12、X21 等几个来自"电子和电气"大类的节点结成的簇，这三个簇均有多个专利权人参与其中。除此以外，我们还注意到一个簇，即位于图 5-8 上方的 E14、G08、S06、T04 等 4 个节点，这 4 个 DC 分类号分别来自于"仪器、测量和测试""计算机和控制""一般化学""印刷、涂料、照相"4 个部，是一个典型的多学科交叉领域，但是却并未受到 25 个样本公司的广泛关注，仅德国的默克公司参与 T04 主题的研究，而其他 3 个主题鲜有公司参与其中。我们认为这种具备显著的多学科交叉属性但目前缺乏关注度的领域，可能代表着新近出现或者正在孕育当中的技术生长点，初期并不醒目，但是发展速度极快，虽然当前并不是该技术领域的主流方向，但是却蕴藏着较大的发展潜力，在一定程度上代表着该技术领域未来的创新趋势。

（五）小结与讨论

在 5.2 小节中，我们首先以 25 个专利权人和 249 个 DC 分类号作为计量对象，根据样本集合中这两类特征项呈现出的共现现象，构建了 3 个基础共现网络，包括专利权人共现（合作）关系网络、DC 分类号共现（共类）关系网络和专利权人—分类号（共现）隶属关系网络，并逐个进行了社会网络分析和可视化展示。

AE-AE 合作网络显示了 25 个专利权人之间存在的合作关系，即合作研究、共同申请并以在专利文献中联合署名为标识的合作关系，我们将其称之为显性的合作关系。研究结果表明 AE-AE 合作网络的密度极小，仅少数节点之间存在着低频次的合作关系，除主成分以外，其余全部为孤立节点，即便在主成分内部也大多是低频次的合作关系。我们从不同的角度分析了专利权人之间显性合作关系稀疏的原因,认为专利作为一类特殊的科研成果形式,呈现出与论文等其他科研成果不同的特征,专利本质上具有排他性,且兼具技术、经济和法律三重属性。专利与生俱来的垄断性和经济属性,对于专利研发过程中的合作研究和成果分享的行为有所抑制,尤其是专利权人对外开展的跨组织的合作,更是违背了企业以专利为手段进行技术封锁和垄断的初衷。虽然在大科学时代背景下,科学研究的合作化趋势日益显著,但是各个国家和企业之间以专利为武器的科技竞争和商业竞争也在加剧,专利权人之间仍然保持极低的合作率。加之本研究取样的 25 个企业大多为世界知名的大公司,本身就具备雄厚的研发实力和科研条件,对外开展合作的动机较弱。因此,25 个专利权人之间出现稀疏的显性合作关系也就不足为奇。

尽管如此,若依据社会网络分析的思想进行判断,如此稀疏的合作关系网络对于知识的交流和技术的扩散来说却是无益的。专利权人合作网络是典型的一重共现网络,仅能从单一维度揭示专利权人之间的显性合作关系,通过构建专利权人合作关系网络,依据网络结构和聚类关系推断整个领域的技术派系,追踪合作现象背后隐藏的知识交流与技术扩散规律。本研究以 25 个标准公司为对象所建立的 AE – AE 合作网络,仅包含寥寥无几的低频次的合作关系,根本无法实现既定的社会网络分析目标。我们只能从 AE – AE 合作网络中看到哪些专利权人之间存在显性的合作关系,但是,它们在哪些技术主题开展合作却无从知晓。由此可见,一重共现分析本身就只能反映单一维度的共现关系,再加上稀疏的网络结构,我们能够从专利权人(显性)合作关系网络中获得的有效信息是极其有限的。

太阳能汽车涉及广泛的技术领域,共计包含 249 个 DC 分类号,而且专利文献中共类现象非常普遍,我们构建了 DC 共类关系网络。与 AE – AE 合作关系网络不同,DC – DC 共类关系网络的密度较大,节点之间存在着较为紧密的共现关系,适合于进行社会网络分析。通过共类分析,衡量了各个 DC 分类号所代表的技术主题之间的相似性;通过节点中心性分析,考察了各个技术主题的多学科交叉程度;通过网络结构和聚类现象的分析,揭示了整个太阳能汽车技术领域的知识结构和技术组成。研究结果表明，太阳能汽车是一个由"化学"和"电子和电气"两个学科大类交叉形成的新兴技术领域，虽然涉猎的技术主题极为广泛，但是，其核心主题和关键领域仍然是由少数 DC 分类号所代表的技术主题组成，"化学"大类的"聚合物、塑料""印刷、涂料、照相"和"电子和电气"大类的"电力工程""半导体和电路""通讯"等相关技术的交叉融合，构成了太阳能汽车技术的研究基础。"L03 - 电子器件，电子设备的化学特性""X15 - 非化石燃料发电系统""U12 - 分立式器件，如 LED、光伏电池""U11 - 半导体材料与工艺""A85 - 电气应用""U14 - 存储器、薄膜和混合电路、数字存储器"等几个技术主题，拥有较高的节点频次和网络中心性，彼此之间结成紧密的共类簇，并且居于整个共类网络的中心，据此我们判断这些技术主题代表着太阳能汽车技术的主流方向。

共类分析很好地展示了太阳能汽车技术的知识结构和技术组成，但是，出于竞争情报和技术预见的需要，我们更希望知道每个 DC 分类号所代表的技术主题究竟有哪些企业或研究机构参与其中，每个技术主题的研究力量分布情况如何，尤其是那些主流的研究方向和关键的技术领域，都是靠哪些机构在支撑。显然，这些问题仅凭分类号共现关系网络是无法找到答案的。与合作分析一样，共类分析也是典型的一重共现分析方法，仅从单一维度出发揭示专利分类号一种特征项的规律和特征。如果想要回答以上几个问题，就需要将专利权人和 DC 分类号两类特征项结合起来进行综合分析。

AE - DC 共现（隶属）关系网络建立起专利权人（AE）和专利分类号（DC）两种类型的特征项之间的关联性，从中我们可以看到每个 DC 分类号所代表的技术主题有哪些专利权人参与其中，每个专利权人主要涉猎哪些技术主题，以及对于各个技术主题的关注程度如何。在隶属关系网络中，我们可以借助于 DC 分类号节点的中心性指标来衡量每个技术主题的受关注程度，借助于专利权人节点的中心性指标来考察每个专利权人所从事的技术领域的范围大小。社会网络分析和可视化结果表明：L03、X15、U12、U11、U14、A85等技术主题受到诸多标准公司的广泛关注，且参与研究的公司多为丰田、富士、夏普等高频次的大公司；丰田、富士、夏普、LG、三星、默克等公司的中心性指标较高，说明这些公司涉猎的技术主题非常多元化，而且它们主要关注L03、X15、U12等主流方向和关键技术。就隶属关系网络结构来看，节点L03、X15、U12、U11、U14、A85所代表的技术主题，构成了太阳能汽车技术领域的主流方向，而丰田、富士、夏普、三星、LG、默克、柯尼卡等公司无疑代表着太阳能汽车技术领域的主要研究力量。

与合作分析和共类分析这样单纯的一重共现分析方法相比，AE–DC隶属关系网络的分析，在一定程度上揭示了专利权人和专利分类号两类特征项之间的共现关系，所得到研究结论与研究发现对于合作分析和共类分析形成了有效的补充。但是，AE–DC隶属关系网络中仍然只包含一种共现关系，舍弃了合作和共类两种重要的共现关系，仍然无法实现对于专利权人和DC分类号两类特征项的综合分析。在针对研究现状和技术结构做更深入的分析时，我们不得不将前两种一重共现分析网络拿来进行比对以作参照。

通过实证研究证实，无论是合作网络分析和共类网络分析，还是隶属关系网络分析，都只能从一个角度出发揭示一种共现关系，割裂了AE和DC两类特征项之间和三种共现关系之间的交叉关联性。鉴于此，我们将以上三种基础网络通过矩阵合并形式，生成AE–DC多重共现关系网络，该网络包含专利权人、DC分类号两类节点和合作、共类、隶属三种共现关系。多重共现网络整合了三种基础网络的信息，使得我们能够同时从多个维度对不同类型的特征项和关系及其交叉关联性进行综合分析和集中展示，从中获得更为丰富的研究结论和研究发现。除了三种基础网络所包含的特征和规律全部得以保留以外，还可以获得一系列的新结论和新发现。

多重共现网络中的连线使得三种类型的共现关系一目了然，深色连线显示了不同专利权人之间业已建立的合作关系，只是深色连线数量极少，显性合作关系异常稀疏。但是，通过专利权人所从事的技术主题的分析，我们认为那些存在较强技术相似性的公司之间具有较大的合作潜力，并且那些共同关注的技术主题将成为它们未来开展合作的主题区域。我们能够从多重共现网络中寻找潜在的合作伙伴或专利联盟，并且还能够预测它们未来开展合作的可能技术领域。一些业已建立显性合作关系的两个公司之间确实拥有着较多的共性研究方向和技术主题，但是也有一些显性合作并非建立在技术相似性的基础之上，许多公司之间即便技术相似但是也没有开展合作，这些现象表明技术相似性只是促成合作的因素之一，但并非充分条件。专利研发和申请既是一种技术创新行为，也是企业采取的商业经营策略，专利合作具有比论文合著更为复杂的动机，专利研发领域的合作行为受到更多因素的影响和制约，专利合作远远超越了单纯学术关系的范畴。

AE－DC 多重共现网络中的浅深色线条清晰呈现了 DC 分类号之间的共类关系，保持了共类网络的聚类特征，左侧是"化学"大类的节点聚成的簇，右侧是"电子和电气"大类的节点聚成的簇，中间位置更为紧密的簇则是由"化学"和"电子和电气"两个大类的节点结成，再次显示出太阳能汽车是"化学"和"电子和电气"两大学科交叉融合形成的技术领域。当然，也有 T04－S06－G08－E14 等几个节点形成的一个簇，具有显著的多学科交叉特征，但是目前较少受到专利权人关注，我们预测这种聚类区域通常孕育着新的技术生长点或者代表着新技术的发展趋向，虽然目前并不热门，但是却具有较大的成长空间和发展潜力。

专利权人在各个簇四周的分布规律，代表着每个公司的研究兴趣和研究力量的部署情况，而专利部署的情况又在一定程度上折射出各个公司在太阳能汽车技术领域的经营发展战略。与此同时，各个专利权人节点在整个多重共现关系网络中的位置，显示出这些标准公司在太阳能汽车技术领域的地位和影响力。尽管从持有的专利数量来看，这 25 个样本公司在该技术领域都有着不俗的实力，但是，如果结合其从事的技术主题分析，丰田、富士、夏普、三星、LG、默克等公司构成研究主力，而索尼、京瓷、三洋、西门子、巴斯夫、三菱等公司则处于相对边缘的位置，所从事的技术主题较为单一，且影响力不及丰田、富士等公司。

综上所述，我们以25个专利权人和249个DC分类号为样本开展实证研究，通过三种基础共现网络与多重共现网络的比较，证实了多重共现分析在以下几个方面表现出一定的优越性：

1. 多重共现分析确实能够弥补一重共现分析的不足

实证研究证实了一重共现分析确实在一定程度上存在着分析维度单一、揭示信息有限的不足。而AE-DC多重共现分析同时将两类特征项和三种共现关系整合起来进行综合分析和集中展示，既保留了三种基础共现关系网络的全部规律和特征，又拓宽了分析的维度，尤其是能够反映出不同类型特征项之间的交叉关联性，能够获得许多的新特征和新发现，确实能够弥补一重共现分析的不足。较之以往采取一重共现方法所获得的分析结果来说，多重共现分析同时从多个不同的维度对多种共现关系进行综合分析和集中展示，从中获得的研究发现更为丰富，而且可以反映出不同特征项之间的交叉关联性。例如，专利权人与DC分类号之间的共现（隶属）关系反映了企业所涉猎的主要技术主题以及在各个技术主题上的参与程度。

2. 多重共现分析能够获得更多的有效信息

由于将专利权人和专利分类号结合起来，建立起二者之间的交叉关联性，所以，多重共现关系网络包含了以往单一维度的专利权人合作网络和分类号共现网络难以体现的关联信息，进而探测出更多的关于专利权人的技术创新轨迹，而专利技术创新行为的背后往往蕴含着企业的经营战略，将公司和技术主题的多重关系整合在一起，直观而生动地呈现出了太阳能汽车技术领域的竞争态势。例如，在多重共现关系网络中，我们发现同为全球知名的汽车生产商，丰田和三菱却表现出完全不同的特征，前者是多元化的创新战略，广泛涉猎多个技术主题，而且重点关注主流方向和关键技术；

而后者则是更为集中的发展战略,将研究力量集中于自身的优势产业领域,技术主题与其他企业有明显的区分度。

3. 多重共现分析的结论和发现更为全面和准确

将多重共现分析应用于情报分析和技术预见活动中,多指标、多维度地分析和预测,要比以往单纯借助专利数量、显性合作关系等某一角度的分析手段,更为科学和可靠。例如,在多重共现网络中,我们从出现频次、节点中心性、网络结构、聚类关系等多个角度进行综合分析,并且分析结论互为印证,反复证明 L03、X15、U12 等技术主题代表着太阳能汽车技术的主流方向,而丰田、富士、夏普等公司则代表着该技术领域的研发主力。这样所获得的研究结论通常要比任何单一指标的判断更为准确,例如,三菱的专利数量虽名列第五,但在多重共现网络中却居于边缘。

尽管,多重共现分析与一重共现分析相比,在分析维度方面确实表现出一定的优越性,但是,在本章开展实证研究时我们也看到了一些问题。由于页面有限,当网络中的节点和连线数量较多时,节点和连线层层重叠,无法清晰呈现出节点之间的关系以及网络结构。为达到更好的可视化效果,我们仅保留了 25 个专利权人和 38 个高频 DC 分类号作为分析对象,并且设置了共现关系阈值,剔除低强度的共现关系,由此获得了 AE - DC 多重共现关系网络简化图。虽然这样处理确实达到了较为理想的可视化效果,两种类型的节点和三种共现关系以不同的颜色标识,节点属性、网络结构、聚类关系在网络简化图中一览无余。但是,这样的简化网络包含的节点数量太少,只能对一些比较活跃的专利权人和较为热门的技术主题进行展示和分析,借此对整个技术领域的状况了解一二,恐难以准确地反映整个太阳能汽车技术领域的全景和细节信息。

三 AE - DC - CP 多重共现网络分析

早在 20 世纪 90 年代,Jaffe 等人就将专利引文分析方法应用于知识溢出问题的研究,认为知识溢出和技术转移大多是无形的,难以进行直接的观察、描述和分析,如果能够将专利文献之间的引用现象视为知识交流的过程,以引用关系来表征知识流,如此一来无形的知识溢出行为就变成了可观察、可计量的有形行为[①]。若将专利文献视为技术创新过程的完整记录,针对专利引文现象及其关系的计量分析,能够揭示以专利文献为载体的知识交流和技术扩散的特征与规律,专利引文分析已经被应用于技术扩散、技术溢出、技术预测等活动中。专利引文分析与 SNA 相结合,建立专利引文关系网络,网络节点可以是专利文献、发明人、专利权人、机构、地区、国家等各种类型的特征项,从而能够从不同的层面揭示出专利引用行为背后的技术溢出的模式与规律。专利引文分析被广泛地应用于科技和商业情报分析中,用于追踪技术扩散规律,发掘技术热点,衡量和识别各个国家或机构的技术地位和创新能力[②]。本节内容将针对专利引文开展实证研究,围绕专利引文数据构建多种类型的共现关系网络,以探索多重共现分析方法在专利引文分析中的应用。

(一) CP - CP 引文关系网络

样本集合中 25 个样本专利权人持有太阳能汽车技术专利共计 8511 件,其中,4675 件专利包含专利引文信息(CP),约占样本总数的 54.94%,共计包含施引专利 4656 件,被引专利 44740 件,专利引文数据 84493 项,我们首先统计了各个专利引文的被引频次,并按照降序排列,取被引频次在 50 及以上的专利引文共计 66 件作为高被引专利,本节关于专利引文的计量分析均以这 66 件高被引专利作为样本,基本信息如表 5 - 3 所示。

---

① Jaffe AB, Trajtenberg M, Henderson R. Geographic localization of knowledge spillovers as evidenced by patent citations [J]. *Quarterly Journal of Economics*, 1993 (108): 578 - 598.
② 陈亮、张志强、尚玮娇:《专利引文分析方法研究进展》,《现代图书情报技术》2013 年第 Z1 期。

表5-3　太阳能汽车技术领域高被引专利文献信息列表

序号	被引专利	被引频次	序号	被引专利	被引频次
#1	WO2005011013-A1	134	#34	WO2004070772-A2	82
#2	US4539507-A	133	#35	WO2004041901-A1	81
#3	US5151629-A	128	#36	WO2009062578-A1	80
#4	EP676461-A2	121	#37	WO2002002714-A2	80
#5	WO2006117052-A1	110	#38	EP707020-A2	80
#6	WO1998027136-A1	109	#39	WO2000022026-A1	78
#7	WO2002015645-A1	104	#40	WO2004013080-A1	75
#8	JP2004288381-A	102	#41	EP842208-A1	74
#9	WO2008056746-A1	101	#42	WO2004058911-A2	74
#10	EP1731584-A1	100	#43	WO2005033244-A1	73
#11	US20050069729-A1	100	#44	WO1992018552-A1	73
#12	WO2001041512-A1	100	#45	WO2006005627-A1	72
#13	EP1617710-A1	99	#46	WO2006122630-A1	72
#14	EP1617711-A1	99	#47	WO2005104264-A1	70
#15	JP2005347160-A	99	#48	EP894107-A1	69
#16	WO2005039246-A1	99	#49	WO2010015306-A1	67
#17	WO2007137725-A1	97	#50	EP1028136-A2	67
#18	WO2008086851-A1	95	#51	WO2004081017-A1	65
#19	WO2000070655-A2	95	#52	WO2003019694-A2	65
#20	WO2004093207-A2	95	#53	WO2010006680-A1	61
#21	WO2005040302-A1	95	#54	WO2008006449-A1	61
#22	WO2003048225-A2	95	#55	WO2004113412-A2	60
#23	EP1205527-A1	94	#56	WO2005014688-A2	60
#24	EP1191612-A2	91	#57	WO2002077060-A1	59
#25	WO2007063754-A1	91	#58	WO2007140847-A1	58
#26	WO2004113468-A1	91	#59	WO2010136109-A1	57
#27	WO2004037887-A2	91	#60	WO2005019373-A2	56
#28	EP1191614-A2	87	#61	WO2006061181-A1	55
#29	EP1191613-A2	86	#62	WO2002068435-A1	54
#30	WO2005111172-A2	86	#63	WO2005003253-A2	53
#31	WO2005014689-A2	86	#64	WO2010054730-A1	52
#32	WO2002072714-A1	84	#65	WO2010054729-A2	51
#33	EP652273-A1	83	#66	WO2000053656-A1	50

全球专利数量持续增长,每年新增授权专利超百万件,但是并非所有的专利都具有同等价值,M. Schankerman 等人曾以 20 世纪中期以后欧洲国家的专利为例进行计量分析,结果表明专利文献的价值分布呈现出显著的不均衡性,全球专利文献总价值的一半来自于约占总量 5%—10% 的核心专利文献[1]。所谓核心专利是指在某一技术领域具有重要的技术价值和经济价值,包含重大发明发现和关键技术,对其他专利技术产生积极的影响,在推动技术发展过程中发挥着重要作用的少数专利[2]。对于专利情报分析人员来说,从少数核心专利文献中挖掘出的信息往往更具参考价值。专利被引频次是衡量专利文献价值的常用指标,被引频次越高代表着该项专利技术受到更多的关注和认可,具有更高的价值和影响力。因此,我们在取样时以被引频次作为标准,将以上 66 件高被引专利作为太阳能汽车技术领域的核心专利,若无其他特别说明,随后开展的引文分析均以这 66 件核心专利作为样本数据。

在本节所开展的专利引文分析中,我们以专利号(PN)这样一个独一无二的代码代表每一件被引专利文献,每个国家、地区或专利组织的编码规则不同,从专利号中我们大致能够了解到该项专利由哪个国家、地区或专利组织授权。我们整理出了 66 件被引频次超过 50 次的热门专利,其中,48 件(72.73%)来自世界知识产权组织(专利号代码前两位为 WO);13 件(19.70%)由欧洲专利局(EP)授权;3 件(4.55%)由美国专利局(US)授权;2 件(3.03%)由日本特许厅(JP)授权。专利号以 WO 打头的专利按照《专利合作条约》(PCT)进行国际申请,由世界知识产权组织(WIPO)进行登记,同时受到多个国家的专利法保护。66 件高被引专利中,来自世界知识产权组织的专利数占据了近 2/3,来自世界知识产权组织和欧洲专利局的专利所占比重超过 90%,可见高被引专利的国际化程度极高。来自这些国际专利组织的专利,

---

[1] Schankerman M, Pakes A. Estimates of the value of patent rights in European countries during the post – 1950 period [J]. *The National Bureau of Economic Research*, 1985 (7): 1 – 35.
[2] 韩志华:《核心专利判别的综合指标体系研究》,《中国外资》2010 年第 4 期。

不仅能够获得多个国家的保护，而且公开程度和可见度也比较高，更易于获得关注和引用。

另外，表中世界知识产权组织授权的48件专利的专利号代码还显示了专利的申请年份信息，我们统计了这些高被引专利的时间分布情况，如图5-9所示。

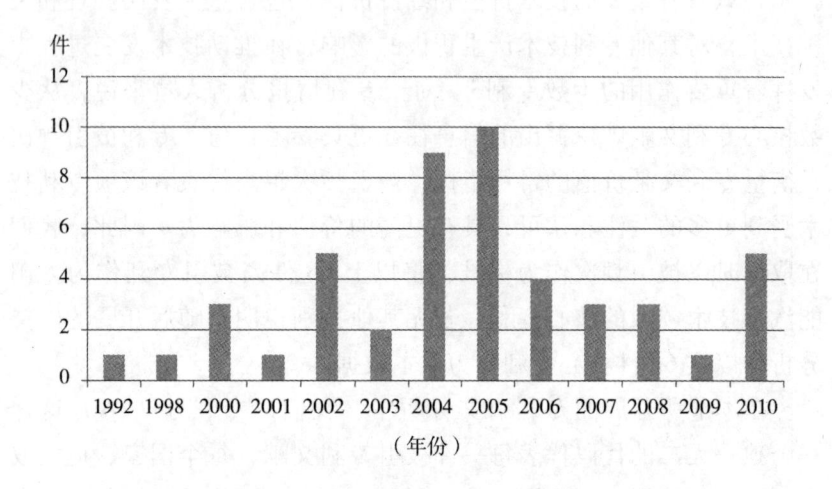

图 5-9 部分高被引专利的时间分布情况图

由上图可知，这些高被引专利申请的时间最早为1992年，最晚为2010年，即便是最晚的2010年，距今也有7年之久。可见引文数据确实需要较长时间的累积，所以，新近出现的专利，其影响力并不能在引文分析中立即被表现出来。分布在2004年和2005年的高被引专利数量最多，近40%的高被引专利来自于这两个年度。由此可知，专利被引频次的累积确实需要一定的时间，但是并非出现的时间越久，累积的被引频次越多，对于大部分的专利来说，随着时间的流逝，在获得被引频次累积的同时，专利所包含的知识和技术内容也在持续老化，超过一定的周期以后就很难再获得其他专利文献的关注和引用。这48件已知申请时间的高被引专利的平均年龄约为12年，据此我们估算太阳能汽车技术领域专利文献的最佳引用周期是12年。

样本集合中共包含施引专利文献 4656 件，统计其施引频次并按降序排列，同样取施引频次超过 50 次的专利文献，共计 35 件，这些施引专利的基本信息如表 5-4 所示。

表 5-4 太阳能汽车技术领域高频施引专利文献信息列表

序号	施引专利	施引频次	序号	施引专利	施引频次
S1	WO2013120577-A1	108	S19	DE102010033548-A1	58
S2	DE102010019306-A1	105	S20	WO2012048781-A1	57
S3	WO2014015935-A2	104	S21	DE102010027319-A1	57
S4	DE102009009277-A1	101	S22	WO2013087142-A1	56
S5	WO2010054730-A1	95	S23	WO2013017189-A1	56
S6	DE102010027218-A1	90	S24	WO2011160758-A1	56
S7	WO2014044347-A1	88	S25	WO2011057706-A2	56
S8	DE102008027005-A1	87	S26	DE102010020567-A1	56
S9	DE102010048074-A1	79	S27	DE102010005697-A1	56
S10	DE102010048498-A1	78	S28	WO2012149999-A1	55
S11	WO2015192941-A1	76	S29	WO2013083216-A1	54
S12	DE102010018321-A1	73	S30	WO2013139431-A1	53
S13	WO2013017192-A1	61	S31	WO2011000455-A1	52
S14	WO2010102709-A1	61	S32	DE102010004803-A1	52
S15	DE102010027317-A1	61	S33	DE102009005746-A1	51
S16	WO2013060418-A1	60	S34	DE102010027320-A1	50
S17	WO2017036573-A1	58	S35	DE102009034625-A1	50
S18	WO2014015937-A1	58			

利用样本集合中的引文数据，建立 35 篇施引专利文献与 66 篇被引专利文献之间的引文关系网络，如图 5-10 所示。倒三角节点代表着施引专利文献，专利号码过长，容易覆盖网络中的节点和连线，所以，我们在网络图中仅显示各篇文献的编号，文献编号参见表 5-4；正三角节点代表着被引专利文献，文献编号参见表 5-3；

图中连线代表着专利文献之间的引用关系，箭头由施引文献指向被引文献。

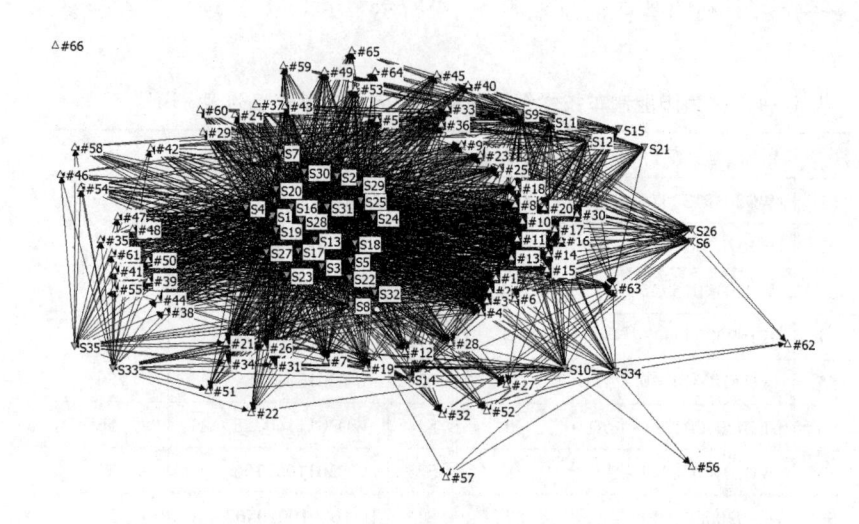

图 5-10　太阳能汽车技术领域主要专利文献的引文关系网络图

科学的发展具有显著的累积性和继承性特征，任何新的知识和技术都是在前人已有研究成果的基础之上衍生和分化而来。知识创造和技术创新是一个持续的过程，引文关系恰好体现出新知识与新技术对原有知识和技术的继承关系。无论是学术论文中的引用，还是专利文献中的引用，都表明新成果对原有成果的认可、继承和发展，也代表着原有成果对新成果的启发、影响和促进。因此，被引频次指标可以用来衡量被引论文或专利的质量和影响力，两篇文献之间的引用频次越高，表明它们的研究主题和内容越相似。专利作为一种集技术、经济和法律三重属性为一体的创新成果，架起了科学、技术、市场之间的桥梁，在专利引文分析中，专利引文被赋予了更多的含义和功能。例如，学术论文的被引频次通常用来衡量学术影响力，而专利文献的被引频次不仅代表着学术影响力，而且能够反映出某项发明创造的技术创新程度和市场竞争力。被引频次越高的专利，其创新程度和市场价值越高，并且为相同或相近技术领域新专利的产生奠定了良好的基础、产生了积极的影响①。

由上图可知,35 篇高频施引专利文献与 66 篇高被引专利文献之间存在着密集的引文关系,表明这些文献之间较高的知识关联性和技术相似性,图中每篇施引文献同时引用多篇其他文献,而大部分的被引文献也同时受到其他多篇施引文献的引用,此时,我们更关注箭头指向的高被引专利文献,它们在整个太阳能汽车技术领域具有极高的影响力,构成了整个技术领域的研究基础,为其他专利成果的诞生奠定了良好的基础,对于推动整个技术领域的发展与进步来说发挥着积极的作用。在引文关系网络中,被引专利文献节点的中心性指标,反映了该件专利被其他专利文献的引用程度,指标值越大表明该件专利被越多的专利文献引用,其影响力范围也越大。图中仅有少数高被引文献节点的中心性指标值较小,包括 #66 - WO2000053656 - A1、#56 - WO2005014688 - A2、#57 - WO2002077060 - A1,这几件专利的总被引频次并不低,但是,在引文网络中却较少受到图中 35 篇高频施引文献的引用,表明这几件专利与图中其他专利文献的技术相似性与知识关联性较弱,研究主题存在一定的偏差。

从专利文献的引文关系网络中我们只能看到各篇文献之间的引用情况,并以此判断不同文献之间的知识关联性和技术相似性,此外,我们还借助于节点中心性指标来衡量被引专利文献的影响范围。但是,由于连线过于密集无法展示出清晰的网络结构,大部分的连线所代表的引用关系的频次都为 1 次或者 2 次,也无法设置阈值过滤低频次引用关系。所以,图 5 - 10 实际上仅仅给出了一个较为模糊的引文轮廓,由于割裂了专利文献与专利权人之间的关联性,我们并不能从中解读出太多的有效信息。在对引文关系网络进行分析的过程中,我们更想了解专利文献背后的专利权人信息,哪些公司持有这些高被引专利,高频次的施引文献又是出自哪些公

---

① Chang PL, Wu CC, Leu HJ. Using patent analyses to monitor the technological trends in an emerging field of technology: A case of carbon nanotube field emission display [J]. Scientometrics, 2010, 82 (1): 5 - 19.

司，当加入专利权人信息以后才真正具备情报分析的功效。所以，随后我们将在引文分析中添加专利权人信息，构建 AE – CP 共现关系网络。

（二）AE – CP 共现关系网络

仍然以 66 篇高被引专利为例，我们查找到这些高被引专利所属的专利权人，发现它们大多由 12 个标准化专利权人持有。基于 25 个施引专利权人、12 个被引专利权人、66 件高被引专利之间的隶属关系和引证关系，我们构建了 AE – CP 引证关系网络，如图 5 – 11 所示，深色节点代表施引专利权人（专利权人代码前以"＊"符号标识），浅深色节点代表被引专利权人（专利权人代码前以"％"符号标识），三角形节点代表着被引专利文献（专利文献序号参见表 5 – 3），浅色节点大小代表着被引频次的高低；深色连线连接施引专利权人与被引专利文献两类节点，代表着直接的引证关系，细连线连接被引专利权人与被引专利文献两类节点，代表着隶属（对应）关系。

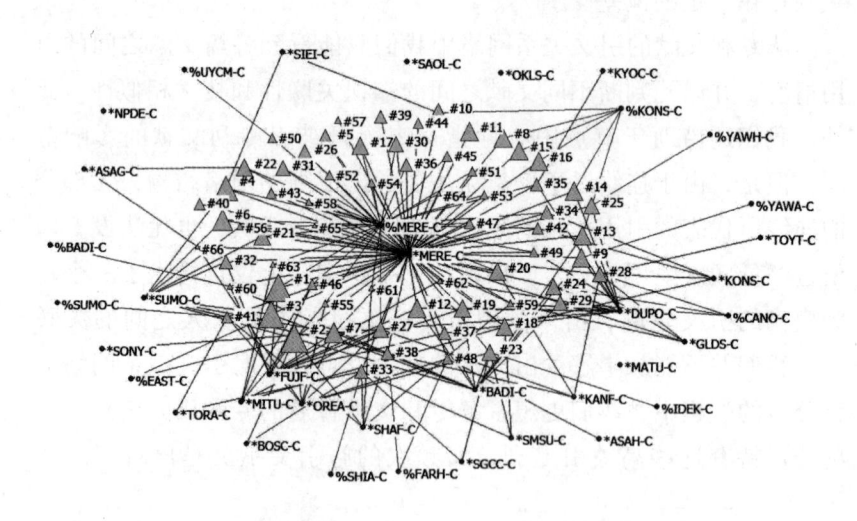

图 5 – 11 专利文献与专利权人之间的共现关系网络图

由图 5-11 可知，AE-CP 引证关系网络包含了施引专利权人、被引专利权人、被引专利文献三类特征项，以及两种共现关系，一是施引专利权人与被引专利文献之间的引证关系；二是被引专利权人与被引专利文献之间的隶属关系，不同类型的节点和连线在网络图谱中以不同的颜色进行区分。图中引证关系和隶属关系的分布均表现出高度集中的特点，居于整个网络核心位置的是德国的默克专利股份有限公司（MERE-C），以下简称默克公司。该公司既是整个网络中最大的施引专利权人，也是最大的被引专利权人。66 件高被引专利中有 34 件属于默克公司，161 条引证关系中有 66 条的施引专利权人是默克公司，当然其中大部分是自引。在 25 个样本公司中，默克公司拥有的相关专利数量排名第 9，在 AE-DC 多重共现关系网络中，默克是居于中心位置的节点之一，是目前太阳能汽车技术的主要创新力量之一，涉猎的技术范围也比较广泛。在前文的实证研究中，默克公司虽然一直都有着不错的表现，但其光芒总是淹没在丰田、富士、夏普等公司之后，并不是十分醒目。而在引证关系网络中，默克公司却一枝独秀，其表现远远地超过了其他所有的公司。

引用代表着施引专利对被引专利的认可和肯定，也代表着被引专利对施引专利产生的积极的影响。因此，专利被引频次指标能够用来衡量专利技术的质量、价值和影响力。专利引用行为分为他引和自引两类，其中，他引指标可以用来表征一项专利的后续影响力，他引频次越高表明该项专利技术具有更高的基础性和关键性，对后续的发明创造产生了重要的启示和借鉴作用，我们将这种启示和借鉴视为技术溢出效应。如果某个机构持有的专利被其他机构或个人频繁引用，说明这个机构具有较高的技术水平和创新能力，同时也代表着该机构对于其他机构或个人的技术创新活动发挥着积极的作用，因此，他引频次也可以用来衡量一个机构对外产生的技术溢出效应[①]。

专利自引是指某一发明人或专利权人在专利研发过程中对于自

[①] 洪勇、康宇航：《基于专利引文的企业间技术溢出可视化研究》，《科研管理》2012 年第 7 期。

己前期获得的专利的引用。频繁的自引说明该发明人或专利权人所从事的技术创新活动具有较强的关联性和连续性。如果说他引代表着技术外溢效应，那么自引代表着技术内溢效应。某一机构的自引率越高，表明该机构的技术内溢效应更为显著。此外，高自引率也说明该机构拥有坚实的技术基础和较强的技术自给能力，这样的机构往往处于行业领域的技术前沿，并且已经形成了鲜明而独特的技术创新风格。借助于他引与自引指标来考察专利权人的技术外溢效应和技术内溢效应，可以明确某一技术领域内各个创新主体的技术先进性和重要性程度。

在引文分析中，我们通常利用被引频次指标来衡量文献质量、价值和影响力，将高被引文献视为某一学科领域的知识基础，对于新知识的产生发挥着关键性的启发或催化作用，并且认为高被引作者对于推动学科发展做出了重要贡献。引文分析的理念和方法被广泛地应用于论文、期刊、人才、机构的评价活动中，为此还专门设计和开发了 ESI 等工具，来寻找和展示高被引论文、作者和机构。此外，引文网络分析也被用来揭示某一学科领域的知识基础。但是，这些研究和应用均是基于学术论文所开展的，专利引文分析并未获得广泛的关注。事实上，面向学术论文的引文分析方法同样可以被应用于专利文献计量，无论专利引文分析，还是论文引文分析，其基本原理是相似的。

根据引文分析的思想，表 5-3 和图 5-11 中列举的 66 件高被引专利，无疑是整个太阳能汽车领域最具价值的关键性技术，这些专利对该领域广大的发明人和专利权人产生了广泛而深刻的启示和借鉴作用，为新的专利技术的产生注入了巨大的能量，而默克公司在这方面显然做出了最大的贡献，是推动太阳能汽车技术发展的一支强大力量。默克公司在太阳能汽车技术领域拥有着惊人数量的高被引专利，在施引和被引两个方面都有着卓越的表现，说明该公司在该技术领域具有良好的技术外溢效应和技术内溢效应，也说明了该公司具有出类拔萃的技术创新能力，它所拥有的相关专利在整个行业领域都有着较高的基础性地位和关键性作用。

在 25 个施引专利权人中，除了默克公司以外，杜邦、巴斯夫、夏普、富士、欧莱雅、三菱、住友等公司也频繁地引用这些高被引专利。丰田、博世、京瓷、东丽、国家电网等企业对这些高频专利的关注较少，另有松下、海洋王、三洋和日本电装等四个公司完全为孤立节点。如前文所述，若将高被引专利视为太阳能汽车领域的热门技术和关键知识，这 25 个样本公司对于高被引专利的引用情况，反映出它们在专利研发活动中对于热门技术和关键知识的关注程度。而在 12 个被引专利权人中，默克公司的表现自然是无人能及，66 件高被引专利，其中，34 件由默克公司持有，12 件专利权人未知，柯尼卡公司有 6 件，佳能公司有 3 件，德国 Hoechst AG 公司（FARH-C）和柯达公司（EAST-C）各持有 2 件，日本神钢电机公司（SHIA-C）、日本板硝子公司（YAWA-C）、日本新日铁（YAWH-C）、卡耐基—梅隆大学（UYCM-C）、德国巴斯夫公司（BADI-C）、日本出光兴产公司（IDEK-C）、日本住友公司（SUMO）各持有 1 件。从国别来看，已知专利权人名称的 54 件高被引专利，几乎全部来自德国和日本，仅 1 件属于美国柯达公司。

我们以 66 件热门专利为例，找出了这些专利所属的专利权人，以及引证这些专利的主要施引专利权人，并且建立了 AE-CP 共现关系网络，该网络同样是多重共现网络，包含了三类特征项和两种共现关系，分别为：施引专利权人、被引专利权人、被引专利文献等三类特征项，施引专利权人与被引专利文献之间的引证关系、被引专利权人与被引专利文献之间的隶属关系。在多重共现关系网络图中，我们将三类节点和两种关系以不同的颜色标识，从中可以看到这些热门专利属于哪些公司，以及哪些施引专利权人关注这些热门专利。除此以外，我们还想进一步了解，这些高频专利属于哪些学科领域或者是关于哪些技术主题，这样就需要在多重共现网络中继续添加其他特征项和共现关系。

（三）DC-CP 共现关系网络

仍然以 66 件高被引专利为例，为了解这些热门专利所属的学科领域或者涉及的技术主题，我们返回 DII 数据库中寻找这些高被引专利的 DC 分类号信息，这 66 件专利中的 45 件能够在 DII 中查找到 DC 分类号信息，共涉及 37 个不同的 DC 分类号。然后根据被引专利文献（CP）与专利分类号（DC）之间的共现现象，建立了 DC - CP 隶属关系网络矩阵（45 * 37），导入 NetDraw 绘制网络图。如图 5 - 12 所示。方形节点代表着 DC 专利分类号，每一个 DC 分类号代表着一个技术主题，节点大小代表着该分类号的频次。正三角形节点代表着被引专利文献（节点编号参见表 5 - 3），节点大小代表该篇专利文献的被引频次，图中连线代表着被引专利文献与 DC 分类号之间的隶属关系。

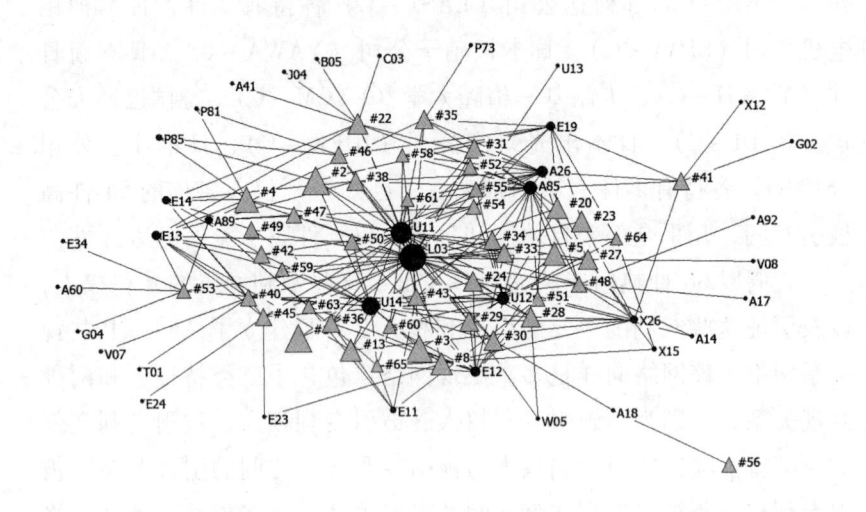

图 5 - 12　DC - CP 隶属关系网络图

首先，根据图中所包含的 37 个 DC 分类号节点的频次来判断高被引专利涉及的主要技术主题。"L03 - 电子器件，电子设备的化学特性"和"U11 - 半导体材料与工艺"无疑是受到高被引专利普遍关注的最热门的技术主题，其次是"U14 - 存储器、薄膜和混合电路、数字存储器""U12 - 分立式器件，如 LED、光伏电池""A85 - 电气应用""A26 - 其他冷凝聚合物、有机硅聚合物、聚酰亚胺""E19 -

其他有机化合物，未知结构的混合物""E12-有机金属化合物"等主题。其次，如果根据节点的中心性以及节点在网络中的位置分布情况来判断，同样是 L03、U11 居于网络核心位置，而其次是 U14、A85、U12、A26、E12 等节点具有较高的中心性指标，多个高被引专利都涉及这几个技术主题。综合以上两个方面的判断，我们认为 L03、U11、U14、A85、U12、A26、E12 等代表着高被引专利的主要方向，它们所代表的技术主题是整个太阳能汽车技术领域知识基础的重要组成部分，在推动领域内知识交流、技术溢出和新技术产生等方面发挥着积极的作用。

前文中结合出现频次、中心性、网络结构等多个方面的计量分析结果，我们认定的能够代表太阳能汽车技术主流方向的几个技术主题包括 L03、X15、U12、U11、A85、U14 等。而就高被引专利涉及的技术主题来看，除"X15-非化石燃料发电系统"以外，其他节点与第 5.2.2 节的统计结果完全相符。同样是从频次、中心性等角度进行的计量分析，只是统计分析的角度不同，第 5.2.2 节是对施引专利文献所包含的 DC 分类号的统计，本节是对高被引专利文献所包含的 DC 分类号的统计，但是获得的结果是高度一致的，说明太阳能汽车技术的发展具有高度的连续性，施引文献与被引文献所关注的热门技术主题是相同的。尽管如此，我们也注意到仍有像 X15 这样的技术主题，在被引专利文献中并非热门主题，而在施引专利文献中却非常关键。这表明太阳能汽车技术的发展在保持连贯性和一致性的基础上，也在不断地创新和改变。此外，前文对于高被引专利时间分布情况的统计表明，这些高被引专利文献的平均年龄为 12 年，所以，从被引专利角度统计获得的热门技术主题具有一定的滞后性，代表着多年以前的状况。而从施引文献角度获得的统计结果更能反映当前的状况。从这一角度分析，X15 显然属于近年来获得快速发展的热门技术主题。

由图 5-12 可知，被引专利文献与 DC 分类号之间的隶属关系非常清晰，每件高被引专利究竟关注哪个技术主题已然十分明确。例如，编号为#41 的专利同时涉及 X12、G02、A85、A26、E19、X26 等

6个技术主题，而编号为#56的专利仅包含一个专利分类号A18。图中浅深色节点的中心性指标反映了该节点所代表的专利分类号被其他专利文献的关注和引用情况，借此来判断该专利分类号所代表的技术主题的热门和活跃程度。图中浅色节点的中心性指标则代表着该件专利所包含的分类号的多少，根据专利计量学中共类分析的思想，每个分类号代表着一个技术主题或学科领域，一件专利包含的分类号越多，在一定程度上表明该件专利涉猎的技术范围越是广泛和多样，此时，浅色节点的中心性指标可以用来衡量专利技术的多样性。

与此同时，我们在DC－CP隶属关系网络图中注意到，高被引专利所关注的几个热门技术主题，大多来自于"化学"大类的"L－耐火材料、陶瓷、水泥、电化学""A－聚合物、塑料""E－一般化学"，以及"电子和电气"大类的"U－半导体和电路"。之前，我们在第5.2.2小节DC－DC共类关系网络的分析中得出结论，太阳能汽车技术是由"化学"和"电子和电气"两大学科交叉融合形成。结合该部分引文分析的统计结果，若将高被引专利视为一个技术领域的研究基础，显然，以上几个部所包含的一些技术主题在一定程度上奠定了太阳能汽车技术的知识根基。对于这些高被引专利及其学科领域与技术主题隶属关系的计量分析，有助于我们更好地追踪太阳能汽车技术的起源、梳理其技术发展脉络。

许海云等人从专利文献的题名和摘要中提取能够反映专利技术功效的主题词，构建主题词与专利引文的交叉共现关系，并进行社会网络分析和可视化展示，认为这种交叉共现分析能够衡量和考察各个技术主题之间的关联度及其对应的功效特征，文章将主题词—引文交叉共现分析和直接共现分析的结果进行了对比分析，认为交叉共现与直接共现的双重分析更有利于改善分析效果[①]。在本小节中我们直接以DII所提供的DC分类号为例，将专利分类号视为技术主题的表征符号，建立分类号与专利引文之间的交叉共现关系，为高被引

---

① 许海云、岳增慧、雷炳旭等：《基于专利技术功效主题词与专利引文共现的核心专利挖掘》，《图书情报工作》2014年第4期。

专利添加技术主题标识,并以此来考察不同技术主题的关联性,同样证实了交叉共现分析的有效性,至于作者提出的交叉共现与直接共现相结合的双重分析的设想,将在下个小节中进行实证研究,并且我们在直接引文关系中加入的交叉共现不只技术主题一项,还有专利权人信息,我们将其称之为专利引文的多重共现分析。

(四) AE – DC – CP 多重共现关系网络

围绕专利引文关系,我们在引文网络中添加专利权人(AE)和专利分类号(DC)信息,仍然以35篇高频施引专利文献、66篇高被引专利文献、25个标准公司、37个DC分类号为例,构建AE – DC – CP 多重共现关系网络,该网络包含了专利权人、专利分类号、专利引文(分为施引专利和被引专利两种)几类特征项,以及三种关系:施引专利文献与被引专利文献之间的引用关系、专利引文与专利权人之间的隶属关系、专利引文与专利分类号之间的共现关系。如图5 – 13所示,圆形节点代表施引专利权人;方形节点代表DC分类号;倒三角形节点代表着施引文献(文献编号参见表5 – 4);正三角形节点代表被引专利文献(文献编号参见表5 – 3)。深色连线代表着专利权人与被引专利文献之间的引用关系;浅深色连线代表着被引专利文献与DC分类号之间的隶属关系;浅色连线代表着施引专利文献与被引专利文献之间的引用关系。

以引文关系为基础,在专利文献引用关系网络的基础上加入专利权人和DC分类号两类信息,建立起了多类特征项之间的共现关系。AE – DC – CP 多重共现关系网络由 CP – CP、AE – CP、DC – CP 三个网络整合而成,除了保留了以上三个网络的全部规律和特征以外,还直接显示出专利权人、DC分类号、施引专利文献和被引专利文献之间的交叉关联性。由于图5 – 13中连线层层交叠导致许多连线和节点难以辨认,我们仅以其中两篇高被引专利文献#7和#59为例将网络中的局部进行放大,如图5 – 14所示。默克、巴斯夫、住友、索尼、杜邦等五个公司共同引用了编号为#7专利文献,#7文献被S4、S5等28篇其他专利文献所引用。编号为#59的专利被默克、杜邦和 LG 等 3 家公司引用，被 S15、S7 等 19 件专利引用，包含了 L03、E13、U14 等 3 个 DC 分类号。编号为#7 和#59 的两件专利之间还存在着同被引关系，被默克和杜邦两个公司共同引用，被 S11、S2 等 17 篇专利文献共同引用。

为使图 5-13 的网络结构更为清晰，我们过滤掉了专利施引文献节点，以及专利文献之间的引用关系连线，将专利权人、专利分类号、被引专利文献三者之间的交叉共现关系保留，如图 5-15 所示。

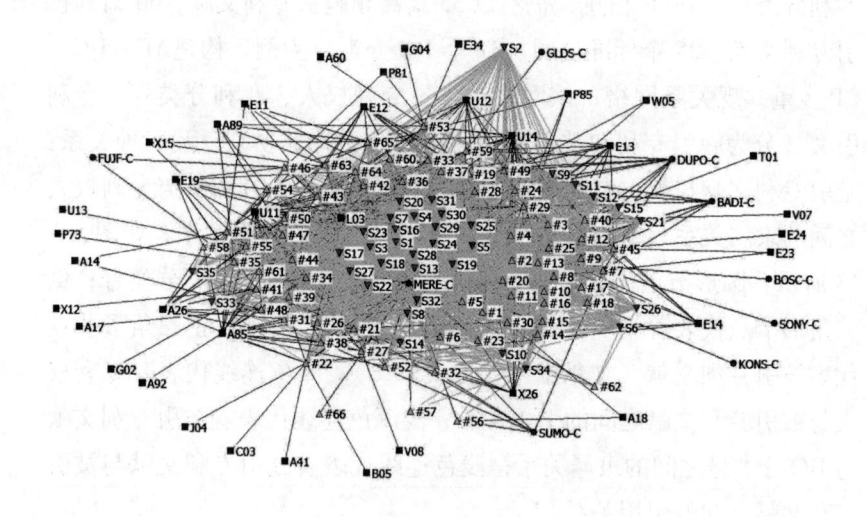

图 5-13　AE-DC-CP 多重共现关系网络图

去除专利文献之间的引用关系连线以后，图中专利权人、专利分类号、被引专利文献等三类特征项之间的交叉共现关系变得更加清晰和直观。例如，富士公司引用了编号为#35 和#46 的两篇高被引专利文献，其中，#35 专利涉及 L03、U11、A85、A26、P73、A89、E19 等 7 个技术主题，#46 专利涉及 L03、U11、E19、P81、P85 等 5 个技术主题；富士公司与默克公司围绕#35 和#46 两件专利存在着引文耦合关系。如此一来，每个专利权人引用了哪些专利，这些专利是关于哪些研究方向和技术主题的，这些问题的答案变得一目了然。此外,我们还注意到了专利权人之间的引文耦合现象,这种引文耦合关系也是揭示技术相似性和知识关联性的重要维度之一,对于专利权人之间的耦合关系,我们将在下一章中进行更为细致的实证研究,在此不再展开说明。

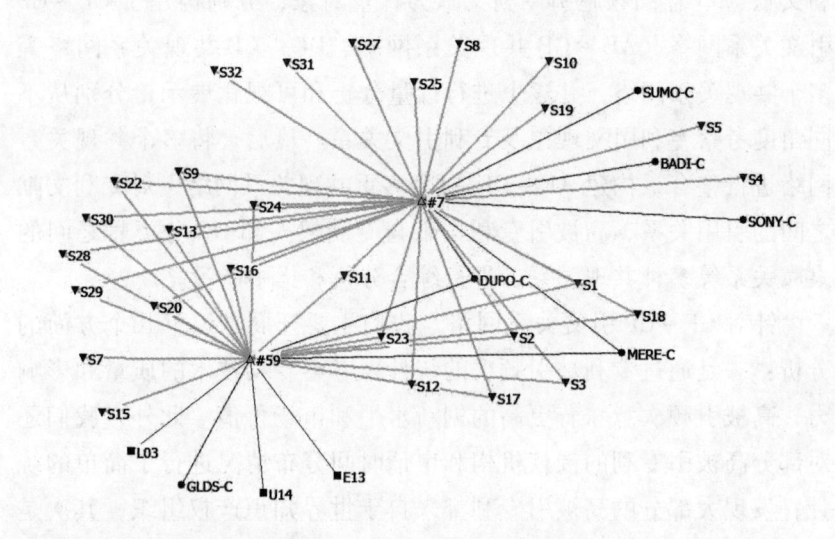

图 5-14　AE-DC-CP 多重共现关系网络局部

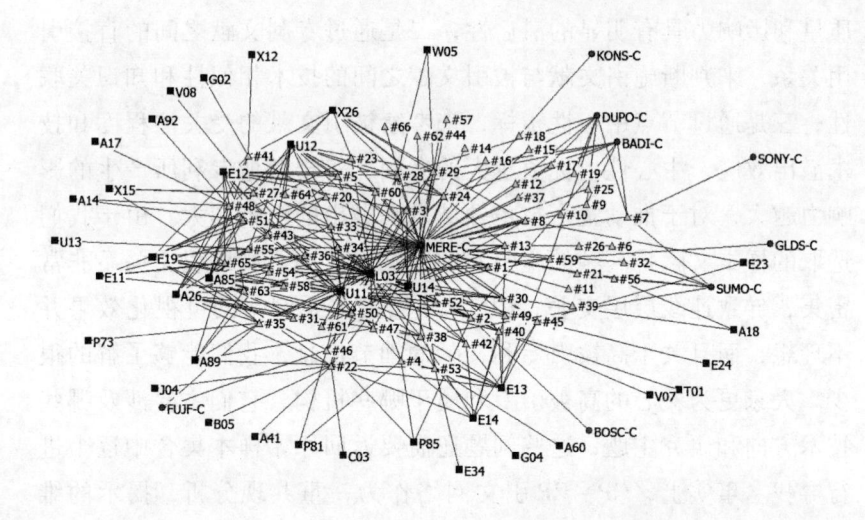

图 5-15　AE-DC-CP 交叉共现关系网络图

（五）小结与讨论

在 5.3 小节中，我们针对专利引文问题开展实证研究，利用专利引文数据，以 25 个专利权人、37 个专利分类号、66 篇高被引专利文献、35 篇高频施引专利文献为计量对象，分别构建了 CP – CP 引文关系网络、AE – CP 共现关系网络、DC – CP 共现关系网络等多个共现关系网络，并逐个进行计量分析和可视化展示，分别从不同角度考察专利引文现象及专利引文关系。最后，将多个共现关系网络进行整合，构建 AE – DC – CP 多重共现关系网络，对专利文献之间的引用关系、高被引专利文献与专利权人和 DC 分类号之间的隶属关系等多种共现关系，进行综合分析和集中展示。

针对 CP – CP 引文关系网络，我们主要开展了以下几个方面的分析：一是通过专利被引频次的统计来考察专利技术的质量和影响力，高被引频次意味着更高的创新水平和市场价值。此外，我们还对部分高被引专利的授权机构和申请时间分布情况进行了简单的统计，发现大部分的高被引专利都来自于世界知识产权组织，其次是欧洲专利局，高被引专利的平均年龄为 12 年，说明专利被引频次的累积确实需要花费较长的时间，利用被引频次指标来考察专利的质量和影响力具有明显的滞后性；二是通过专利文献之间的直接引用关系，来判断施引文献与被引文献之间的技术相似性和知识关联性；三是通过节点中心性指标，来考察被引文献的受关注程度和技术溢出效应，中心性指标值越大的专利，对于其他专利所产生的影响力越大，对于推动整个技术领域发展做出的贡献越大。由于我们选取的样本文献是高频的施引专利和被引专利，所以引文关系非常密集，导致连线层层交叠，CP – CP 引文关系网络的可视化效果并不理想，而且关于高被引专利文献的细节信息，我们能够了解的很少。大家更为关心的高被引专利属于哪些机构，它们主要涉及哪些技术方向和研究主题，这些问题还需要返回原始样本集合中逐个进行寻找。事实上，CP – CP 引文网络作为一重共现分析，揭示的维度比较单一，包含的信息比较有限。

AE-CP共现网络基于专利权人与高被引专利之间的隶属关系而建立,我们将专利权人分为施引专利权人和被引专利权人两种,所以,AE-CP共现网络实际上包含了两种隶属关系,一是高被引专利与施引专利权人之间的隶属关系,表明哪些公司引用了这些高被引专利;二是高被引专利与被引专利权人之间的隶属关系,表明这些高被引专利由哪些公司持有,两类专利权人和两种共现关系我们在图谱中分别用不同的颜色和符号进行标识。将高被引专利视为太阳能汽车技术领域的热门技术和知识基础,我们利用前一种共现关系来考察各个公司对于热门专利的关注和引用情况,利用后一种共现关系来衡量各个公司在专利引文系统中的地位和影响力。

将专利权人分为施引专利权人和被引专利权人以后,AE-CP共现关系网络允许我们同时从自引和他引两个角度对各个公司的专利引用行为进行分析,而自引和他引可以分别用来考察技术内溢效应和技术外溢效应,高自引率表明该公司具有坚实的技术基础和较强的技术自给能力,高他引率则表明该公司拥有的专利具有显著的基础性和关键性,当然,这样的公司一般也被认为具有较高的技术创新水平和较强的业界影响力。AE-CP共现关系网络包含的公司数量很少,其中,德国的默克公司异常醒目,这家主营医药化学的企业,无论是自引还是他引,均有着卓越的表现,虽不是专门从事太阳能汽车技术或产品方面的业务,但是却出乎意料地持有太阳能汽车技术领域一半的高被引专利,这样的成就就连丰田、三菱这样的汽车巨头都难以望其项背。可见,默克公司在该技术领域创新活动中的领先地位和杰出影响力。

DC-CP隶属关系网络展示了各个高被引专利所关注的技术方向和研究主题。在网络图谱中每件高被引专利所包含的DC分类号都清晰可见,仍然将每个DC分类号视为一个技术主题,我们所关心的另一个问题,即高被引专利究竟涉及哪些技术方向和研究主题,在网络图谱中可以直接找到答案。通过高被引专利所包含的DC分类号频次的统计,以及DC-CP隶属关系网络中节点中心性和网络结构的分析,发现了L03、U11、U14等一些能够代表这批高被引专利的主流方向的几个技术主题。这些从高被引专利角度计量获得的热门 DC 分类号与第 5.2.2 节所认定的热门 DC 分类号高度一致，说明太阳能汽车技术的发展具有较强的连贯性，领域内主要技术创新主体关注的热点方向和关键技术多年内保持基本稳定。但是，也有个别技术主题例外，例如"X15 - 非化石燃料发电系统"，在第 5.2.2 节的统计分析结果中，X15 是整个样本集合中排名第二的热门技术主题，而在高被引文献集合中，X15 的频次和中心性指标都很低，而且在 DC - CP 共现关系网络中处于非常边缘的位置。高被引专利大多是多年以前的专利，X15 节点从非主流到主流、从一般到热门的发展变化，说明这是一个近年来快速兴起的技术主题。该现象在一定程度上表明太阳能汽车技术在保持连贯性和继承性的基础之上，也在不断地经历变革与创新。

以上三类网络的计量分析都是围绕 66 篇高被引专利文献展开，但是却分别从引文、专利权人、专利分类号等不同角度切入，尽管每类网络都能揭示一部分信息，由于割裂了引文、专利权人、专利分类号等不同特征项及其相互之间的交叉共现关系，所以揭示的维度仍然比较单一和有限。最后，我们将 CP - CP 引文关系网络、AE - CP 共现关系网络、DC - CP 隶属关系网络，通过矩阵合并的形式生成 AE - DC - CP 多重共现关系网络，同时对施引专利、被引专利、专利权人、专利分类号四类特征项，以及三种共现关系进行综合分析和集中展示，并且在网络图谱中分别以不同颜色的节点和连线予以标识。在多重共现关系网络中，既包含了施引专利与被引专利之间的直接引文关系，又能够看到哪些公司引用了高被引专利，以及高被引专利是关于什么技术主题的。

除此以外，网络图谱还直接显示出各个公司之间的引文耦合关系。通过 AE - DC - CP 多重共现关系网络与前面三种网络的比较可以发现，通过单纯的 CP - CP 引文关系网络分析能够获得的有效信息很少，从专利情报分析的现实需求出发，我们更想知道施引专利与被引专利，尤其是那些能够代表领域内关键技术和热点知识的高被引专利的一些细节信息，所以，在引文关系网络中加入专利权人、专利分类号等其他特征项信息及其共现关系是非常必要的。AE–DC–CP多重共现关系网络实现了这一目标，能够对引文数据进行综合性、多维度的分析和展示，既保留了引文关系网络的全部特征，又能够显示出高被引专利的一些细节信息，与单纯的引文关系网络相比，显然要包含更丰富的信息，更适合于开展面向企业决策的专利情报分析。

我们以66篇高被引专利为例，尝试采用多重共现分析方法对专利引文数据进行实证研究，在一定程度上验证了多重共现分析方法应用于专利引文分析中的合理性与可行性，并且证实了多重共现分析较之单纯的引文分析确实表现出一定的优势。尽管如此，我们在实证研究的过程中也存在一定的问题和不足，其中，最明显的问题就是可视化效果不佳，引文关系连线过于密集导致网络图谱中的连线层层交叠，加入专利权人和DC分类号信息以后，连线变得更为密集，虽然我们试图以不同的颜色对不同类型的共现关系进行区分，但是线条层层交错和覆盖，整体的网络结构还是无法得到清晰的展示，更没有表现出聚类现象特征。所以，我们的分析大多是从局部展开，以某一个或少数几个节点为例对其特征进行简要的描述和分析，而对整体规律的认识和把握还不够充分。

在这里我们只是以专利引文数据为例，关注专利文献的引文现象及规律，探讨将多重共现分析方法应用于专利引文关系研究的基本思路和实现路径，并未就专利引文问题展开深入的探索和研究。事实上，专利引文数据当中还包含着其他一些有价值的信息，例如，专利引文数据分为专利文献和非专利文献（含学术论文、专著等）两大类，DII数据库同时提供这两种引文数据，并分别在CP和CR两个特征项中分类显示。我们通常把专利文献看作是技术创新活动的主要产出形式，把学术论文看成是科学研究产出的主要表现形式，专利文献与非专利文献之间的引用关系，反映了科学与技术之间、基础研究与技术创新之间相互联系、相互影响和相互促进的关系①。专利文献对非专利文献的引用代表着技术创新活动对基础研究的借鉴和依赖程度,也可以借此考察基础研究对技术创新的影响和推动作用,还能够揭示出基础研究与技术创新两个科学系统之间的知识流动与技术扩散特征。考虑到引文数据的完整性和规范性因素,本书仅以其中的专利引文数据(CP)作为样本数据进行引文分析,考察专利文献之间的引文关系,未将非专利引文数据纳入研究范围,也没有对专利文献与非专利文献之间的关联性开展实证研究。

---

① 赵黎明、高杨、韩宇:《专利引文分析在知识转移机制研究中的应用》,《科学学研究》2002年第3期。

第六章 实证研究 II
——专利权人多重共现关系研究

专利权人之间存在着合作、耦合、引用、同被引、互引等不同类型的关系，其本质都是共现关系，只是有些是直接的共现，如合作和引用，而有些是间接的共现，如耦合和同被引。这些共现现象从不同的角度反映了专利权人之间的关系，在本章中我们仍然以25个标准公司为例，对以上不同类型的共现关系逐个进行实证研究，并试图将其在同一共现关系网络中进行归类和整合，以集中展示专利权人之间的多种关系。由于专利权人（显性）合作关系在前文已经做过实证研究，此处不再重复研究，但是在本章中会将其拿来与其他几种共现关系进行比较。

一 专利权人耦合关系网络

本节对于专利权人耦合关系的研究，我们将从分类号和引文两个角度展开，分别以专利分类号（DC）和专利参考文献（CP）为媒介，构建专利权人（分类号）耦合关系网络和专利权人（引文）耦合关系网络。在建立两种耦合关系时，只取第一专利权人，如此可以排除专利合作关系对于专利权人耦合关系的影响。

（一）专利权人（分类号）耦合关系研究

若两个专利权人拥有相同的分类号则视为两者之间存在耦合关系，表明它们之间的研究方向或研究主题具有一定的相似之处。两个专利权人共有的分类号越多在一定程度上说明它们之间的研究方向越接近，未来开展合作的潜力越大。基于以上假设，ACCA 利用分类号耦合关系及强度建立专利权人之间的潜在合作关系，并将其以邻接矩阵的形式表示。邻接矩阵中每个数值 C_{ij} 代表着耦合强度，即专利权人 i 和 j 拥有的相同分类号的数量。采用 Salton 方法对以上两个邻接矩阵进行标准化处理，然后借助 Ucinet 和 NetDraw 工具对该标准化矩阵进行社会网络分析，并绘制网络图谱。如图 6-1 所示，圆点代表专利权人，圆点大小代表着专利权人在样本集合中拥有的专利数量的多少，图中连线反映了专利权人间基于 DC 分类号而建立的耦合关系，连线粗细代表着耦合关系强度。

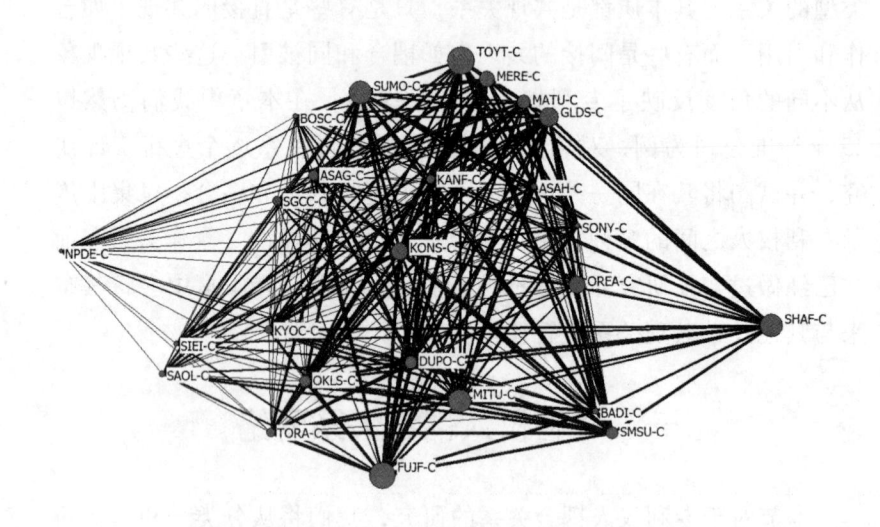

图 6-1 专利权人（分类号）耦合关系网络图

建立在 DC 分类号共现基础之上的专利权人耦合关系网络密度高达 0.9467，接近于完备网络，图中包含 568 条连线，无孤立节点。由于潜在合作关系网络是基于分类号共现而构建，若将分类号视为表征专利技术主题的标识，两个节点之间距离越近、连线越粗，则技术主题越相似。从这一角度分析，25 个标准公司拥有的太阳能汽车专利在技术方向和研究主题方面具有很大程度的相似性。由于网络密度过大，节点之间的连线层层交叠，耦合关系网络的结构不是很清楚。为了进一步揭示 25 个样本专利权人所从事的主要技术方向，我们将专利权人（分类号）耦合关系网络矩阵导入 SPSS 进行因子分析，选择主成分分析方法（PCA）萃取公因子，因子分析的结果如表 6-1 所示。

表 6-1　专利权人（分类号）耦合关系网络主成分分析结果

Component	Total	% of Variance	Cumulative %
#1	11.99	47.96	47.96
#2	4.91	19.65	67.61
#3	1.88	7.50	75.12
#4	1.60	6.39	81.50
#5	1.05	4.22	85.72

结合表中数据可知，从专利权人（分类号）耦合关系网络中共萃取 5 个公共因子，累计方差解释率为 85.72%。其中，公共因子 #1 的总载荷值最大，方差解释率为 47.96%，所代表的技术方向无疑是整个太阳能汽车技术领域的研究主流。公共因子 #2 的总载荷值为 4.91，方差解释率为 19.65%。其他三个公共因子的总载荷值普遍较小，累计方差解释率只有 18.11%。随后我们返回样本数据集中，分别对 5 个公共因子所包含的主要专利权人所标引的德温特分类号进行统计，并咨询领域专家的意见和建议，描述出当前太阳能汽车技术领域的主要研究方向。这 5 个公共因子所代表的技术方向分别为："#1-太阳能发电技术""#2-电化学工艺与电化学生产技术""#3-汽车电器、电子设备相关技术""#4-电气应用技术，如半导体材料和工艺、分立器件等""#5-汽车配件，如玻璃、涂层、光学设备等相关技术"。

随后，我们将主成分分析结果中各个节点对公共因子的载荷值矩阵（25*5）导入 NetDraw 中进行可视化处理。如图 6-2 所示，专利权人以圆形节点表示，因子以方形节点表示，圆形节点的大小代表着每个专利权人拥有的专利数量,方形节点的大小代表着该因子的方差解释率。方形节点和圆形节点之间的连线,表示每个专利权人在该因子上承载一定的荷值,载荷因子值介于 0~1 之间,连线的粗细与颜色反映出载荷大小,其中,灰色(0<荷值<0.35)、浅色(0.35≤荷值<0.55)、浅深色(0.55≤荷值<0.75)、深色(0.75≤荷值<1)。

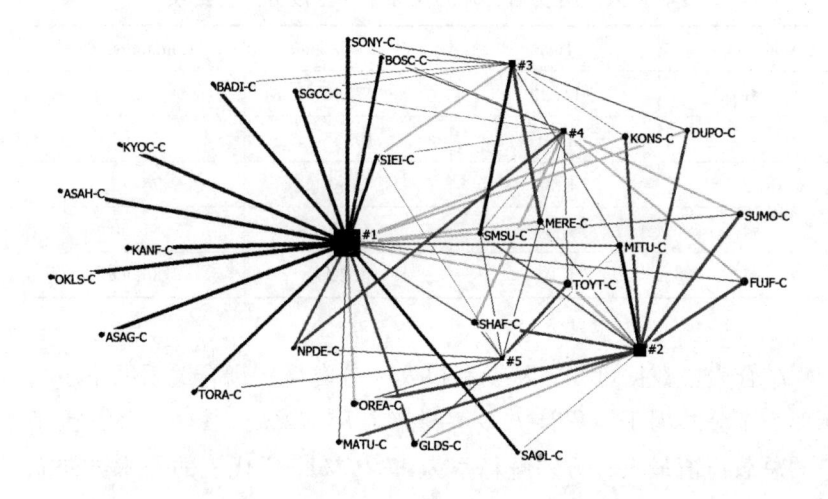

图 6-2 专利权人(分类号)耦合关系网络矩阵的主成分分析结果图

由图 6-2 可知,参与公共因子#1 方向研究的专利权人数量最多,全部 25 个样本专利权人对此技术方向都有涉及,但就载荷值大小来判断,旭硝子(ASAG-C)、旭化成(ASAH-C)、京瓷(KYOC-C)、钟化(KANF-C)、海洋王(OKLS-C)、索尼(SONY-C)、国家电网(SGCC-C)、巴斯夫(BADI-C)、博世(BOSC-C)、三洋(SAOL-C)、东丽(TORA-C)、西门子(SIEI-C)12 个公司是其中的主要研究力量,它们在公共因子#1 的载荷值很大(0.83—0.97)。公共因子#2 所代表的技术方向共有 13 个专利权人参与其中,就载荷值大小来判断,三菱(MITU-C)、富士(FUJF-C)、住友(SUMO-C)、欧莱雅

(OREA－C)、松下(MATU－C)、夏普(SHAF－C)、柯尼卡(KONS－C)、杜邦(DUPO－C)8个公司是该技术方向的主要研究力量。公共因子#3所代表的技术方向共有10个专利权人参与研究，但是大部分专利权人的载荷值较小，根据载荷值来判断，该技术方向的主要研究力量是三星(SMSU－C)，其次是默克(MERE－C)，再次是西门子(SIEI－C)。共有11个专利权人参与公共因子#4的研究，该技术方向的主要研究力量是日本电装(NPDE－C)，其次是夏普(SHAF－C)、富士(FUJF－C)和住友(SUMO－C)。共有10个专利权人参与公共因子#5的研究，该技术方向的主要研究力量是丰田(TOYT－C)。

此外，从图中我们还可以看到每个专利权人涉猎哪些技术方向，并以载荷值来判断每个专利权人对于各个公共因子所代表的技术方向上的关注程度。例如，丰田公司拥有的太阳能汽车专利同时涉及4个公共因子，但是对于4个技术方向的关注程度不同，其中，关注度最高的是#5(载荷值0.62)，其次是#2(载荷值0.49)和#1(载荷值0.42)，再次是#4(载荷值0.16)。再如，中国的两个公司，国家电网关注#1、#4、#3三个技术方向，载荷值依次为0.89、0.02、0.01，可见该公司的主要技术方向是公共因子#1。而海洋王只涉及一个技术方向，即公共因子#1。

DC专利分类号从应用性角度编制，主要根据专利所属的学科领域和技术主题进行归类。基于DC分类号而建立的耦合关系，完全是从专利权人所拥有的相关专利所属的学科领域和技术主题角度来衡量专利权人之间的技术相似性。由于在生成耦合矩阵时只统计第一专利权人，所以，这种相似性排除了合作、引文等其他因素的影响，是一种纯粹的技术相似性。由于对原始矩阵中的耦合频次进行了Salton标准化处理，所以，也排除了专利权人拥有的样本专利数量多少对于耦合强度的影响。我们对专利权人(分类号)耦合关系矩阵进行了社会网络分析和可视化展示，又将其导入SPSS中进行主成分分析，并借助绘图工具NetDraw对主成分分析的结果进行了可视化处理。我们将主成分分析所获得的5个公共因子视为太阳能汽车技术领域的 5 个技术方向，各个专利权人在 5 个公共因子上的载荷值大小代表着专利权人对各个技术方向的关注和参与程度，在可视化图谱中，载荷值的大小以不同的连线粗细和颜色予以区分。

从中我们可以直接看到每个公共因子所代表的技术方向主要有哪些专利权人参与其中，以及各个专利权人的参与程度。此外，也可以直接看到每个专利权人涉猎哪些技术方向，以及在各个技术方向的研究力量分布情况。实际上，主成分分析是基于专利权人（分类号）耦合关系网络中的耦合强度指标来衡量专利权人之间的技术相似性，并且基于这种技术相似性而对专利权人节点进行聚类，从而对各个专利权人进行准确的归类。耦合分析加之因子分析的结果以因子分析结构网络的形式予以展示，这种网络就同时包含了作者（专利权人）和因子两类节点，在探测主题时要比单纯的耦合关系网络更直观，知识结构也更为清晰[①]。所以，针对专利权人（分类号）耦合关系网络所添加的主成分分析步骤，不仅克服了专利权人（分类号）耦合关系网络连线过于密集、可视化效果不佳的问题，而且借助于载荷值大小对于聚类结果的解读更为客观和精确。

（二）专利权人（引文）耦合关系研究

以引文为媒介建立 25 个样本专利权人的耦合关系网络矩阵，初始矩阵中的数值是两个专利权人的引文集合中重合的引文数量，即两个专利权人拥有的相同的专利参考文献的数量，为了排除专利权人在样本集合中持有的专利总量的差异对耦合频次的影响，我们采用 Salton 方法对初始矩阵进行标准化处理，然后对其进行社会网络分析和可视化展示。如图 6-3 所示，节点是 25 个样本企业，节点大小代表着各个企业在样本集合中持有的相关专利数量，图中连

---

① 宋艳辉、武夷山：《作者文献耦合分析与作者关键词耦合分析比较研究：Scientometrics 实证分析》，《中国图书馆学报》2014 年第 1 期。

线代表着样本企业间的专利引文耦合关系，连线粗细代表着耦合强度。

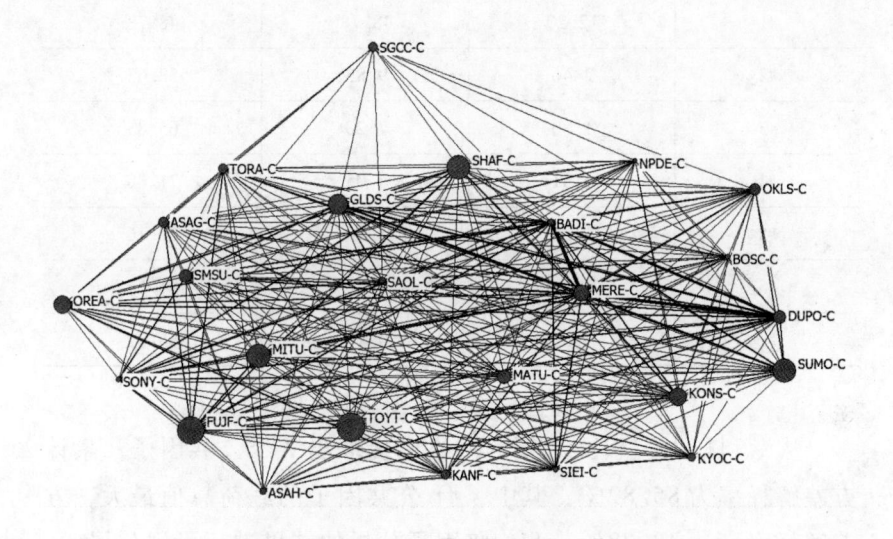

图 6-3 专利权人（引文）耦合关系网络图

图中包含了 566 条连线，网络密度为 0.9433，接近于完备图，可见，基于专利引文建立的耦合关联，25 个样本专利权人之间同样存在着紧密的耦合关系。从图中连线的粗细来看，各个专利权人之间的耦合强度大小不一，其中，默克与巴斯夫、杜邦、LG、夏普等几个公司之间存在着较强的引文耦合关系，富士与杜邦和巴斯夫两个公司之间的耦合强度较高，夏普与默克和住友两个公司之间的耦合强度较高。引用代表着施引文献与被引文献之间的知识传承关系，施引文献是对被引文献的继承和创新，引用通常建立在施引文献与被引文献研究主题相似的基础之上，所以，引文耦合可以用来衡量文献之间、作者之间、机构之间的主题相似性和知识关联性。由于连线过于密集，网络结构和聚类关系并没有被清晰地呈现出来。我们利用 SPSS 工具对专利权人（引文）耦合关系网络标准化矩阵进行因子分析，选择主成分分析萃取公因子，因子分析的结果如表 6-2 所示。

表6-2 专利权人（引文）耦合关系网络主成分分析结果

Component	Total	% of Variance	Cumulative %
#1	12.20	48.78	48.78
#2	2.46	9.85	58.63
#3	1.80	7.20	65.83
#4	1.51	6.05	71.88
#5	1.32	5.28	77.16
#6	1.13	4.52	81.68
#7	1.03	4.13	85.82

从专利权人（引文）耦合网络中提取出7个公共因子，累计方差解释率为85.82%，其中，#1公共因子的载荷总值最大，方差解释率高达48.78%。我们将因子分析的结果进行可视化展示，如图6-4所示，方形节点分别代表着7个公共因子，圆形节点代表着25个专利权人，节点之间的连线代表着各个专利权人在7个公共因子上的载荷值，方形节点的大小代表着公共因子的总载荷值，连线的粗细和颜色反映出载荷值的大小，其中，灰色（0＜荷值＜0.35）、浅色（0.35≤荷值＜0.55）、浅深色（0.55≤荷值＜0.75）、深色（0.75≤荷值＜1）。

基于专利引文耦合关系网络而获得的7个公共因子代表着7个不同的技术流派，#1公共因子是最主要的一个派别，全部25个样本专利权人对此领域都有涉及，且载荷值普遍较高，主要的创新主体包括三星、LG、三菱、西门子、柯尼斯、住友、博世、海洋王、索尼、欧莱雅、巴斯夫、杜邦12个公司；#2公共因子共涉及15个专利权人，其中载荷值较高的几个公司依次为三洋、丰田、松下、旭硝子、电装、东丽；#3公共因子共涉及13个专利权人，其中载荷值最大的是日本电装，其次是钟化和夏普；#4公共因子共涉及13个专利权人，其中最主要的是国家电网和松下；#5公共因子共涉及 11 个专利权人，其中最主要的是丰田和国家电网；#6 公共因子共涉及 14 个专利权人，其中最主要的是三洋和默克；#7 公共因子共涉及 12 个专利权人，除三洋以外，大部分专利权人的载荷值都很小。

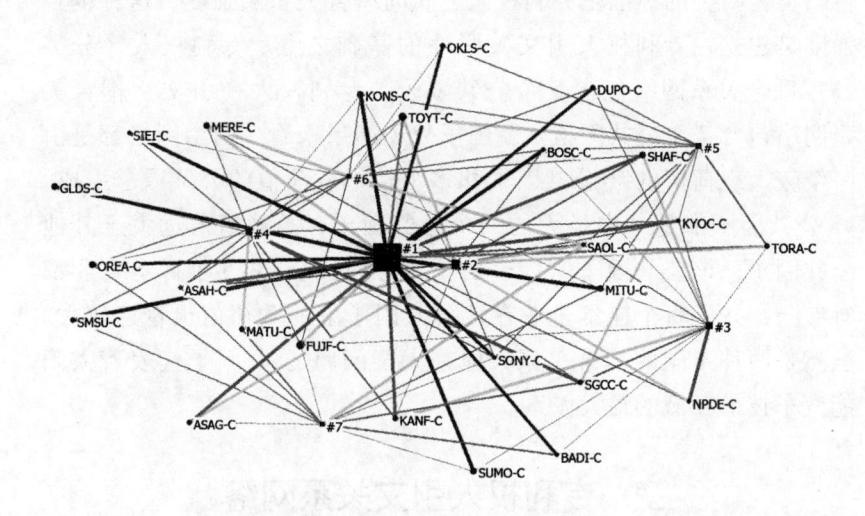

图 6-4 专利权人（引文）耦合关系网络因子分析结果图

从上图中我们还可以看到每个专利权人与各个公共因子所代表的技术派系之间的隶属关系。例如，丰田公司与 5 个公共因子都有关联，但就载荷值来看，丰田与#1 公共因子之间的关系强度最大，其次是#5 和#2 公共因子。另一个汽车企业三菱，同时涉及 6 个技术派系，但是载荷值最大的仍然是#1 公共因子。中国的两家公司，从载荷值来判断，国家电网主要归属于#4 公共因子，其次是#5 公共因子；海洋王主要归属于#1 公共因子。

根据因子分析结果绘制的网络图谱，可视化效果明显优于专利权人（引文）耦合关系网络。从图 6-4 中我们可以直接看到每个公共因子所代表的技术派系主要包含哪些专利权人，每个专利权人究竟隶属于哪个或哪些派系，若一个专利权人同时与多个公共因子之间都有关联，我们还可以依据载荷值的大小来判断，该专利权人应该主要归属于哪个技术派系。

前一小节中关于专利权人（分类号）耦合关系网络的因子分析，是从 DC 分类号所代表的技术主题角度对 25 个专利权人进行归类，而本小节的因子分析结果则是从引文角度对 25 个专利权人进行归类，归类的标准是专利权人之间的耦合关系及强度，这种耦合强度是建立在专利权人引文关联性的基础之上。专利权人（分类号）耦合关系网络包含 5 个公共因子，专利权人（引文）耦合关系网络包含 7 个公共因子。就因子分类结果来看，两个网络都是由一个较大载荷值的#1 公共因子和多个较小载荷值的公共因子组成，#1 公共因子都是其中最大的一个公共因子，总载荷值远大于其他公共因子，该公共因子所代表的技术方向，全部 25 个样本企业都有参与，并且每个样本企业在该公共因子上的载荷值也普遍较大。虽然是两种不同的耦合关系，但毫无疑问#1 公共因子代表着太阳能汽车技术领域的最大派系。

二 专利权人引文关系网络

在文献计量学中，引文是文献及其作者之间建立关联的重要纽带，对于专利文献来说亦是如此，专利文献所包含的引文信息反映了不同知识主体间的知识关联，使得知识交流与技术扩散变得有迹可循[①]。专利权人之间基于引文能够建立四种关系：直接引证关系、（引文）耦合关系、同被引关系和互引关系，其中，（引文）耦合关系兼具引文和耦合双重属性，已经在上一小节进行了展示和分析，在本小节中，我们将分别对专利权人之间的直接引证关系、互引关系、同被引关系开展实证研究。

（一）专利权人引证关系网络

仍以 25 个标准公司作为样本专利权人，统计专利权人之间的

---

① 李睿：《专利引文分析法与共词分析法在揭示科学—技术知识关联方面的差异对比》，《图书情报工作》2010 年第 6 期。

直接引证关系及频次。每个专利权人分别具有施引专利权人和被引专利权人双重身份，根据它们之间的直接引证关系建立 25 个施引专利权人和 25 个被引专利权人之间的引证关系网络矩阵。初始矩阵中的数据代表着引证次数，在统计引证次数时施引专利权人只取第一专利权人，如此可以排除专利权人合作对引文数据的影响。同时，为排除各个专利权人发文量对引文频次的影响，采用 Salton 指数对初始矩阵进行标准化处理，然后将其导入 Ucinet 和 NetDraw 中处理，生成专利权人的（直接）引证关系网络图。

如图 6-5 所示，施引专利权人和被引专利权人分别用两类节点表示，圆形节点为施引专利权人（专利权人代码前以"*"符号标识），菱形节点为被引专利权人（专利权人代码前以"%"符号标识），节点之间的连线代表着专利权人之间的直接引证关系，引证关系网络为二模有向网络，箭头由施引专利权人指向被引专利权人，节点的大小仍然表示样本集合中专利权人持有的专利数量多少，连线的粗细代表着引证关系的强度，即引证频次的 Salton 标准值。另外，网络图中剔除了自引关系，仅展示不同专利权人之间的他引关系。

专利文献之间的引证关系，代表着施引专利在研发过程中受到了被引专利的启发或者借鉴了被引专利的方法和技术，换而言之，代表着被引专利对施引专利产生的积极影响。与此同时，引证也说明了施引专利文献与被引专利文献之间的知识关联性和技术相似性。由专利文献推至专利权人，我们根据以上原理对专利权人之间的引证关系进行以下几个方面的分析：

1. 施引专利权人的中心性分析。施引专利权人的节点中心性反映了每个公司对其他公司的引用情况，如果某一施引专利权人的中心性指标较高，代表着该公司持有的专利引用了其他多个公司的专利文献，广泛吸纳了其他公司的专利文献所包含的知识和技术，这种情况至少能够说明三个问题：一是该公司的知识和技术的吸收能力较强；二是该公司对于其他公司的知识和技术依赖性较强；三是该公司与其他多个公司之间存在着知识关联性和技术相似性。在一定程度上说明该公司主要从事的是该技术领域的主流方向，又或者是该公司涉及的技术主题更为多元化。若将引证关系视为知识转移和技术扩散的外显过程，显然，高中心性的施引专利权人表现更为活跃。反之，那些低中心性的施引专利权人，在专利研发过程中较少受到其他公司专利的影响，与其他公司的技术相似性也较低，通常从事的技术主题有别于其他公司。在本小节的引证关系网络中，中心性指标较高的施引专利权人有富士、LG、默克、丰田等公司，中心性指标较低的施引专利权人有国家电网、日本电装、东丽、欧莱雅等公司。

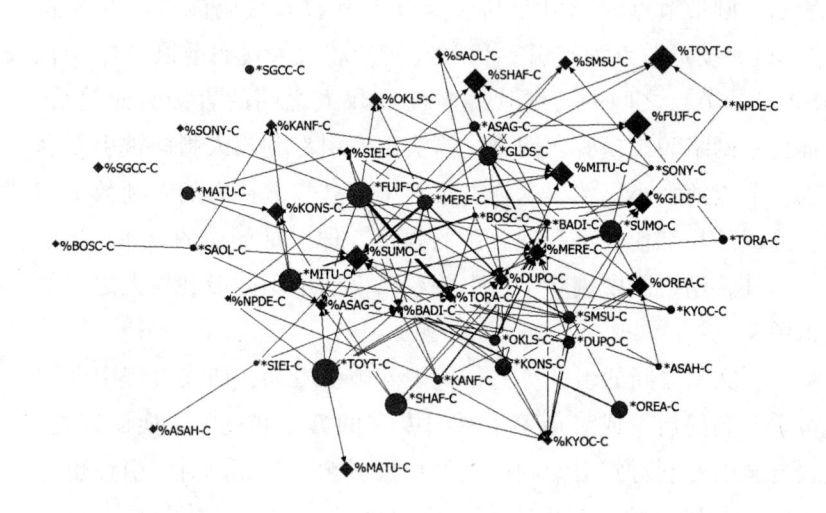

图 6-5　专利权人（直接）引证关系网络图

2. 被引专利权人的中心性分析。被引专利权人的中心性指标反映了每个公司持有的专利受到其他公司关注和引用的情况。如果某个被引专利权人的中心性指标较高，至少可以说明三个方面的问题：一是该公司持有的专利具有较高的质量和影响力；二是该公司对于其他公司产生了广泛的影响力；三是该公司与其他公司之间存在着广泛的知识关联性和技术相似性。通过被引专利权人的中心性指标，我们可以衡量每个公司的技术溢出效应，也可以考察其他公司对该公司的技术依赖程度。由专利权人引证关系网络可知，中心性指标较高的被引专利权人有默克、杜邦、巴斯夫、住友、东丽等公司。这些公司持有的专利构成了太阳能汽车技术领域的研究基础，并且在整个技术领域的知识转移和技术扩散过程中发挥着积极的作用。相反，中心性指标较低的被引专利权人有国家电网、索尼、博世、旭化成、松下等公司。

结合施引中心性和被引中心性两个方面的信息，我们将专利权人分为以下四种类型：①施引中心性高、被引中心性低：如富士、丰田、三星、博世、三菱等公司，广泛引用其他公司的专利文献，但是自己获得的引用相对较少，这些公司在专利引文网络中主要充当技术应用者的角色；②施引中心性低、被引中心性高：如东丽、京瓷、欧莱雅、西门子等公司，它们受到许多公司的关注和引用，却较少引用其他公司的专利文献，这些公司在专利引文关系网络中主要充当技术供应者的角色；③施引中心性高、被引中心性高：如默克、杜邦、巴斯夫、住友、LG等公司，它们在施引和被引两个方面都有着良好的表现，我们将其视为一个行业的技术引领者；④施引中心性低、被引中心性低：如国家电网、索尼、旭化成、松下等公司，既不被他人关注，也不关注他人，是专利引文网络中的沉默者。

3. 引证关系网络结构分析。居于网络中心位置的节点中心性指标较高，而边缘位置的节点中心性指标较低，国家电网是其中唯一一个孤立节点。中心性反映了节点在网络中的分布位置，中心性越高的节点在网络中越居中，节点的位置和中心性反映了该节点在专利引文网络中的地位和影响力，在一定程度上代表着该公司在领域内技术扩散中的活跃程度和贡献大小。节点的大小代表着样本集合中各个公司持有的相关专利数量的多寡，我们一般以节点的大小来衡量各个公司在太阳能汽车技术领域的研发实力。如果从节点大小、节点位置、节点中心性等多个角度进行综合考察，可以发现各个公司的研发实力与其在专利引文网络中的表现并不必然相关。那些居于网络核心位置的被引专利权人，如默克、杜邦、巴斯夫、东丽等公司，受到许多公司的广泛引用和关注，但是自身持有的相关专利数量却相对较少。由此可见，专利数量和专利引文是两个不同的指标，分别从不同的角度衡量专利权人的表现，对于许多专利权人来说，数量和质量并不对等，单一指标的衡量既不准确也不客观，所以需要从多个维度出发进行综合分析。

4. 引证关系强度分析。若不考虑引证关系强度，图6-5中，除国家电网以外的其他24个公司之间建立了广泛的引证关系，但实际上大部分的引证关系都停留在较低的强度。引文网络初始矩阵中包含了50个节点和140条代表引证关系的连线，其中，大约2/3的连线的引证频次仅为1或2。在标准矩阵中，我们将引证关系强度的阈值设置为0.01，保留稍高强度的引证关系，获得的引证网络简化图，如图6-6所示。

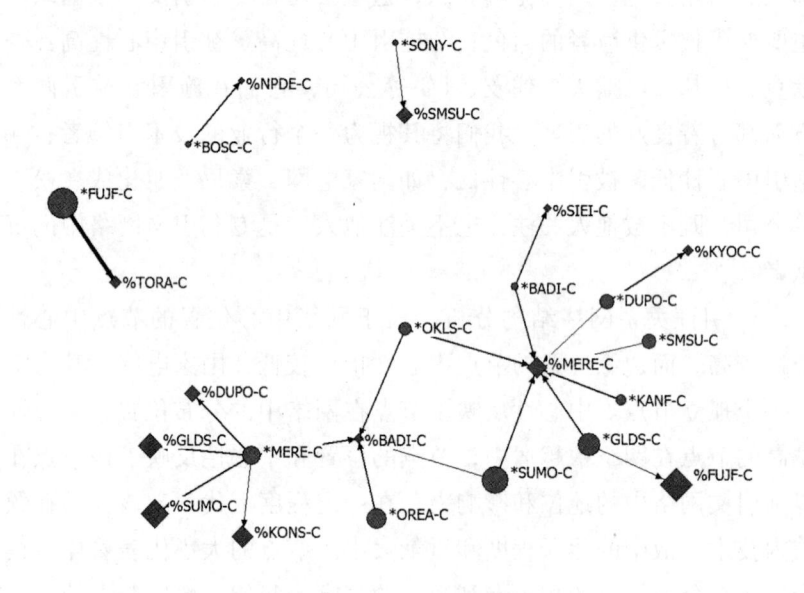

图6-6 专利权人引证关系网络简化图（$C_{ij} \geqslant 0.01$）

借助于引证关系强度指标，能够直接地衡量不同专利权人之间的技术相似度和技术依赖度。当低强度的引证关系及其节点被过滤以后，剩余的少数专利权人之间的引证关系变得更加清晰。东丽的专利技术主要向富士扩散，富士对东丽的技术依赖程度较高，反之，东丽对富士的技术影响力较大，两个公司之间的知识关联性和技术相似性程度也相对较高。与之类似的还有，博世集团对日本电装的引用，索尼对三星的引用。默克公司在施引和被引两个方面均有杰出的表现，这与前文关于 AE-CP 共现网络的分析结果一致，默克公司是整个引文系统中最为活跃的节点。默克公司的专利受到了住友、LG、钟化、三星、杜邦、巴斯夫、海洋王等多个公司的关注和引用，同时，默克公司也积极的引用巴斯夫、钟化、住友、LG、杜邦等公司的专利，这几个公司结成了太阳能汽车技术领域的主要引文关系链条。

专利引文分析的意义不仅在于用专利被引频次来衡量专利的质量及其发明人和专利权人的重要性，更重要的是通过引文脉络考察技术扩散的模式与规律。科学学研究一再证明，科学的发展和技术的进步具有显著的累积性和继承性特点，无论是论文写作还是专利研发，都必须建立在前人研究成果的基础之上，以现有成果为起点和参照进行改革和创新。每一个新学科、每一项新技术都是在已有的学科或技术的基础之上分化和衍生出来的，每一个研究者都是在前人或同行的思想和方法的启发与引导之下，推动科学事业继续向前发展。所以，无论是科技文献之间，还是科学家之间，都存在着知识和技术的关联性。引证行为是这种关联性的外化形式，文献之间、科学家之间的引文关系实际上是知识和技术的传承关系。若不考虑一些非常规的引用动机，文献的引用行为实际上是对原有知识和技术的选择与继承，引文关系反映了知识的遗传与变异的发展轨迹，也是知识的生产、传播和应用的过程。因此，文献的引用实则是知识流动的过程[①]。

---

① 高继平、丁堃、滕立等：《专利—论文混合共被引网络下的知识流动探析》，《科学学研究》2011 年第 8 期。

(二) 专利权人互引关系网络

早在1997年，党亚茹提出"期刊互引"的概念，并将其定义为：若A期刊引用了B期刊，且B期刊也引用了A期刊，在不计时间过程的情况下，称A期刊与B期刊互引[①]。互引分析主要用于以期刊为对象的计量研究，通过互引关系及互引网络的分析来考察期刊之间的学术关系。互引的概念可以从期刊引申至作者，不同作者之间互引关系的衡量，提供了一个揭示学科知识结构的新视角[②]。本书将互引分析引入专利文献的计量研究，将互引概念进一步引申至专利权人，提出专利权人互引的概念，并且将其定义为：如果A和B两个专利权人相互引用，即A引用了B，且B也引用了A，则A和B之间存在专利互引关系。如果A引证B四次，而B引证A三次，则互引频次为三次，互引频次用来衡量A和B之间的互引强度。可见，引证关系是单向的，从施引专利权人指向被引专利权人，而互引关系是双向的，每个专利权人同时具有施引专利权人和被引专利权人双重身份。根据以上定义，我们将25个样本专利权人的引证关系网络转化为互引关系网络，从另一个视角展示专利权人之间的引文关系。如图6-7所示，双向的互引关系也可以视为无向，在网络图中展示为一模无向网络，节点之间的连线代表着互引关系，连线粗细反映了互引关系强度的大小。

针对专利权人的互引分析可以实现三种功能：一是从施引和被引两个角度，综合考察各个专利权人在引文系统中的活跃性，从中寻找更为关键的研究力量；二是测度不同专利权人之间的知识关联性和技术相似性，并据此识别潜在的合作伙伴和竞争对手；三是根据互引网络的聚类现象描述某一技术领域的知识结构，发掘不同的技术派系，并且判定各个专利权人的派系归属。

[①] 党亚茹：《图书馆学期刊互引系统的结构模型》，《中国图书馆学报》1997年第5期。

[②] 王菲菲、杨思洛：《国内情报学作者互引分析与学科结构揭示》，《情报资料工作》2014年第5期。

第六章 实证研究 Ⅱ

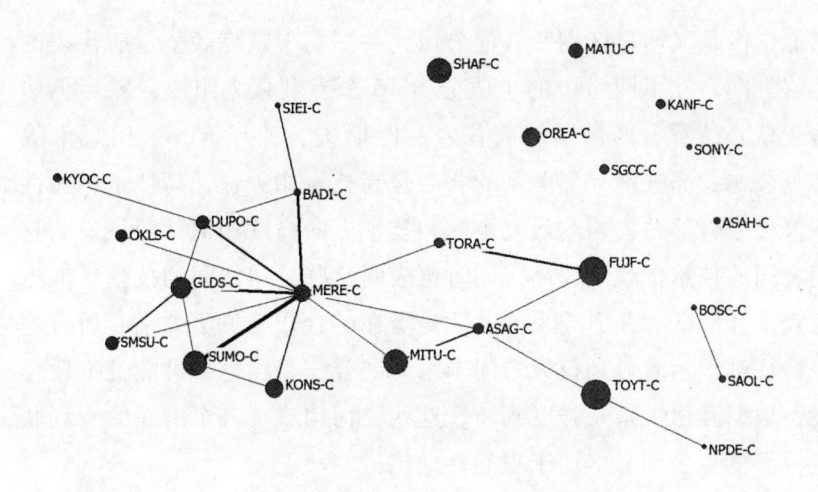

图 6-7 专利权人互引关系网络图

专利权人互引关系网络是在引证关系网络的基础上整理而成，但是，却呈现出与引证关系网络不同的网络状况。仍然是 25 个样本专利权人，但是网络密度却小了很多，网络关系整体显得非常稀疏，整个网络仅仅包含 46 条连线，7 个孤立节点，其他 18 个节点之间的关系也不太紧密。从节点的中心性角度分析，默克仍然是中心性最高的节点，其次是 LG、杜邦、旭硝子。中心性指标较高的节点，与其他多个节点之间存在着互引关系，说明这些节点所代表的公司在施引和被引两个方面表现比较活跃，它们在专利引文系统中，对推动知识交流和技术扩散发挥着积极的作用。夏普、欧莱雅、松下、旭化成、索尼、钟化、国家电网 7 个公司为孤立节点。

根据互引关系的强度可以判定各个专利权人之间的技术相关性，默克与 10 个公司之间存在互引关系，其中，互引关系最为紧密的是住友、巴斯夫、杜邦、LG、柯尼卡，说明默克与这几个公司的研究主题和技术方向更为接近，而且与这几个公司之间的技术依存度较高。东丽与富士两个公司之间的互引关系较强。除了孤立节点和主成分节点以外，还有博世和三洋两个公司结成一个子网，两者之间存在着一定的互引关系。表明这两个公司的研究方向比较相似，但是又明显区别于其他公司，并不属于默克等公司所代表的主流方向。互引网络中的主成分由 16 个专利权人组成，默克仍然居于核心位置，四周围绕着住友、巴斯夫、杜邦、LG、柯尼卡等多个公司。高强度互引关系的背后是高技术相关性，高技术相关性不仅代表着这些公司的研究主题和技术方向高度相似，而且说明它们之间的技术依赖度较高，同时也表明这些公司之间的技术扩散更为频繁和活跃。互引关系的背后是潜在的合作与竞争关系，所有这些特征都预示着专利权人之间未来开展合作与竞争的可能性都比较大，根据互引关系及强度判断，这些公司构成了一个潜在的专利联盟，而默克公司显然居于主导性地位。

专利权人互引关系网络与专利权人（直接）引证关系网络表现出不同的特征，说明互引分析确实能够从另外一种角度考察专利权人在引文交流系统的地位和影响力以及结成的技术派系，从而从新的视角揭示了太阳能汽车领域的知识结构和技术组成，以及主要研究力量的分布规律。此外，我们将引证关系网络转化为互引关系网络，也是为了能够将二模、异质、有向、非对称的引证网络矩阵转化为一模、同质、无向、对称的互引网络矩阵，从而将其与耦合关系网络、同被引关系网络进行直接的比较。

（三）专利权人同被引关系网络

同被引（Co‐citation），也称共被引，是指两篇文献被其他一篇或多篇文献共同引用的情况，同被引频次指标则用来衡量同被引关系的强度，同被引的概念可以引申至与文献相关的各种特征项上，如作者、期刊、机构、国家或地区等，从而形成多种同被引概念。文献计量学中所开展的同被引分析，通常以作者为计量对象建立广大作者间的同被引关系，再通过作者同被引关系强度以及聚类现象的分析来识别不同的学科群体[①]。对于专利文献的分析亦是如

---

① 刘旭、侯海燕、杨虹：《基于作者共被引分析的国外知识管理领域流派研究》，《图书馆学研究》2010 年第 1 期。

此，基于同被引关系及强度，使专利权人之间呈现出一定的亲疏远近关系和聚类现象。作者共被引分析是共引分析的主要方法，被广泛地应用于探测学科知识结构①、揭示研究热点与发展趋势②、实现馆藏资源深度聚合③、识别某一学科的研究流派等方面。

在这里，我们将专利文献的同被引关系引申至专利权人的同被引关系，仍以25个样本公司为例，根据两个专利权人持有的专利在专利参考文献中共同出现的次数构建专利权人同被引关系网络矩阵，初始矩阵中的数据为专利权人在样本集合中两两之间的同被引频次。随后，我们将初始矩阵进行Salton标准化处理，再将标准化矩阵导入Ucinet和NetDraw绘制网络图谱。如图6-8所示，节点为专利权人，连线为专利权人之间的同被引关系，节点大小代表着专利权人的专利数量，连线粗细代表着同被引关系强度的高低。

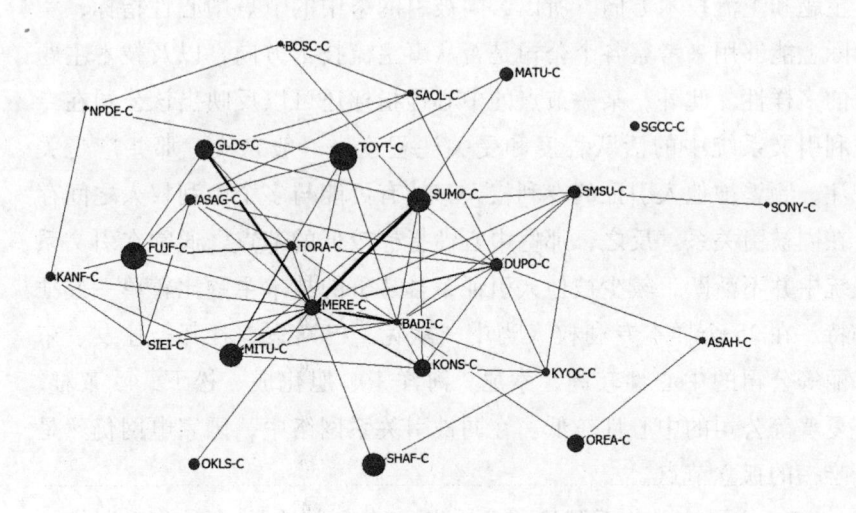

图6-8 专利权人同被引关系网络图

---

① 姜鑫、马海群：《基于作者共被引分析的我国档案学学科知识结构探析》，《档案学研究》2015年第1期。
② 连少华、王宇：《近年来我国图书馆学研究热点与发展趋势——基于共被引分析》，《图书情报工作》2013年第S1期。
③ 邱均平、周毅：《基于作者共被引的馆藏资源深度聚合模式与服务探析——以CSSCI中图书情报领域本体研究为例》，《图书情报工作》2014年第7期。

与引证关系相似，同被引关系也可以用来考察专利权人之间的知识关联性和技术相似性，只不过引证关系是施引专利权人与被引专利权人之间直接建立起的关联，而同被引关系则是两个专利权人借助于第三方文献或其他专利权人建立起的间接关联性。图6-8中，任意两个公司之间的同被引关系清晰可见。借助于专利同被引网络分析，能够描述某一行业领域的竞争态势，不仅用来衡量各个企业的技术实力，而且可以预测其发展变化情况[1]。

1. 从节点的中心性角度分析。每个节点的中心性表明该节点究竟与多少个其他节点之间存在同被引关系，即该节点所代表的公司与其他多少公司之间存在知识关联性和技术相似性。如果一个公司的中心性指标较高，可能的原因是该公司持有的专利的研究主题比较多元化，也有可能是该公司持有的专利包含了较多的共性研究主题和主流技术方向。所以，同被引网络中的节点中心性指标，实际上能够用来考察各个公司是否从事主流技术方向，以及技术主题的多样性。此外，某一节点的中心性指标还可以反映出该公司在专利引文系统中的活跃程度和受关注程度，一般来说，那些广受关注、频繁被他人引证的专利权人，才有可能与多个专利权人之间存在同被引关系。反之，那些中心性指标较低的节点，通常在引文系统中并不活跃，较少被他人引证，且从事的技术主题比较单一或独特。在25个样本专利权人当中，默克、巴斯夫、杜邦、住友、东丽等公司的中心性较高，索尼、海洋王、旭化成、松下、欧莱雅、夏普等公司的中心性较低。在同被引关系网络中，国家电网仍然是唯一的孤立节点。

2. 从同被引关系强度方面分析。专利权人同被引关系网络初始矩阵中共包含25个节点和130条连线，其中，64条连线（49.23%）的同被引频次仅为1，24条连线（18.46%）的同被引频次为2。看似节点之间存在着广泛的同被引关系，实际上，大部

---

[1] 王贤文、刘则渊、侯海燕：《基于专利共被引的企业技术发展与技术竞争分析：以世界500强中的工业企业为例》，《科研管理》2010年第4期。

分同被引关系较弱。当我们把阈值设定为 0.01，以剔除低强度的同被引关系及节点时，得到专利权人同被引关系网络的简化图，如图 6-9 所示。

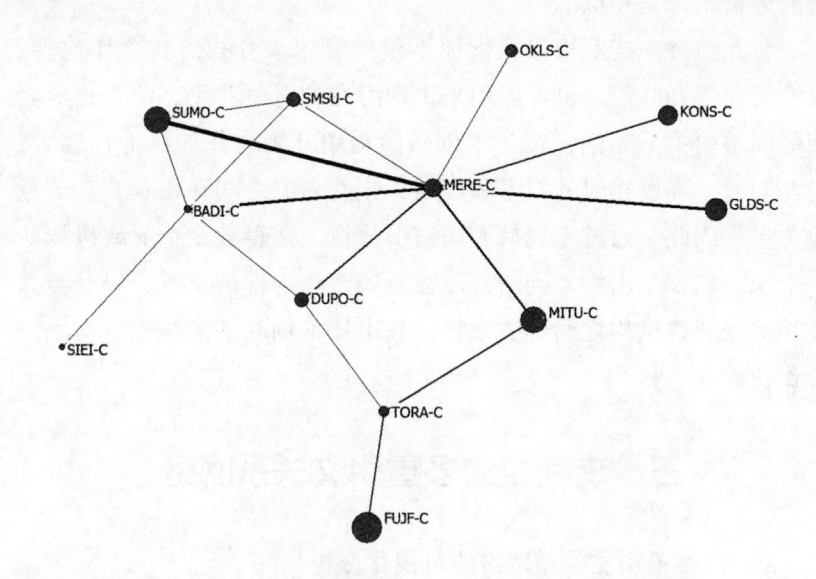

图 6-9 专利权人同被引关系网络简化图 ($C_{ij} \geq 0.01$)

由上图可知，默克与住友之间的同被引强度最高，其次是，默克与 LG 和巴斯夫。富士与东丽、三菱与东丽之间的同被引强度较高。以默克为中心形成了一个较高强度的同被引网络，涉及住友、LG、巴斯夫、柯尼卡、三菱、杜邦等多个公司。高强度的同被引关系直接反映了公司之间技术方向和研究主题的高度相似性，因此，上图显示出的高强度同被引关系网络，事实上构成了一个潜在的技术同盟。由于技术方向和研究主题高度相似，所以，相互之间开展合作的可能性较大，除合作研究以外，还能够以一组专利技术为纽带结成专利联盟，对内可以规避"专利丛林"和"反公共地悲剧"，对外对其他企业形成限制和封锁。在这里，我们专门针对专利权人同被引关系网络简化图与上一小节的专利权人引证关系网络简化图进行了比较，发现两个简化图（阈值都设定为 $C_{ij} \geq 0.01$）

包含的节点是一致的，默克与杜邦、住友、巴斯夫、LG、三星、柯尼卡、海洋王等多公司之间同时存在着较强的知识关联性和技术相似性。说明在技术相似性问题上，同被引关系网络和引证关系网络的分析结果是相似的。

与此同时，技术相似性指标不仅能够用来寻找潜在合作伙伴、发掘潜在专利联盟，也可以用来识别潜在的竞争对手。两个企业之间的同被引关系越强，在技术创新活动中开展合作的可能性越大，与此同时，高度相似的技术和产品意味着它们之间存在着直接的竞争关系。因此，通过专利权人同被引分析，使得各个企业或机构从一个全新的视角出发来判断自己在所属产业内部的位置，以及与其他相关企业或机构之间的关系，并找出技术创新的潜在竞争对手或合作伙伴[1]。

三　专利权人多重引文关系网络

（一）多重引文关系网络的可视化分析

以引文为基础，专利权人之间形成了直接引证、引文耦合、互引、同被引等4种引文关系，其本质都是共现，是基于引文的共现关系。其中，在直接引证关系网络中我们对专利权人的身份进行了区分，所以是二模、有向网络，引证关系由施引专利权人指向被引专利权人。其他三种引文关系形成的网络都是一模、无向网络。每种引文关系分别从不同的角度反映了专利权人之间的知识关联性和技术相似性，每种引文关系网络分别从不同的视角揭示了太阳能汽车技术领域以引文为媒介的技术扩散规律。但是，每种引文关系都是某个单一维度的分析，所以，几种引文关系网络分析的结果并不完全一致。在这里，我们取其中的三种无向的引文关系为例，通过关系归类和矩阵加总的方式，将三种引文关系整合起来，在同一个

---

[1] 邱均平、罗力、苏金燕等：《基于专利权人共被引的企业技术创新态势研究》，《情报科学》2009年第2期。

网络中进行综合分析和集中展示。

将25个样本专利权人的引文耦合关系网络、互引关系网络、同被引关系网络的Salton标准化矩阵进行加总,得到多重引文关系网络矩阵(25*25),新矩阵中的数值是由三种引文关系网络的标准值相加而成,所以能够综合反映引文关系的强度。此外,我们还对专利权人之间的引文关系类型进行了归类,以耦合、互引、同被引三种关系为基础,将专利权人之间的引文关系类型分为7种情况,如表6-3所示,以便在多重引文关系网络的可视化图谱中,以不同的颜色标识出不同类型的引文关系。然后,我们将多重引文关系网络绘制成图谱形式,如图6-10所示。

表6-3　　　　　专利权人之间的引文关系类型

关系编号	关系组成	连线颜色	关系类型
Ⅰ	①	灰色	引文耦合
Ⅱ	②	浅灰色	互引
Ⅲ	③	深色	同被引
Ⅳ	①+②	浅深色	引文耦合+互引
Ⅴ	①+③	深灰色	引文耦合+同被引
Ⅵ	②+③	浅黑色	互引+同被引
Ⅶ	①+②+③	浅色	引文耦合+互引+同被引

任意两个专利权人之间究竟存在哪种类型的引文关系,可以通过图中连线的颜色直接看到。例如,LG与杜邦和三星之间、三菱和旭硝子之间同时存在着引文耦合和互引两种关系。根据引文关系的类型及强弱,可以判定专利权人之间的技术关联度和技术相似度。例如,在25个样本专利权人当中,丰田是持有专利数量最多的公司,丰田与富士、住友、夏普等22个公司之间存在引文耦合关系,丰田与默克、松下、东丽、巴斯夫4个公司之间同时存在着引文耦合和同被

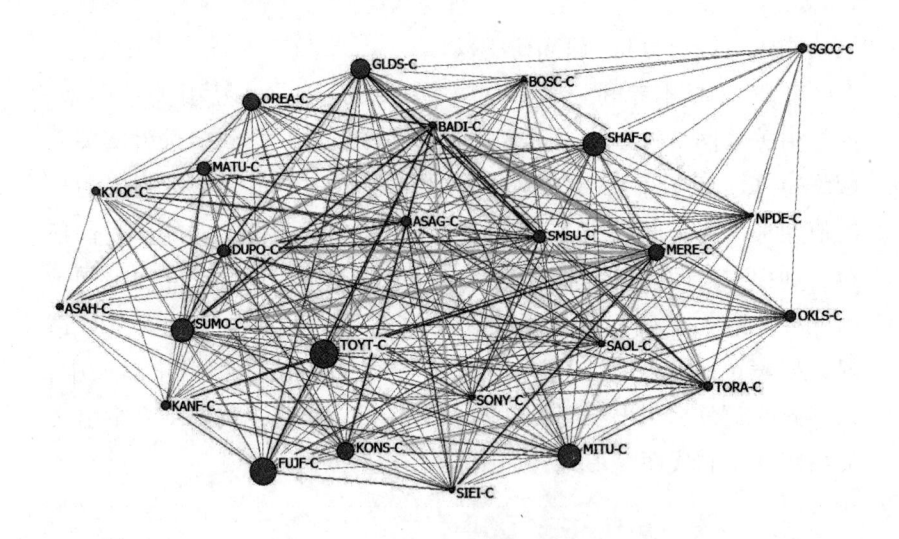

图 6-10　专利权人多重引文关系网络图

引关系，而与旭硝子和电装两个公司之间同时存在"引文耦合+互引+同被引"三种引文关系。从关系类型角度判断，与丰田公司的研究主题和技术方向最为接近、相互之间技术依赖性较强、技术扩散程度最高的显然是日本的旭硝子和电装两个公司，其次是默克和巴斯夫、东丽和松下。通过不同关系进行归类和加总的方式，将专利权人在引文系统中亲疏远近的技术关系明确地区分开来。

从专利权人多重引文关系网络的整体情况来看，专利权人多重引文关系网络中共出现了4种类型的引文关系，分别是：Ⅰ单纯的引文耦合关系（灰色连线）、Ⅳ引文耦合+互引双重引文关系（浅深色连线）、Ⅴ引文耦合+同被引双重引文关系（深色连线）、Ⅶ引文耦合+互引+同被引三重引文关系（浅色连线）。图中灰色连线非常密集，说明引文耦合关系相对较为普遍。其次是深色连线代表的"引文耦合+同被引"双重引文关系，以及浅色连线代表的"引文耦合+互引+同被引"三重引文关系。如果从引文关系强度方面考察，图中灰色连线虽然密集，但是大多是低强度的引文耦合关系，我们将阈值分别设置为0.05和0.1，以此过滤掉低强度的引文关系，得到专利权人多重引文关系网络简化图，如图 6-11 和图 6-12 所示。

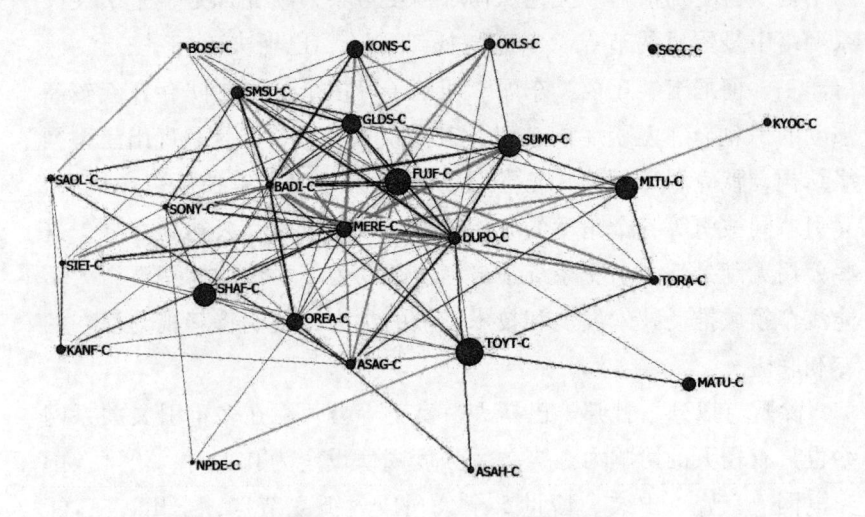

图 6-11 专利权人多重引文关系网络简化图（$C_{ij} \geq 0.05$）

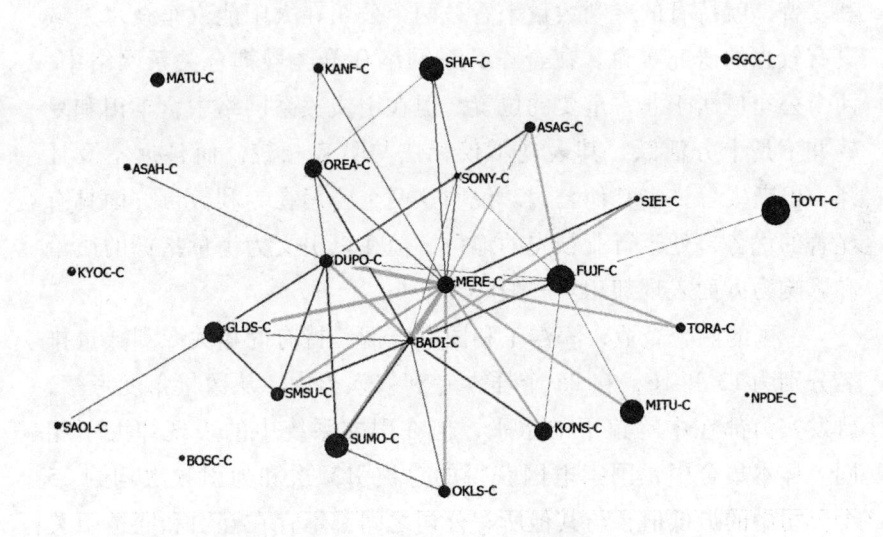

图 6-12 专利权人多重引文关系网络简化图（$C_{ij} \geq 0.1$）

当低强度的引文关系被过滤以后，专利权人多重引文关系网络的结构变得更加清晰。无论从何种角度考察，默克都是整个引文关系网络中最醒目的节点。默克与杜邦、LG、巴斯夫、三星、住友、海洋王、柯尼卡、三菱、东丽、旭硝子等多个公司之间存在着较高强度的"耦合+互引+同被引"三重引文关系，并且呈现出星型网络结构，默克居于网络中心位置。该现象与前文单独从引文耦合、互引、同被引等各个角度的分析结果一致，以默克公司为主导，这些公司无疑是整个引文系统中最为活跃的力量，该群体是整个太阳能汽车领域推动技术发展和技术扩散的主力，我们将其视为潜在的专利联盟。

除默克以外，杜邦、巴斯夫、富士等公司，在多重引文关系网络也具有较大的影响力。当关系强度阈值设定为 0.1 时，松下、国家电网、京瓷、电装、博世 5 个公司成为孤立节点，丰田、三洋、夏普、旭化成、钟化等一大批公司居于网络边缘位置。尤其是丰田和夏普，就持有的专利数量来看，两个公司在太阳能汽车技术领域具有较强的研究实力。在合作关系网络和分类号耦合关系网络中，两个公司也居于非常重要的位置。但在引文关系网络中，丰田和夏普并不是十分活跃，其表现不仅无法与默克相较，而且远不及杜邦、巴斯夫等许多其他公司。说明这两个公司在专利数量方面具有显著的优势，处于行业领先的地位，但在以引文为衡量指标的质量和影响力方面表现却相对一般。

中国的两个企业，海洋王和国家电网，持有的相关专利数量排名分别为 13 和 16，在 25 个样本专利权人当中，从数量角度考察，研发实力都在中等偏下的水平，但在引文系统中的表现却大不相同。样本集合中，国家电网获得的总被引频次和他引频次均为 25 个公司中的最低值，与其他所有公司之间都不存在互引和同被引关系，与其他 11 个公司之间存在着引文耦合关系，但关系强度非常弱，当阈值设定为 0.05 时，国家电网成为整个引文网络中唯一的孤立节点。海洋王在样本集合中获得的他引频次排名 18 位，在引文网络中的表现优于国家电网，但仍然处于行业平均水平以下，仅与默克公司之间存在较高强度的多重引文关系,其他全部为引文耦合关系,其中,与住友和巴斯夫两个公司之间存在着较高强度的引文耦合关系。综合国家电网和海洋王在多重引文关系网络中的整体表现可知,海洋王在引文系统中虽落后于杜邦、巴斯夫等许多公司,但研究主题属于主流方向,就知识关联性和技术依赖性来说,可以被归入到以默克为中心的潜在专利联盟当中,在推动技术扩散方面发挥了一定的积极作用。而国家电网在引文系统中的劣势非常明显,在以引文为媒介的技术扩散中并没有发挥太大的作用,也未对其他公司产生技术溢出效应。

就专利权人多重引文关系网络的分析结果来看,既保留了原有的一重引文关系网络的特征,又使得引文耦合、互引、同被引等三种引文关系可以相互补充和参照。由于综合了多种引文关系的指标和数据进行综合评判,所以,获得的研究结论和发现较之单纯从某一个角度进行引文分析的结果更全面、准确和客观。

(二) 多重引文关系网络的因子分析

以上主要是对专利权人多重引文关系网络中的节点属性,以及主要节点之间的引文关系及强度进行比较。为了能够将专利权人多重引文关系网络的聚类结构和技术派系进行更为清晰具体的展示,我们利用 SPSS 软件对多重引文关系标准化矩阵进行因子分析,采用主成分分析方法提取公共因子,结果如表 6-4 所示。

从专利权人多重共现网络中提取出 7 个公共因子,累计方差解释率为 84.30%;其中,#1 公共因子的载荷值最高,方差解释率也最大。其次为#2 公共因子,其他几个因子的载荷值和方差解释率都比较低。我们基于主成分分析结果中每个专利权人在各个公共因子上的载荷值建立二模矩阵,然后利用 NetDraw 进行可视化处理,生成因子分析结果的网络图,如图 6-13 所示。圆形节点代表专利权人,方形节点代表公共因子,圆形节点大小仍然代表专利数量,方形节点大小代表各个公共因子的总载荷值,节点之间的连线代表各个专利权人在相应公共因子上的载荷值,实际上反映了专利权人对于各个公共因子的归属情况,连线的粗细和颜色反映出载荷值的大小,其中,灰色(0＜荷值＜0.35)、浅色(0.35≤荷值＜0.55)、浅深色(0.55≤荷值＜0.75)、深色(0.75≤荷值＜1)。

表6-4　专利权人多重引文关系网络的主成分分析结果

Component	Total	% of Variance	Cumulative %
#1	11.36	45.45	45.45
#2	2.79	11.14	56.60
#3	1.75	7.02	63.61
#4	1.66	6.64	70.25
#5	1.31	5.24	75.49
#6	1.12	4.46	79.95
#7	1.09	4.35	84.30

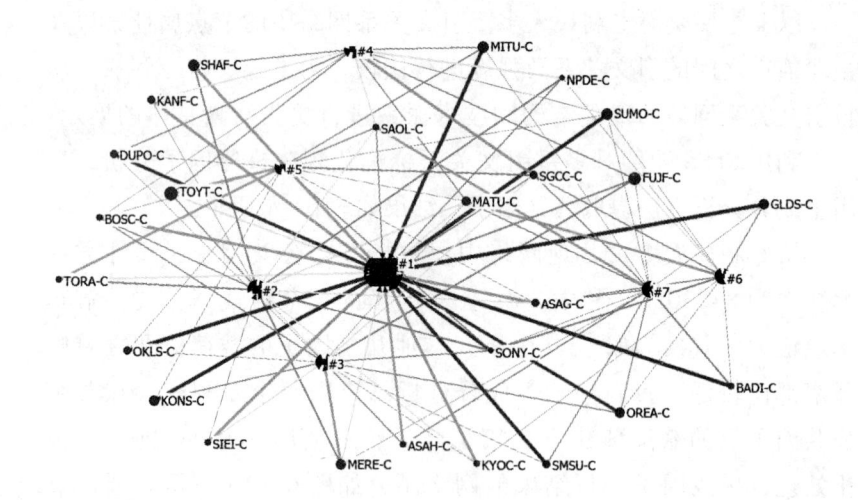

图6-13　专利权人多重引文关系网络因子分析结果图

在整个多重引文关系的因子网络中,#1公共因子最为醒目,全部 25 个样本专利权人对此都有关注，且载荷值普遍都比较大，其中，柯尼斯、三星、LG、三菱、海洋王、住友、巴斯夫、杜邦、欧莱雅、索尼等几个企业，在#1 公共因子上的载荷值最大。共有 14 个公司在#2 公共因子上有载荷值，其中，松下公司的载荷值最大。#3 公共因子共涉及 15 个公司，载荷值最大的是默克公司。#4 公共因子共涉及 12 个公司，载荷值最大的是国家电网。#5 公共因子共涉及 13 个公司，载荷值最大的是东丽和丰田。#6 公共因子共涉及 11 个公司，载荷值最大的是松下。#7 公共因子共涉及 14 个公司，载荷值最大的是三洋。

#1 公共因子与其他 6 个公共因子形成鲜明的对比，1#公共因子受到所有样本专利权人的关注，且各个公司的载荷值普遍较高，25 个公司在#1 公共因子上的平均载荷值高达 0.63，而这些公司在其他公共因子上的最大载荷值几乎全部低于#1 公共因子的平均值，但国家电网除外，国家电网在#4 公共因子上载荷值为 0.69。其余 6 个公共因子，不仅涉及的专利权人数量远低于#1 公共因子，而且载荷值普遍较低。公共因子分析结果中节点及其载荷值分布呈现不均衡性，#1 公共因子一枝独秀，无疑代表着整个太阳能汽车技术领域最大的技术方向，也是引文系统中最为活跃的技术群体。

1#公共因子包含的节点与我们在专利权人多重引文关系网络简化图（$C_{ij} \geq 0.1$）中看到的，以默克为核心的呈现出星型网络结构的那些节点相呼应，#1 公共因子所涉及的载荷值较大的节点，与多重引文关系网络图中直接展示出的位于网络中心位置且中心性指标较高的那些节点基本接近，两个途径的分析结果大概一致，再次证实了杜邦、巴斯夫、住友等公司确实代表着太阳能汽车技术领域的主流方向，也是该技术领域的引文系统中最为活跃和关键、对于推动技术扩散贡献度最大的一批创新力量。

除了能够展示各个公共因子的组成结构和分布情况以外，我们从图中还可以了解到每个公司关注多少个技术方向，以及对每个技术方向的关注程度。例如，丰田关注 5 个方向（#1、#2、#3、#4、#5），就载荷值判断，关注度最高的是#5 公共因子（载荷值

0.56），其次是1#公共因子（载荷值0.48）。三菱关注4个方向（#1、#4、#5、#7），关注程度最高的是1#公共因子（载荷值0.86），对于其他3个方向的载荷值非常低（低于0.2）。可见，同为全球知名的日本汽车企业，丰田和三菱在专利引文系统中各自关注的方向和所属的派系存在明显的差别。整个引文系统中最引人注目的默克公司，同时关注#1、#2、#3、#7 4个方向，其中，关注程度最高的是#3公共因子（载荷值0.59），其次是#1和#2，载荷值分别为0.39和0.30。中国的两个公司，海洋王关注3个方向（#1、#3、#5），其中，关注程度最高的是#1公共因子（载荷值0.86），对于其他两个方向的关注程度非常低（载荷值低于0.1）。国家电网在除#2公共因子以外的其他6个公共因子上都有载荷值，其中，关注程度最高的是#4（载荷值0.69），其次是#3公共因子（载荷值0.44）。

四 几种共现关系网络的比较

截至目前，我们在实证研究部分以25个公司为例，基于相同的样本数据，分别展示和分析了专利权人之间的多种关系，包括合作关系、分类号耦合关系、引文耦合关系、引证关系、互引关系、同被引关系、多重引文关系等，虽然从不同的角度反映专利权人之间的关联特征，但其本质都是共现关系。其中，引证关系为二模有向网络，其他几种均为一模无向网络（双向的互引关系可以用无向网络表示），可以直接进行比较。在本小节中，我们将分别从不同的方面对以上6种包含无向关系的网络进行比较分析。该小节的比较研究主要为了实现以下几个目的：一是考察各个网络之间的相关性；二是比较合作、耦合、引文等不同的分析方法对于共现关系的揭示效果；三是通过不同类型共现关系网络呈现出的特征和规律的比较，发现其中的相似之处和差异之处；四是通过不同网络之间的直接比较来检验多重引文关系网络的可行性和有效性。

(一) 网络 QAP 相关性分析

常规的相关性分析要求自变量相互独立，否则将因为"共线性"导致分析结果不准确。共现关系网络矩阵中本身包含的数据就是专门描述"关系"的数据，不符合常规相关性分析的基本要求，所以，无法利用简单的相关性分析方法，而需要借助于二次指派程序（QAP）对多个不同的网络矩阵进行相关性分析。Ucinet 提供QAP 分析功能，我们将 25 个样本专利权人之间建立的合作关系网络、分类号耦合关系网络、引文耦合关系网络、互引关系网络、同被引关系网络以及多重引文关系网络的标准化矩阵导入 Ucinet，相关性分析结果如表 6-5 所示。

表 6-5　　多种共现关系网络的 QAP 相关性分析结果

	合作	分类号耦合	引文耦合	互引网络	同被引	多重引文
合作网络	1	-0.138**	0.002	0.040	0.001	0.009
分类号耦合网络		1	0.247**	0.162**	0.145**	0.233**
引文耦合网络			1	0.684**	0.652**	0.963**
互引网络				1	0.913**	0.847**
同被引网络					1	0.825**
多重引文网络						1

根据相关性分析结果中的 P 值大小判定任意两个网络矩阵之间是否存在显著的相关关系，研究设定的显著性水平为 0.05，所以只要 P 值低于 0.05，则在统计意义上说明两个矩阵之间不存在相关关系。由表中数据可知，专利权人之间的合作网络与分类号耦合网络之间存在着显著的负相关关系，与其他 4 种引文关系网络之间不存在相关关系；分类号耦合网络与 4 种引文关系网络之间存在着相关关系，但是相关系数值都不大；4 种引文关系网络两两之间都

存在着强相关关系。根据相关系数可以判定两个网络之间的相关程度和相似程度，相关系数值越大，说明两个网络越相关，两个网络呈现出的特征和规律越相似。两个网络相关系数越大，两者在其各自呈现出的研究现状或知识结构方面的特征越是相似或者互补[①]。在对表中数据进行综合分析和比较之后，能够提炼出以下几个研究发现：

1. 合作关系网络的分析维度与其他几类网络大不相同。合作关系网络与分类号耦合关系网络之间存在着显著的负相关关系。合作关系网络基于专利权人之间现实的合作行为而建立，以在专利文献中联合署名作为基本标识，是一种直接、显性的合作关系。而分类号耦合关系是从专利分类号所代表的研究主题和应用领域角度，测度了专利权人之间的技术相似性。这种技术相似性代表着潜在的合作关系，我们通常以技术相似性来预测专利权人未来开展合作的可能性，所以，我们将分类号耦合关系称为潜在的合作关系[②]。无论是引文耦合，还是互引和同被引，引文关系是从文献之间的知识关联性和传承关系来推测专利权人之间的技术相似性。所以，与分类号耦合分析类似，引文分析也常用来发掘潜在的合作关系。根据表中数据判断，合作关系网络与几种引文关系网络均不存在相关关系。专利权人在寻找合作伙伴或者开展合作研究时，技术相似性并非主要考虑因素，技术相似性在搭建现实的合作关系的过程中并不能起到积极的促进作用，甚至还会产生负作用。分类号耦合分析和引文分析方法确实可以用来测度专利权人之间的技术相似性，从理论上来说，这种技术相似性可以用来寻找潜在的合作伙伴，但实际上，这种潜在的合作关系很难转化为现实的合作关系，理论与现实之间相去甚远。另外，根据表中数据，我们也可以判定，在以上 6 种共现关系中，合作关系是最特殊的一种，合作关系研究与其他几

[①] 王菲菲：《发文与引文融合视角下的科学计量学领域核心作者影响力分析》，《科学学与科学技术管理》2014 年第 12 期。

[②] 温芳芳：《基于专利权人—分类号耦合分析的潜在合作关系网络研究》，《情报学报》2016 年第 12 期。

种共现分析方法在研究维度上存在着很大的差别。

2. 分类号耦合关系网络与 4 种引文关系网络之间存在着正相关关系，但是相关系数值都不太大。分类号耦合分析是从专利分类号角度来考察专利权人之间的技术相似性，而引文分析是借助于引文数据来考察专利权人之间的知识关联性和技术相似性，虽然切入角度不同，但在考察技术相似性方面，两种共现分析方法发挥着相似的作用，所以，分类号耦合关系网络与几种引文关系网络之间都存在相关关系，并且两种分析结果中必定包含了相似的发现和结论。低相关系数表明，分类号耦合关系和引文关系毕竟是从不同角度出发，借助于不同的媒介来建立共现关系，揭示维度不同，包含的信息也不同，能够呈现的研究结果自然也会存在明显的差别。因此，分类号耦合关系网络和各种引文关系网络的分析结果能够互为参照和补充，在揭示某一学科或技术领域的研究现状、知识结构和技术派系时，如果将两类方法结合起来使用，可以获得更为全面和准确的分析结果和研究结论。

3. 表中几种引文关系网络，两两之间都存在着强相关关系。说明引文分析方法虽然切入的角度不同，但是都是基于引文数据而建立，所以，分析维度上还是存在着很大的相似性。在引文耦合网络、互引网络和同被引网络三种引文网络的比较中可以发现，互引网络与同被引网络之间的相似度最高，相关系数为 0.913，说明这两种引文分析方法对学科知识结构和节点特征的分析维度比较接近、分析结果非常一致。引文耦合网络与互引网络和同被引网络之间，根据 P 值判定为强相关，相关系数分别为 0.684 和 0.652，说明引文耦合关系与互引关系和同被引关系相比，虽然比较接近，但在分析维度上仍然有一定的差别。此外，就相关系数大小来看，多重引文网络与其他三种引文关系网络的相关系数值都很大，因为多重引文网络本身就是由这三种引文关系网络的标准化矩阵加总而成。说明多重引文关系网络整合了引文耦合、互引、同被引等三种引文关系的特征，又弥合了不同引文关系的差异，由于融合了三个维度的信息，在揭示专利权人之间的引文关系时更为全面和客观，适合于对引文关系进行综合考察。

(二) 网络 SNA 属性特征比较

我们将专利权人之间形成的 6 种共现关系网络，包括合作网络、分类号耦合网络、引文耦合网络、互引网络、同被引网络、多重引文网络，分别导入 Ucinet 计算各种网络指标值，结果如表 6-6 所示。借助于网络密度、网络中心势等几个指标，对以上 6 种共现关系网络的整体属性特征进行直接的比较。

表 6-6　　　　　　多重共现关系网络指标的比较

	合作网络	分类号耦合网络	引文耦合网络	互引网络	同被引网络	多重引文网络
孤立节点数	11	0	0	7	1	0
连线数	16	284	283	23	65	283
网络密度	0.053	0.947	0.943	0.077	0.217	0.943
网络中心势	4.02%	33.02%	16.14%	13.74%	12.85%	18.01%

密度指标用来测度网络中节点之间关系的紧密程度，中心势指标主要用来衡量整个网络的凝聚性。我们进行比较的 6 种共现关系网络全部是由 25 个样本专利权人组成，基于相同的样本数据生成，所以，各个网络中包含的节点总数都是 25 个。孤立节点数量越多，实际连线数越少，网络密度越低，相应的网络中心势也越低。所以，这几个指标具有相关性，共同用来衡量网络中包含的关系紧密程度。

网络密度和中心势指标用来考察网络关系的密度和整体网络的凝聚力，两个指标值越大，说明该网络对其成员的影响力越大，成员之间的关系越紧密，成员之间的知识关联性和技术相似性越高、互动越频繁，整个网络的知识交流和技术扩散活动越是活跃。借用以上几个指标对 6 个共现关系网络的整体特征进行比较，发现它们反映出的网络属性特征是完全一致的。分类号耦合关系网络的密度和凝聚性最高，其次是多重引文关系网络和引文耦合关系网络。同被引网络的密度一般，互引网络的密度较低，合作网络的密度最低。

此外，网络的密度和中心势也在一定程度上反映了各种网络对于成员属性的揭示程度，密度越大、中心势越高的网络，对于节点属性的揭示越充分、越有效。由此可见，合作网络和互引网络由于孤立节点大量存在、网络关系过于稀疏，所以对样本群体的揭示能力也比较有限。但是，网络密度并非越大越好，例如，分类号耦合网络、引文耦合网络、多重引文网络的密度几乎接近于1，密度过大、连线过多，虽然对各个节点的揭示程度较高，但是，网络结构不清晰、聚类关系不明确，难以从中识别出小群体。

（三）节点中心性指标比较

除了网络整体属性的研究以外，我们还将从微观角度对网络中所包含的节点的属性特征进行比较分析，不同节点的属性特征反映了每个节点所代表的主体在关系网络中的等级和地位的差异，节点属性分析也是 SNA 的重要方面。在本小节我们将借助于点度中心性指标（Degree），对以上 6 种共现关系网络进行比较。节点中心性指标值直接由 Ucinet 计算获得，我们再将 25 个节点在各个网络中的中心性指标值排序，具体排名情况如表 6-7 所示。若节点为孤立节点，中心性指标值为 0，表中相应排名位置用"—"表示。

中心性作为节点的结构位置指标，可以用来对个体的地位、特权、影响力以及社会声望等方面进行测度[①]。点度中心性是 SNA 中的常用指标之一，表示某一节点与网络中其他节点之间的连通情况。指标值越大表明与该节点直接相连的节点数越多，这样的节点一般处于网络的中心位置，对于整个网络及其他节点产生着重要的影响力。若中心度指标为 0 说明该节点在网络中是孤立节点。所以，我们可以利用点度中心性指标来衡量节点在网络中的地位和影

---

① 罗家德：《社会网分析讲义（第二版）》，社会科学文献出版社 2010 年版，第 187 页。

响力的差异，并且根据指标值的大小来识别网络中的重要节点。

表6-7　　　多个共现关系网络节点中心性指标排序

	专利数量排序	合作网络	分类号耦合网络	引文耦合网络	互引网络	同被引网络	多重引文网络
TOYT-C	1	1	7	15	13	14	16
FUJF-C	2	13	3	4	8	8	6
SUMO-C	3	14	8	6	2	2	5
SHAF-C	4	10	11	10	—	21	10
MITU-C	5	—	9	17	9	5	14
GLDS-C	6	8	4	5	3	4	4
OREA-C	7	—	24	7	—	23	8
KONS-C	8	—	2	13	10	10	13
MERE-C	9	9	6	1	1	1	1
MATU-C	10	4	10	21	—	20	21
DUPO-C	11	—	1	3	5	6	3
SMSU-C	12	5	5	8	12	9	7
OKLS-C	13	—	12	14	18	17	17
ASAG-C	14	—	17	11	7	13	11
KANF-C	15	—	15	20	—	16	20
SGCC-C	16	—	23	25	—	—	25
TORA-C	17	7	16	19	6	7	15
KYOC-C	18	—	18	24	16	12	24
BADI-C	19	12	14	2	4	3	2
ASAH-C	20	—	13	23	—	22	23
SAOL-C	21	3	20	16	15	15	18
BOSC-C	22	6	22	18	14	18	19
SIEI-C	23	11	21	12	11	11	12
SONY-C	24	—	19	9	—	24	9
NPDE-C	25	2	25	22	17	19	22

由表中数据可知，在合作关系网络中，丰田的中心性指标值最大，其次是电装、三洋、松下等，由于合作网络本身就比较稀疏，节点的中心性指标值普遍较小，且网络中近一半的节点为孤立节点，丰田、电装等少数几个公司结成了一个松散的合作小团体，所以，这几个节点在合作关系网络中的中心性指标值排序相对靠前。在分类号耦合关系网络中，杜邦的中心性指标最大，其次是柯尼卡、富士、LG、三星、默克、丰田、住友等，节点的中心性指标值普遍较高。分类号耦合关系反映了某一专利权人与其他专利权人在专利分类号（研究主题和技术领域）方面的相似程度，指标值越大，说明与之存在耦合关系的公司越多，从而在一定程度上代表着该公司的研究主题具有更加显著的多元化特征。

在引文耦合关系网络中，中心性指标值最大的是默克，其次是巴斯夫、杜邦和富士。在互引关系网络中，中心性指标值最大的是默克，其次是住友、LG、巴斯夫、杜邦，网络中近1/3的节点为孤立节点，其余大部分节点的中心性指标值都比较低。在同被引网络中，中心性指标值最大的仍然是默克，其次是住友、巴斯夫、LG、三菱、杜邦等。在多重引文关系网络中，中心性指标最大的节点是默克，其次是巴斯夫、杜邦、LG、住友、富士等。可见，四种引文关系网络都是基于引文数据建立，都是从引文角度来考察节点的属性特征，借此反映各个专利权人在引文系统中的重要性和活跃程度，所以，获得的中心性分析结果也比较一致。即便如此，各个专利权人在不同的引文关系网络中的中心性指标值大小及其排序仍然存在一定的差别，例如，东丽公司在互引网络和同被引网络中的中心性指标相对较高，排序分别为6和7，但是在引文耦合网络和多重引文网络中的中心性却比较低，排序分别为19和15。由此可见，虽然都是引文关系网络，但是不同的引文分析方法在揭示维度上并不完全一致。

如果将以上6种共现关系网络的中心性指标与专利数量指标进行比较，可以发现，任意一种共现关系网络的中心性指标排序与专利数量的排序都存在显著的差异。例如，样本集合中，丰田持有的相关专利数量最多，但是在引文关系网络中的中心性指标却低于平均水平。默克持有的相关专利数量排名第九，但在几种引文关系网络中的中心性指标均为第一。可见，各个专利权人在不同的共现关系网络中的地位和影响力，并不取决于它们持有的专利数量的多少。换而言之，企业的专利产出水平（专利数量）与技术影响力（被引频次）两方面并不必然对等。

（四）可视化效果比较

可视化是社会网络分析的重要辅助手段，将网络以图谱形式予以直观显示，借此能够对网络的整体结构、节点的位置信息、网络关系特征做出快速、直接的判断。本书在对各类共现关系网络进行计量分析时，也主要采用可视化方式对网络特征进行直观展示。在这里，我们将对以上6种共现关系网络的可视化效果进行直接比较。

1. 合作关系网络和互引关系网络。网络非常松散，孤立节点众多，连线数量极少，所以，合作关系网络和互引关系网络的结构清晰可见，节点之间是否存在关系以及关系强度如何一目了然。可视化效果虽然很好，但是由于网络关系过于松散，许多节点为孤立节点，除了如实地展示少数专利权人之间的现实合作关系和互引关系及强度以外，我们无法从这两类网络中获得更多的有效信息。

2. 分类号耦合关系网络、引文耦合关系网络。耦合关系网络的密度很大，节点之间的关系非常紧密，接近于完备图，整个网络只有一个成分，表现在网络图谱中，连线过多，层层交叠，无法清晰地展示出网络的结构特征，节点的聚类现象也不太明显，凭借肉眼观察很难直接从图中找出小团体，可视化效果受到一定的影响。为了弥补这一不足，我们采取两种应对方案：一是设置关系强度阈值，以过滤掉低强度的共现关系从而生成网络简化图，但是，阈值的设定较为主观，阈值太小时网络结构依然不显著，当阈值过大时仅能保留少数高强度的共现关系及节点，导致信息的大量流失；二是加入了因子分析方法，从网络标准化矩阵中萃取公共因子，再将因子分析结果进行可视化处理，以此来描述整个技术领域的结构、识别全部样本专利权人形成的研究方向和技术派系。相比较而言，第一种方案适合于对网络关系的强度进行分析，第二种方案获得的可视化图谱聚类结构更清晰，且所有的专利权人节点得以保留，能够识别的信息更丰富，但因子分析要求网络中不能出现孤立节点，并不是普遍适用。所以，两种应对方案各有利弊。

3. 多重引文关系网络。整合了三种引文关系的全部特征，包含的信息更丰富。在可视化效果上，与引文耦合关系网络很像，网络密度很大，连线过多过密影响了网络结构的清晰度。在对多重引文关系网络进行可视化处理时，由于网络中同时包含了三种引文关系，为了能够对不同类型的引文关系进行区分，我们将代表不同类型引文关系的连线分别以不同的颜色进行区分，在一定程度上增强了可视化效果。除此以外，我们同样采用前文提及的两种方案，设置阈值以剔除低强度的共现关系和增加因子分析步骤，试图从多重引文关系网络中发掘更多的有效信息。

五 小结与讨论

（一）现实的合作关系与潜在的合作关系

专利权人之间的现实合作关系非常松散，在前文 6.2.1 小节中我们曾对此现象做过专门的讨论，从几个方面分析了问题产生的主要原因。耦合分析借助于第三方媒介间接地建立起专利权人之间的关联性，这种关联性代表着研究主题的相似性和知识的关联性，在以专利为样本的耦合分析中，我们将其视为技术相似性。在实证研究部分，我们分别从分类号耦合分析和引文耦合分析两种途径考察了 25 个样本专利权人的技术相似性情况，并将其作为发掘潜在的合作关系与竞争对手的标准和依据。

实际上，现实的合作关系受到多种因素的影响，现实的合作动机也远比想象的更为复杂。技术相似性只是从某个方面预示合作的可能性，但是，真实的合作关系和合作行为却更多地取决于社会因素的影响。并且现实合作关系多是基于节点之间的亲缘、地缘关系而建立,是社会关系在专利技术创新活动中的映射[①]。专利研发领域的合作多发生在具有亲缘关系的企业之间,例如,母公司和子公司之间,隶属于同一母公司的多个子公司之间,在某个技术或商业领域建立起战略合作关系的公司之间等。也就是说,专利合作更易于在拥有相同利益的个体之间开展,而技术相似性并非促成专利合作的首因。

通过分类号耦合分析所揭示的潜在合作关系,单纯地建立在技术相似性的考察基础之上,不受其他社会关系因素的影响,也没有考虑企业之间的共同利益。对于专利这样一种集科技、经济和法律三重属性为一体的创新成果来说,分类号耦合关系绝非单纯的学术关系或者技术关联。两个企业的研究主题越接近,产品和技术越相似,彼此之间的竞争关系是不言而喻的。所以,分类号耦合不仅意味着潜在的合作,更代表着直接的竞争。鉴于专利的垄断性和排他性特征,企业很难与自己的竞争对手开展合作研究、分享专利成果。从这一角度分析,由分类号耦合关系揭示出的潜在合作关系,很难转化为现实的合作关系。相比较而言,分类号耦合分析在发掘潜在的竞争对手方面似乎更有效。

(二) 多重引文关系网络的分析效果

鉴于多种引文关系及网络的同质性,引文耦合关系、互引关系、同被引关系本质上都是共现关系,而且都是从引文角度建立的共现关系,以上三种引文关系网络也都是一模无向网络,所以,我们提出"多重引文分析"的思路,通过关系归类和矩阵加总的方式,将三种引文关系整合到同一个引文关系网络中,构建了多重引文关系网络,进行社会网络分析和可视化展示,并将其与三种单纯的引文关系网络进行比较。结果表明多重引文关系网络融合了三种引文关系,完整保留了三种引文关系网络的特征,适合于对某一技

---

① 温芳芳:《基于社会网络分析的专利合作模式研究》,《情报杂志》2013年第7期。

术领域引文系统的结构特征做整体性的描述和分析，对各个专利权人在引文系统中的表现做综合性的评判。我们对各种引文关系进行归类，然后在多重引文关系网络的可视化图谱中将不同类型的引文关系以不同的颜色予以标识，根据连线的颜色和粗细，可以直接从网络图中看到任意两个专利权人节点之间，究竟存在哪种引文关系，或者同时存在哪几种引文关系以及引文关系强度如何。

与单纯的引文耦合分析、互引分析、同被引分析相比，多重引文分析整合了多个引文分析维度，对多种引文关系进行综合分析和集中展示，网络密度和关系强度得以提升。本研究仅以25个样本专利权人为例构建引文关系网络，包含的节点数量太少，引文耦合关系过于密集，所以，多重引文关系网络与引文耦合关系网络非常接近，获得的分析结果和可视化效果区分度不大，若利用较多数量的样本专利权人建立较大规模的引文关系网络，多重引文分析的优势应该能够得到更好的体现。多重引文分析实际上是基于引文关系的同质性，反映引文系统中的共性特征，但是忽略了引文关系的个性特征。事实上，引文耦合、互引、同被引毕竟是从不同角度揭示引文关系。因此，多重引文分析可以作为传统的引文耦合、互引、同被引等引文分析方法的补充，但是并不能完全取代传统的引文分析方法。

（三）合作网络、分类号耦合网络与引文网络的比较

在对6种共现关系网络进行比较之后发现，4种引文关系网络，包括引文耦合网络、互引网络、同被引网络和多重引文网络，其共性大于个性，所以，我们将其归为一类，统称为引文关系网络。合作网络、分类号耦合网络与引文网络分别包含着专利权人之间的三种不同类型的关系，无论是网络QAP相关性分析、网络SNA属性特征，还是节点的中心性指标，三类网络均表现出明显的差异性。

合作网络反映的是现实的合作关系，现实合作关系背后更多的是社会关系，而非单纯的技术关联。合作网络的关系过于松散，能够获得的有效信息极为有限。引文网络是从引文角度揭示专利权人

之间的知识和技术关联,但是,样本数据的代表性有限,并非每件专利都能提供引文信息,而且引文数据存在着一定的时滞性①,所以通常无法反映最新的专利成果的情况。在专利计量学领域,合作研究和引文分析都可以用来测度技术扩散,但是都不全面。如果能够将两种方法结合起来,将合作关系与引文关系整合起来建立综合性网络,可以更为全面地描述技术溢出的过程②。

分类号耦合网络是对研究主题和技术方向相似性的测度,完全不考虑专利权人之间的其他社会关联,可以用来发掘潜在的合作伙伴及专利联盟,但是更适合于识别直接的竞争对手。引文耦合分析也可以用来测度专利权人之间的知识关联性和技术相似性,并借此寻找潜在的合作关系。两种耦合分析方法虽然原理上有些相似,但是建立耦合的方式和媒介却不相同。考虑到引文数据的代表性有限以及时滞性,分类号耦合分析对于技术相似性的反映和测度,较之引文耦合分析方法更为准确和及时。尽管如此,分类号与引文不同,并非质量和影响力指标,分类号耦合分析无法反映专利权人的技术水平和技术溢出效应,专利的质量和专利权人的影响力还是需要借助于引文指标进行判断。

综上所述,我们对以上几种共现关系以及共现分析方法进行比较之后发现,各类关系本质上都是共现,系分别从不同的角度揭示专利权人之间的关联性。就各类共现分析方法的揭示维度和分析效果的比较情况来看,引文耦合、互引、同被引等几种引文分析方法的共性大于个性。合作研究、分类号耦合分析、引文分析三类方法的个性大于共性。每种共现分析方法都有优势、不足和适用条件,在实际的研究过程中,我们应该将多种方法结合起来对专利权人之间的关系进行综合考察,使得研究结果能够互为参照和补充。

---

① 邱均平、罗力、苏金燕等:《基于专利权人共被引的企业技术创新态势研究》,《情报科学》2009 年第 2 期。

② 向希尧、蔡虹:《组织间跨国知识流动网络结构分析——基于专利的实证研究》,《科学学研究》2011 年第 1 期。

第七章 专利多重共现分析在技术创新网络中的应用

前文通过实证研究证实了专利多重共现分析方法的合理性和可行性，多重关系整合方法能够实现对同一实体的多视角观察，从而获得更加全面且可靠的分析结论。本章我们将专利多重共现分析方法应用于实践，基于德温特专利文献数据，构建包含多重共现关系的技术创新关系网络，描述某一行业领域的技术发展现状和主要竞争态势，揭示企业之间以专利为载体的合作、竞争、知识交流、技术扩散等关系，识别潜在的合作与竞争关系及专利联盟，对技术创新问题进行多角度、综合性的计量分析。透过企业的专利行为和现象，发掘技术创新背后的市场战略，探讨专利多重共现分析方法在科学研究、商业经营、创新管理等领域的应用价值及发展前景。

一 样本企业主要专利指标和经济指标的比较

2017年7月，《财富》杂志发布了"2017世界500强企业"榜单，我们选择入选榜单的全球23家汽车企业作为研究对象，从DII数据库中检索并下载这些汽车企业最新的专利信息。考虑到标准公司专利权人代码的唯一性，而专利权人名称却存在诸多不规范之处，专利权人代码的检全率和检准率都明显大于专利权人名称检索。所以，我们决定以专利权人代码作为检索项。首先，需要确认各个企业的专利权人代码，在DII数据库中这23家汽车企业，除斯巴鲁以外，其余22家都拥有标准公司代码。

在此需要做出说明的是，尽管在市场上现代和起亚是两个独立运营的品牌，《财富》榜单也对两个品牌进行独立的评估和收录，但是追溯公司发展演变历史，1998年现代收购起亚，2000年共同组建现代起亚汽车集团。在DII数据库中，现代与起亚持有相同的专利权人代码（HYMR-C），所以本研究将现代与起亚视为一个企业进行合并处理，统称为现代起亚。所以，样本集合中实际包含22个企业。

关于检索时间区间的设定，为了能够反映这22个世界500强汽车企业最新的技术创新状况，我们选择最近一个年度的专利信息作为样本，截至检索时间点，2017年数据不完整，所以，我们选择2016年一个年度。以各个样本企业的专利权人代码进行检索，斯巴鲁因为没有标准化代码，所以先采用非标准化代码进行检索，然后利用企业名称对检索结果进行筛选，时间区间限定为2016年当年。检索时间为2017年8月5日，共获得检索记录29047条，我们下载了专利文献的题录信息（全记录），并将其导入Excel表格中进行汇总和整理。这22个样本企业的基本信息及其专利数据，如表7-1所示。统计各个公司拥有的专利数量时仅计算第一专利权人，所以，样本集合中22个企业以第一专利权人身份持有的专利总量为27529件。

表中分别列举了各个样本企业的年度专利数量、总被引频次和营业收入，三个指标分别用来衡量各个企业的研发能力、技术影响力和经济实力。丰田的三个指标均排名第一，且遥遥领先于其他企业。对以上三个指标进行综合考察，丰田、大众、戴姆勒、通用、福特、本田、现代起亚等企业的研发能力、技术影响力和经济实力都处于行业领先地位。中国的6个汽车企业整体表现明显落后于丰田、本田、大众、福特、通用等老牌的汽车企业，尤其是专利数量和总被引频次指标落后于行业平均水平。

表7-1 世界500强汽车企业的基本信息汇总表（2016年度）

序号	世界排名	公司名称	简称	国别	AC代码	专利数量	总被引频次	营业收入（亿美元）
1	5	丰田汽车公司	丰田	日本	TOYT-C	5427	7838	2546.94
2	6	大众公司	大众	德国	VOLS-C	1081	1752	2402.64
3	17	戴姆勒股份公司	戴姆勒	德国	DAIM-C	2171	3613	1694.83
4	18	通用汽车公司	通用	美国	GENK-C	1620	3628	1663.80
5	21	福特汽车公司	福特	美国	FORD-C	2441	2904	1518.00
6	29	本田汽车公司	本田	日本	HOND-C	2123	4994	1291.98
7	41	上海汽车集团	上汽	中国	SAMO-C	726	445	1138.61
8	44	日产汽车	日产	日本	NISC-C	192	402	1081.64
9	52	宝马集团	宝马	德国	BAYM-C	1433	1547	1041.30
10	68	东风汽车公司	东风	中国	DMOT-C	468	16	861.94
11	78	现代起亚汽车集团	现代起亚	韩国	HYMR-C	3590	2754	1261.26
12	125	中国第一汽车集团	一汽	中国	FAWG-C	335	5	647.84
13	137	北京汽车集团	北汽	中国	BAIC-C	1276	165	611.30
14	140	标致	标致	法国	CITR-C	804	752	597.49
15	157	雷诺	雷诺	法国	RENA-C	556	700	566.67
16	238	广州汽车工业集团	广汽	中国	GAIG-C	368	97	415.60
17	247	印度塔塔汽车公司	塔塔	印度	TTTA-C	529	275	403.29
18	301	沃尔沃集团	沃尔沃	瑞典	VOLV-C	213	613	352.69
19	343	浙江吉利控股集团	吉利	中国	GEEL-C	854	1169	314.30
20	352	斯巴鲁公司	斯巴鲁	日本	SUBA-N	0	0	306.96
21	367	马自达汽车株式会社	马自达	日本	MAZD-C	737	1015	296.65
22	373	铃木汽车	铃木	日本	SUZM-C	585	565	292.52

中国汽车企业在经济指标上的表现优于专利指标上的表现，其中，专利数量的指标又明显优于专利被引频次指标。例如，上汽集团以 1138.61 亿美元的营业收入在 22 个样本企业中排名第 7，但是专利数量和被引频次指标排名分别为 13 和 15。吉利集团正好与之相反，营业收入排名第 19，专利数量和被引频次排名第 10 和第 9。中国汽车企业在专利被引频次指标上的劣势最为明显，除了吉利一家企业的总被引频次略高于行业平均水平，其余 5 家中国企业，上汽、北汽、广汽、东风、一汽，总被引频次都居于末位。以上几组数据暴露出中国汽车企业发展过程中存在的一些问题，近年来，中国的汽车企业营业收入和专利申请数量逐年增加，但是由于起步较晚，整体仍然落后于全球行业平均水平。技术水平与经济实力，专利数量与专利质量之间未能实现同步发展。汽车行业属于典型的技术密集型产业，对于先进技术的依赖程度较高，企业的长远发展必须依靠专利技术提供动力和支撑。中国汽车企业在专利技术方面的劣势必会影响其市场竞争力和可持续发展能力。

二 基于 AE – DC 多重共现关系网络的竞争态势研究

（一）AE – DC 多重共现关系网络分析

样本集合中 22 个样本专利权人，共涉及德温特专利分类号（DC）252 个。斯巴鲁公司的专利数量为零，所以，实际的计量研究只涉及 21 个样本企业。依据前文第四章提出的构建多重共现关系网络的方法和步骤，构建 AE – DC 多重共现关系网络。第一步，分别构建三个基础关系网络的初始矩阵：专利权人现实合作关系网络（21 ∗ 21）、德温特分类号共现关系网络（252 ∗ 252）、专利权人—分类号隶属关系网络（21 ∗ 252），初始矩阵中的数值为共现频次。第二步，为消除三个基础网络的量纲差异，采用 Salton 指数计算方法对三个基础网络的初始矩阵进行标准化处理，生成三个标准化网络矩阵（相似性矩阵），矩阵中的数值为由共现频次计算生成

第七章 专利多重共现分析在技术创新网络中的应用

的 Salton 指数，计算时分母为样本集合中各个专利权人持有的专利数量和各个 DC 分类号的出现频次。第三步，将三个基础网络的标准化矩阵进行合并，得到 AE – DC 多重共现关系网络（273 * 273）。网络中包含两类节点：专利权人（AE）和德温特专利分类号（DC），三种共现关系：AE – AE 合作关系、DC – DC 共类关系、AE – DC 隶属关系。

将 AE – DC 多重共现关系网络导入 NetDraw 软件绘制网络图谱，为了达到更好的可视化效果，我们选择出现频次 > 200 的 53 个热点分类号，并将关系强度的阈值设定为（$C_{ij} \geq 0.05$），以保留较高强度的共现关系，因为合作关系本身就比较松散，所以对于合作关系未设置阈值，最后生成的多重共现关系网络如图 7 – 1 所示。图中圆形节点代表着专利权人，节点大小代表着样本集合中各个专利权人持有的专利数量多少；方形节点是 DC 分类号，节点大小反映其在样本集合中的出现频次；深色连线代表着专利权人之间的现实合作关系；浅深色连线代表着 DC 分类号之间的共类关系；浅色连线代表着专利权人与分类号之间的隶属关系，连线的粗细代表着共现强度的大小。

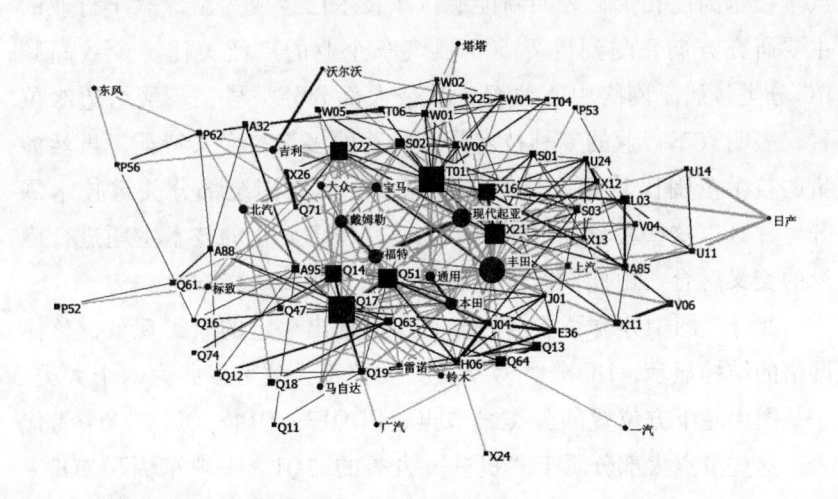

图 7 – 1 AE – DC 多重共现关系网络图

1. 现实合作关系非常少见，21个企业之间，丰田—福特—戴姆勒—现代起亚—大众—宝马6个企业结成一个合作关系子网，另有通用—本田、吉利—沃尔沃两个合作关系对，其余11个企业在合作关系网络中均是孤立节点。从合作关系强度来看，福特与现代起亚、福特与戴姆勒、通用与本田、丰田与宝马之间的合作强度相对较高，合作频次分别为20、12、10、7，与其各自持有的专利数量相比，这样的合作频次实在是微乎其微。而其余几个合作关系对的关系强度更低，合作频次仅为2或者1。

2. 共类关系十分紧密，即便是将阈值设定为0.05，图中保留的共类关系仍然比较紧密，说明汽车行业涉猎的技术领域十分广阔。由专利分类号以及共类关系在网络中的分布情况来看，"Q17-汽车零件、配件、维修""T01-数字计算机""X21-电动汽车""Q51-发动机""X22-汽车电工学""X16-电化学存储""Q14-电力推进"等几个分类号所代表的技术主题是整个汽车行业的研究热点，这些分类号在样本集合中的出现频次逾2800次。这些热门分类号居于网络中心位置，且具有较高的节点中心性。其中，X21、X22、X16等几个分类号所代表的技术主题，与新能源汽车技术高度相关，表明新能源汽车技术已经成为全球汽车行业的主要研究方向，受到世界500强汽车企业的广泛关注。少数高频DC分类号居于网络中心位置，其余大部分分类号位于网络边缘位置，表明汽车行业的专利技术具有显著的多学科交叉特征，虽然涉猎的技术范围比较宽广，但是研究重心始终围绕部分关键技术展开，并且以这些主流技术主题为中心，与多元化的技术主题进行广泛的交叉融合，由此不断产生新的技术主题和研究方向。

此外，图中分类号节点的分布还呈现出一定的聚类现象，整体网络的结构显示，DC分类号及其共类关系大致可以归为两个大类：一是图中左下方位置的分类号节点，以Q17、Q14、Q51、Q64为代表，这些节点大部分属于"机械"大类的"Q1-一般车辆""Q5-电机、泵""Q6-工程部件"等几个部；二是位于右上方位置的分类号节点，以T01、X16、X21、X22为代表，这些节点大多来自于

"电子和电气"大类的"T-计算机控制""X-电力工程""W-通讯""U-半导体和电路""V-电子元件"等几个部。

3. 依据专利权人与专利分类号之间的隶属关系，可以直接判断各个 DC 分类号所代表的技术主题的主要研究力量分布情况。以"X21-电动汽车"为例，若不考虑关系强度，除尼桑以外的其余 20 个汽车企业持有的专利都曾涉及这一技术主题，当剔除低强度的共现关系以后，由图 7-1 可知，"X21-电动汽车"技术主题的主要研究力量包括 9 个企业，按照共现关系强度的高低依次为：丰田、现代起亚、福特、戴姆勒、本田、雷诺、铃木、宝马和通用。专利分类号节点的位置和中心性显示出该分类号所代表的技术主题的受关注程度，节点中心性越高，在网络中的位置越居中，表明该技术主题受到越多企业的关注和参与。

而专利权人节点的中心性指标及其在网络中的分布位置则反映出各个企业所从事的技术主题的多样化程度，节点中心性越高，在网络中的位置越居中，表明该企业涉猎的技术主题越多样化。例如，丰田、现代起亚、福特、戴姆勒、本田等企业，在多重共现关系网络中居于中心位置，具有较高的点度中心性，说明这些企业的研究主题呈现出典型的多元化特征，涉猎的技术范围比较广泛。一汽、广汽、上汽、塔塔、日产等企业，居于网络边缘位置，节点中心性相对较低，表明这些企业涉猎的技术领域相对狭窄。因此，借助于节点在多重共现网络中的分布位置和中心性指标，可以识别整个汽车行业的热门技术主题和关键研究力量。

4. 多重共现关系网络更为全面地展示了各个企业的技术创新状况，以丰田公司为例，首先，我们看到丰田与宝马和福特两个公司之间存在着合作关系，其中，丰田与宝马之间的频次大于福特。其次，就专利权人与专利分类号的隶属关系来看，样本集合中共计涉及 252 个不同的 DC 分类号，丰田公司与其中的 199 个分类号之间存在共现关系。图 7-1 中保留了 53 个高频分类号，即便是剔除低强度的共现关系以后，丰田与其中 34 个分类号之间的共现关系仍然得以保留，以上情况说明丰田公司涉猎的研究主题非常广泛。

依据共现关系强度考察，丰田关注的主要技术主题为"X16－电化学存储"和"X21－电动汽车"；其次是"L03－电子器件，电子设备的化学特性"和"T01－数字计算机"。可见，新能源汽车技术已经成为丰田公司的研发重点。

再以一个中国企业为例，由图7－1可知，吉利汽车与沃尔沃之间存在着合作关系，这也是6个中国企业中，唯一一个与其他样本专利权人存在现实合作关系的公司。吉利曾于多年前收购沃尔沃汽车的股份，还与沃尔沃签署合作协议成立合资公司，所以，吉利与沃尔沃之间是战略合作伙伴关系，两者在专利研发领域的合作实际上源于双方的"商业姻亲"关系，再次印证了专利合作关系并非单纯的学术关系或技术关系，而是受到社会关系的直接影响。吉利持有的专利共涉及111个DC分类号，但是大部分的共现关系较弱，图中与吉利保持较高强度共现关系的DC分类号仅剩下6个，按照关系强度大小排序分别为："P62－手工工具、切割""Q17－汽车零件、配件、维修""S02－工程仪表、记录设备、一般测试方法""Q14－电力推进""T01－数字计算机""P56－机床"。由此可见，吉利从事的主要研究主题大多是较为传统的技术领域。

综上所述，AE－DC多重共现关系网络实现了对两种类型节点和三种共现关系的综合分析和集中展示，从多个维度展示了样本企业的技术创新现状，既保留了专利权人合作网络、共类关系网络等基础网络的特征，又能够揭示一重共现分析无法反映的交叉关联性。借助于多重共现关系网络分析，我们可以获得以下几个方面的信息：第一，判断各个技术主题的受关注程度，识别技术热点；第二，展示各个企业的研究实力，识别整个行业的研发主力；第三，测度各个企业所从事的技术主题的多元性，考察企业对于各个技术主题的关注程度；第四，每个企业目前与哪些企业建立了现实合作关系，以及合作关系强度如何；第五，每个企业从事哪些技术主题的研究，其主要研究力量集中于哪个技术主题；第六，每个技术主题吸引了多少企业参与其中，各个参与者的研究实力和技术水平如何；第七，整个行业的知识结构和技术组成情况如何。由此可见，多重共现分析能够在一定程度上突破一重共现分析的局限,考察的角度更多元、包含的信息更丰富。

(二) 专利权人现实合作关系的分析

首先考虑 21 个企业之间的现实合作关系,样本集合中共包含 29047 件专利,其中,9647 件专利含有两个及以上专利权人,计算结果显示专利合作率为 33.21%,专利合作度(篇均专利权人)为 1.56。我们进一步统计了组织内合作和跨组织合作的比例,即组织内合作专利和跨组织合作专利在全部合作专利中所占的比重,分别为 92.92% 和 7.08%。专利的合作率低于学术论文中作者的合作率,其中绝大多数为组织内部的合作,跨组织合作的情况非常少。我们分别统计了各个企业跨组织合作和组织内合作的比例,如图 7-2 所示。

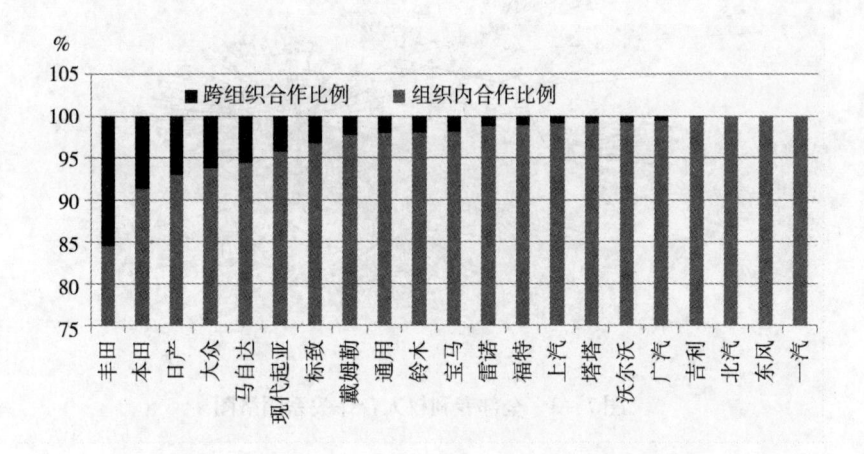

图 7-2 样本企业组织内合作与跨组织合作的比例

由图中数据可知,丰田的跨组织合作比例最高,为 15.44%,其次为本田 8.60%,其余 19 个企业的跨组织合作比例全部都低于行业平均水平 (7.08%)。可见,丰田和本田在对外专利合作方面表现相对较为活跃,其余企业对外合作的程度都相对较低,中国的

6个企业，上汽的跨组织合作比例为0.89%，在21个样本企业中排名第14位，跨组织合作比例排名倒数五名全部为中国企业，其中，北汽、东风和一汽3个企业的跨组织合作比例为零。

21个样本企业的合作伙伴共计308个（不含样本企业自身），这些合作伙伴全部为拥有千件以上专利的标准公司（专利权人代码的结尾标识为"-C"），根据专利权人名称在专利文献中的共现现象，我们构建了全部专利权人的合作关系网络矩阵（329*329），如图7-3所示。21个样本企业我们用深色节点表示，其余专利权人全部用浅深色节点表示，因页面有限，所以，没有在图中标注出各个样本专利权人的合作伙伴的名称。

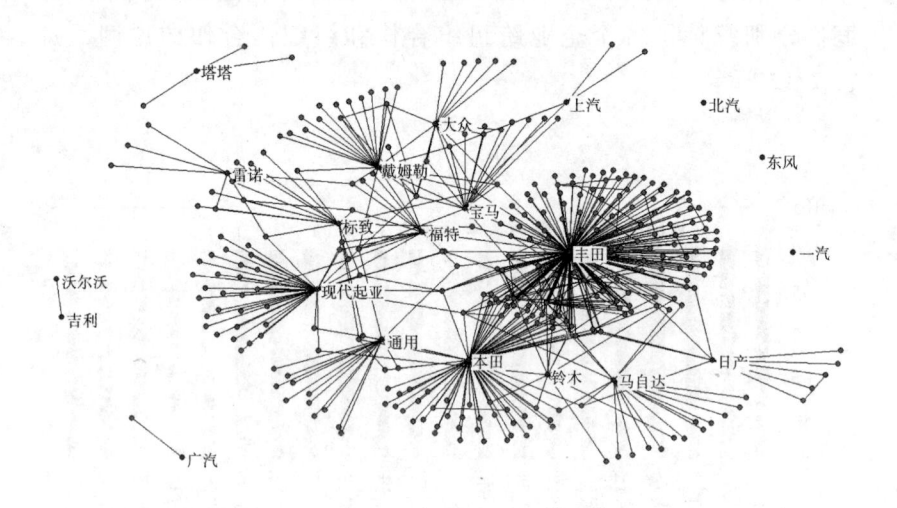

图7-3 全部专利权人合作关系网络图

21个样本企业的合作伙伴全部为DII数据库中拥有千件以上专利的标准公司（含企业、高校、研究机构和社会组织），没有自然人或者非标准公司的情况，可见，其合作伙伴多为研究实力较强的机构。丰田对外合作程度最高，与之存在合作关系的标准公司多达152个，其中，合作频次最高的是日本电装公司（NPDE-C），合作频次高达616次。电装是世界顶级的汽车零部件供应商，曾是丰

第七章 专利多重共现分析在技术创新网络中的应用

田的零部件工厂之一，1949年从丰田分离出来成为独立的企业，目前是日本国内最大的汽车零部件生产和供应商。可见，丰田与电装曾是一家公司，彼此之间存在着深厚的亲缘关系，而亲缘正是促成丰田与电装高强度合作关系的主要因素。由节点中心性判断，除丰田以外，本田、现代起亚、戴姆勒、宝马、福特等企业对外合作程度也相对较高。

中国的6家企业对外合作程度普遍较低，吉利只与沃尔沃一家企业之间存在合作，合作频次仅为2，前文曾提到这对合作伙伴也是由于"商业联姻"建立的合作。广汽只有一个合作伙伴——中山大学（UYSY-C）。上汽的合作伙伴共有4个，分别为法雷奥（VALO-C）4次，博世（BOSC-C）、上海工程技术大学（USES-C）和上海理工大学（USHS-C）各1次。北汽、东风、一汽3个企业对外没有合作伙伴。

实际上图中大部分的合作关系都是低频次的合作关系，当我们过滤掉10次以下的合作关系及节点时，如图7-4所示，图中得以保留的合作关系很少。

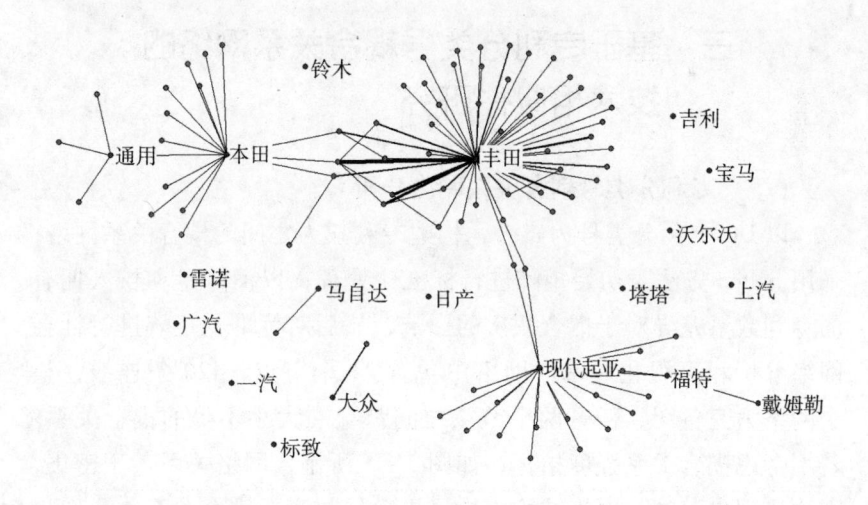

图7-4 全部专利权人较高强度的合作关系网络（合作频次≥10）

当过滤掉合作频次低于 10 的合作关系时,合作网络中连线数量由 990 骤减为 192,网络密度由 0.0092 降至 0.0018,21 个样本企业中有 11 个变成孤立节点,可见大部分的专利合作关系都是低频次的合作。当不考虑合作强度指标时,表面上许多企业对外都建立了合作关系,尽管整体网络密度很低,但是,大部分样本企业都有一些合作伙伴,这样的合作关系及合作网络成为知识交流和技术扩散的重要渠道。但是,当我们引入合作强度指标时却发现,大部分的合作关系实际上都停留在低强度、低频次的水平。35.96% 的合作关系频次仅为 1,65.86% 的合作关系频次低于 5 次,80.61% 的合作关系频次低于 10 次。也就是说,许多企业对外并没有稳固的合作关系和合作伙伴,现有的一件或者少数几件合作专利主要是通过某一个或少数几个发明人的私人关系建立,从企业整体层面分析这样的合作关系事实上非常脆弱,合作动机常常源于个别发明人之间的私人关系,并非机构之间有目的、有组织的行为,带有很强的自发性和随机性,一旦这几个发明人由于某些原因停止合作,两个机构之间的合作关系也将随之断裂。

三 基于专利分类号耦合关系网络的技术相似性研究

(一)专利分类号耦合关系网络分析

以 DC 专利分类号为媒介,构建专利权人之间的耦合关系网络,采用 Salton 方法对初始矩阵进行标准化处理,以消除专利权人拥有的专利数量差异对于耦合频次的影响,然后对标准化矩阵进行社会网络分析和可视化展示。网络中包含 21 个节点,420 条连线,整个网络为完备图,任意两个节点之间都存在大小不等的耦合关系。若不考虑耦合关系强度指标,如图 7-5 所示,网络关系过于密集,无法呈现出清晰的网络结构。为了剔除低强度的耦合关系,我们将阈值设定为 $C_{ij} \geq 1$,获得耦合关系网络的简化图,如图 7-6 所示。

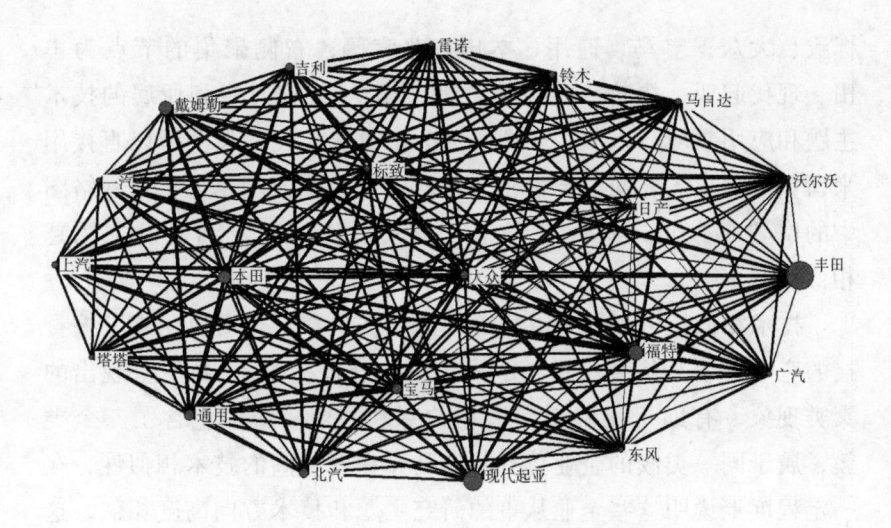

第七章 专利多重共现分析在技术创新网络中的应用

图 7-5 专利权人（分类号）耦合关系网络图

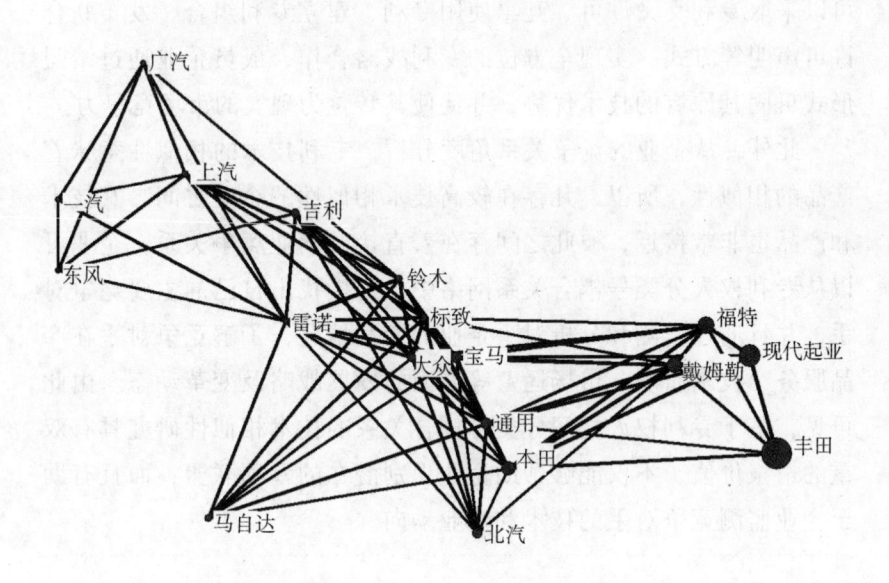

图 7-6 专利权人（分类号）耦合关系网络简化图（$C_{ij} \geqslant 1$）

当剔除低强度的耦合关系时，图中呈现出了一定的聚类结构，大致包含了三个类簇。左上方的广汽、上汽、东风、一汽、吉利等几个节点全部为中国的汽车企业；中间部分聚集的节点包括铃木、

267

标致、大众、宝马、通用、本田、北汽等；右侧聚集的节点为丰田、现代起亚、福特、戴姆勒。DC 分类号代表着专利所属的技术主题和应用领域，以 DC 分类号为媒介的耦合关系强度可以直接用来衡量专利权人之间的技术相似性。耦合关系强度越大，在网络图中的位置越接近，则代表着专利权人所从事的专利研发主题越相似。

技术相似性可以用来寻找潜在的合作伙伴，也可以用来发掘直接的竞争对手。从潜在的合作关系角度分析，图 7-6 所呈现出的聚类现象，有助于我们识别潜在的专利联盟。图中包含了三个类簇，属于同一类簇的企业持有的专利存在着较高的技术相似性，在一定程度上说明这些企业从事的研究主题和技术方向高度相似，这样的企业更易于建立起专利联盟，彼此之间可以开展合作研究，也可以采取专利交叉许可、互惠使用专利、建立专利组合、发布联合许可声明等方式，实现全方位的专利战略合作，成员企业通过结盟形式巩固其原有的技术优势，并促使其转化为现实的市场竞争力。

此外，从企业的竞争关系角度分析，专利技术的相似性意味着产品的相似性，所以，凡存在较高技术相似性的企业之间，其技术和产品也非常接近，彼此之间存在着直接的商业竞争关系。企业可以从专利权人分类号耦合关系网络中，直接找出自己的主要竞争对手，并且通过监测和分析对手企业的专利情况，了解竞争对手在产品服务、技术研发、市场运营等方面的发展战略及变革动态。由此可见，基于专利权人之间分类号耦合关系的技术相似性研究具有双重的情报价值，不仅能够帮助企业识别潜在的专利联盟，而且有助于企业监测竞争对手的技术和商业动向。

（二）基于因子分析的技术派系研究

为了能将专利权人耦合关系网络的聚类结构和技术派系进行更为清晰具体的展示，我们利用 SPSS 软件对耦合关系的标准化矩阵进行因子分析，采用主成分分析从中萃取公共因子。从专利权人耦合关系网络中共提取出 4 个公共因子，累计方差解释率为 77.42%，

第七章 专利多重共现分析在技术创新网络中的应用

其中，#1公共因子的载荷值最高，方差解释率也最大。其次为#2公共因子，其他两个公共因子的载荷值和方差解释率都比较低。四个公共因子的方差解释率依次为：42.96%、19.39%、7.60%和7.47%。

我们将主成分分析结果中每个专利权人在各个公共因子上的载荷值建立二模矩阵，然后利用NetDraw进行可视化处理，生成因子分析结果的网络图，如图7-7所示。圆形节点代表专利权人，方形节点代表公共因子，圆形节点大小仍然代表专利数量，方形节点大小代表各个公共因子的总载荷值，节点之间的连线代表各个专利权人在相应公共因子上的载荷值，实际上反映了专利权人对于各个公共因子的归属情况，连线的粗细和颜色反映出载荷值的大小，其中，灰色（0<荷值<0.05）、浅色（0.05≤荷值<0.25）、浅深色（0.25≤荷值<0.45）、深灰色（0.45≤荷值<0.65）、深色（0.65≤荷值<0.85）。

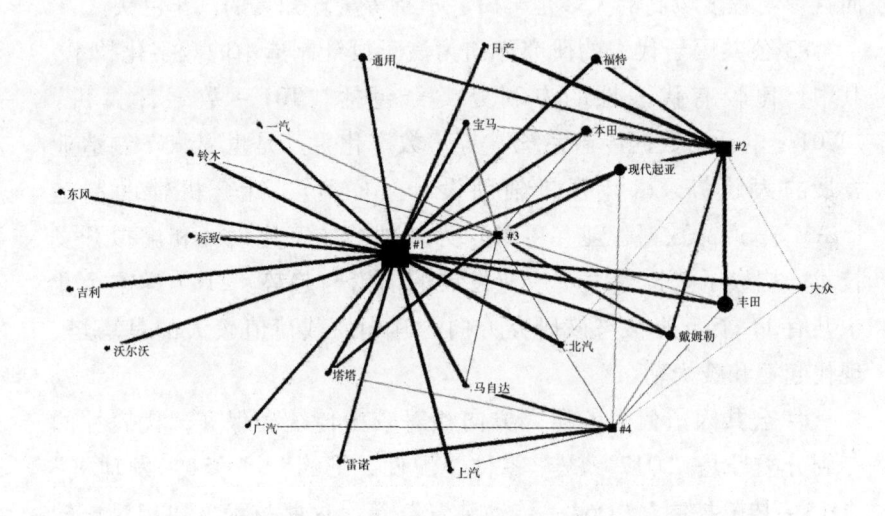

图7-7 专利分类号耦合关系网络因子分析结果

我们统计了各个公共因子高载荷值企业的专利分类号频次，在此基础之上，咨询了相关技术专家的意见和建议，标识出4个公共因子所代表的技术方向。

#1 公共因子代表着当前汽车行业的主流方向，该技术方向涉及的领域比较宽泛，研究主题不太具体，主要关注于发动机、变速箱、底盘、汽车电子等核心领域，这些技术方向一直以来都是汽车行业的关键技术，只不过在#1 公共因子中，研究重心已经开始向混合动力方向转变。21 个样本企业对于#1 公共因子所代表的研究方向都有参与，且载荷值普遍较高。

#2 公共因子代表着汽车行业的另一个主要研究方向，即新能源汽车技术，以"X21 - 电动汽车""X16 - 电化学存储""Q14 - 电力推进"等为代表。共计 10 个企业参与该研究方向，其中，参与程度最高的是日产、丰田、福特，其次是现代起亚、本田、戴姆勒、通用、宝马，北汽和大众虽有参与，但载荷值很低。虽然#2 公共因子的研究热度和受关注程度远不及#1 公共因子，却代表着汽车行业的未来发展趋势，当前已经引起了许多汽车企业的重视，而且参与程度较高的大多是丰田、福特等全球知名的汽车巨头。

#3 公共因子代表的研究方向为汽车设计制造中的数字化技术，其中，比较有代表性的专利分类号包括"T01 - 数字计算机""W01 - 电话与数据传输系统"等。数字化生产是世界汽车制造业发展的大趋势，以计算机辅助设计（CAD）、计算机辅助制造（CAM）、产品数据管理（PDM）为基础的数字化设计和虚拟开发技术，构成了全世界汽车产业发展的前沿与趋势。21 个样本企业中共有 11 个企业参与该研究方向，其中，载荷值较大的是塔塔、现代起亚和戴姆勒。

#4 公共因子代表的研究方向相对较为传统和保守，代表性的专利分类号是"Q17 - 汽车零件、配件、维修""Q51 - 发动机""Q13 - 传输控制""Q64 - 传动装置"等。这些技术方向相对比较保守，但是仍有不少企业进行相关的专利研发。共有 10 个样本企业参与该技术方向，载荷值较大的是雷诺和马自达。

综上，就以上四个公共因子所代表的研究方向来看，#1 公共因子是主流，#2 和#3 公共因子代表着汽车工业的发展新趋向，#4

公共因子相对比较保守。我们专门对中国的 6 个汽车企业进行考察，这些企业对于#1 公共因子的关注程度非常高。北汽的研究主题更为多元化，对 4 个公共因子都有涉及，只不过对其余三个公共因子的载荷值比较低；广汽和上汽只参与了#1 和#4 两个公共因子；一汽参与了#1 和#3 两个公共因子；吉利和东风只参与了#1 公共因子。除北汽以外，其余 5 家中国汽车企业的技术方向相对单一，此外，#2 公共因子是以电动汽车为代表的新能源汽车技术，但是，中国企业的关注和参与程度却不高。与之相比，丰田、现代起亚、戴姆勒、宝马、本田等企业的研究方向呈现出显著的多元化特征，对于多个公共因子都有关注和参与，而且在#2 和#3 两个公共因子的载荷值较大，说明这些企业对于汽车工业的高新技术的参与程度更高。

四　基于专利家族的企业全球专利布局研究

专利保护具有地域性特征，在哪个国家申请并获批准才能够得到该国的专利法保护，一项技术若想获得多个国家的保护，就必须要分别向多个国家提出申请。所以，企业通常就一项重要的专利技术在不同的国家和地区进行多次申请，以期在多个目标市场形成技术优势和市场竞争力。另外，企业围绕一项重要技术进行持续的发掘和探索，围绕一项专利技术可以衍生出多项新技术，这些新技术同样需要通过专利申请和授权获得保护。无论是向多个国家重复申请的专利，还是就某项专利衍生出的新专利，这些内容相同或基本相同、享有共同的优先权的一组专利被称之为专利家族或专利族（Patent Family）。这些专利在发明内容上是相同或相关的，所以享有相同的优先权。同族专利由于多次申请和批准而具有多个专利号。DII 将同族专利进行汇总和整理，将其合并成一条记录，并且在 PN 项中列出同族专利的多个专利号，由此使得同一件专利技术在各个国家和地区的专利申请和授权情况得以集中展示，借此可以对某一技术领域的全球专利布局情况进行计量分析。

(一) 专利家族空间分布情况的计量分析

专利家族的规模代表着某一项发明的重要程度，此外，若将每一个专利授权国家视为企业的目标市场，专利家族的全球分布情况也在一定程度上显示出企业的市场规划和竞争策略。同族专利具有多个不同的专利号码，在 DII 数据库，这些号码被集中收录于同一件专利记录当中，彼此之间实际上存在着共现关系，并且与专利权人之间存在隶属关系，本节我们将针对专利家族现象开展共现分析。专利号的前两个大写字母是受理国家（地区或组织）代码，我们仍以 21 个样本企业作为第一专利权人持有的 27529 件专利为样本，这些专利共计包含 53576 个专利号码，由 30 个不同的国家、地区或组织授权。一个专利号码代表着一次专利申请和授权，借助于样本数据中每个专利（族）拥有的专利号码统计各个国家（地区或组织）受理的专利申请次数及其在样本中所占的比重，其分布情况如图 7-8 所示。

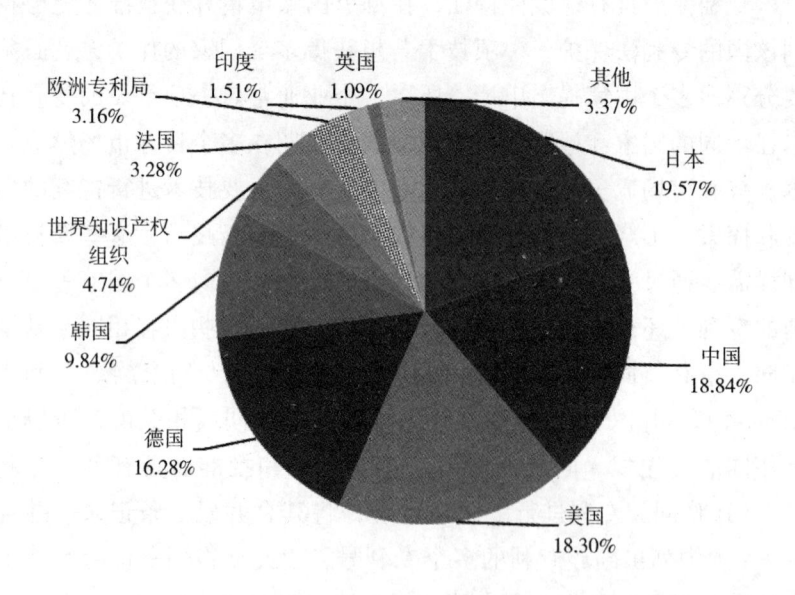

图 7-8 各个国家（地区或组织）受理的专利申请量统计及其比重

第七章 专利多重共现分析在技术创新网络中的应用

21个世界500强汽车企业，2016年度在全世界范围内获得的专利共由30个国家（地区或组织）授权，上图展示出了排名前十的国家，它们受理的专利数量累计占样本总数的96.63%，其余20个国家受理的专利数量累计仅占3.37%。排名第一的是日本，其次是中国、美国、德国、韩国。世界知识产权组织和欧洲专利局作为两个国际性专利组织，分别受理了4.74%和3.16%的专利申请。法国、印度和英国授权的专利数量相对较少。由图7-8可知，日本、中国、美国、德国、韩国既是全球主要的汽车生产国，也是汽车工业竞争的主要战场，这五个国家授权的专利数量在样本总量中所占的比重高达82.84%。

企业将一件专利在多个国家重复申请或将其后续衍生出的新技术多次申请，以此来获得更大范围的专利保护，阻止竞争对手因为模仿和追赶而削弱该企业的技术优势和市场份额[1]。所以，专利家族的规模反映了企业对于某项专利技术的重视程度，也体现出企业预期的目标市场范围。同时，企业多次申请时需要支付更多的费用，所以，企业不会盲目扩大专利家族的规模[2]。只有企业对某项专利的预期收益和市场前景充满信心时，才会向多个国家重复申请。鉴于以上情况，我们可以通过专利家族的规模来衡量某项专利技术的重要程度，通过专利家族的全球布局情况判断企业的目标市场[3]，进而预测企业的市场发展规划和市场竞争战略。

（二）专利家族主要规模指标的统计分析

专利家族中一个专利号码（PN）代表着一次申请和授权，由专利号码的前两位英文大写字母我们可以直接判断出授权国家（地

---

[1] 张克群、夏伟伟、郝娟等：《专利价值的影响因素分析——专利布局战略观点》，《情报杂志》2015年第1期。

[2] Zeebroeck V. The puzzle of patent value indicators [J]. *Economics of Innovation and New Technology*, 2011, 20 (1): 33–62.

[3] Chang Y, Yang W, Lai K. Valuable patent or not? Depends on the combination of internal patent family and external citation [C]. *Proceedings of PICMET*, 2010: 10.

区或者国际组织)。样本集合中专利家族的比例为39.26%,也就是说39.26%的专利含有两个及以上专利号码。专利家族的平均规模为1.96,即平均每件专利拥有1.96个专利号码。随后我们根据专利号码,分别统计了21个样本企业的专利家族信息,如表7-2所示。

表7-2　　　　主要汽车企业的专利家族规模

序号	企业	国别	专利家族规模	授权国家数量	国内授权比例/%	国外授权比例/%	主要授权国家或地区
1	丰田	日本	2.22	25	46.09	53.91	日本、美国、中国
2	现代起亚	韩国	2.49	8	49.16	50.84	韩国、美国、中国
3	福特	美国	2.82	14	33.22	66.78	美国、德国、中国
4	戴姆勒	德国	1.06	12	85.38	14.62	德国、WIPO、日本
5	本田	日本	2.11	20	52.57	47.43	日本、美国、中国
6	通用	美国	2.34	12	36.68	63.32	美国、中国、德国
7	宝马	德国	1.50	8	66.06	33.94	德国、WIPO、中国
8	北汽	中国	1.00	1	100.00	0.00	中国
9	大众	德国	1.58	10	54.49	45.51	德国、中国、WIPO
10	吉利	中国	1.18	4	80.69	19.31	中国、EPO、美国
11	标致	法国	1.96	6	72.77	27.23	法国、WIPO、EPO
12	马自达	日本	2.02	7	75.05	24.95	日本、美国、德国
13	上汽	中国	1.03	5	97.07	2.93	中国、美国、EPO
14	铃木	日本	1.73	9	54.59	45.41	日本、德国、中国
15	雷诺	法国	1.93	9	63.53	36.47	法国、WIPO、EPO
16	塔塔	印度	2.07	14	24.59	75.41	印度、英国、WIPO
17	东风	中国	1.02	6	98.54	1.46	中国、美国、德国
18	广汽	中国	1.02	2	98.66	1.34	中国
19	一汽	中国	1.00	1	100.00	0.00	中国
20	沃尔沃	瑞典	1.24	9	0.00	100.00	WIPO、中国、美国
21	日产	日本	2.78	13	15.01	84.99	WIPO、中国台湾、日本

第四列"专利家族规模"指标是指该企业拥有的专利平均每件所包含的专利号码数量。该指标主要用来衡量各个企业持有的专利的重要性和市场潜力,指标值越高说明企业就一件专利技术向多个国家申请专利保护或者由一件专利衍生出多项新的专利技术,这样的专利通常被认为具有更高的市场价值。样本集合中,21个样本企业的专利家族平均规模为1.96,以此为标杆对各个企业进行衡量,福特、日产、现代起亚、通用、丰田、本田、塔塔、马自达8个企业的专利家族规模高于平均值。中国的6个企业在该项指标上排名非常落后,倒数五名全部为中国企业,吉利排名倒数第七。中国几家汽车企业的专利家族规模较小,在一定程度上说明它们持有的专利技术的预期市场价值偏低。

第五列"授权国家数量"指标是指该企业拥有的专利究竟由多少个国家(地区或国际组织)授权。由于专利的属地主义原则,该指标可以用来衡量各个企业在全世界范围内专利布局的地域广度,指标值越大,表明该企业持有的专利获得更多国家或地区的保护。丰田和本田持有的专利分别由25个和20个国家(地区或国际组织)授权,可见其专利布局的范围非常广阔。福特、塔塔、日产、通用、戴姆勒、大众等企业该项指标值都相对较大。中国6个企业在该项指标还是非常落后,排名倒数六名。北汽和一汽的专利全部由本国授权。可见,中国汽车企业的专利布局区域和受保护范围仅限于本国范围。

第六列"国内授权比例"是指该企业拥有的专利中由本国专利局授权的比例;第七列"国外授权比例"是指该企业拥有的专利中由外国专利局或国际专利组织授权的比例。这两个指标共同衡量各个企业专利战略的国际化程度,国外授权比例越高表明企业对于国外市场的重视程度越高,通过对外申请专利来提升自己在海外市场的竞争力,并对当地企业形成技术封锁和打压。这是长期以来西方企业惯用的市场竞争战略。沃尔沃、日产、塔塔、福特、通用、丰田、现代起亚等企业,半数以上的专利都由外国专利局或国际专利组织授权。中国的汽车企业在该项指标上的排名再次居于末位,吉利是6个中国企业中,海外专利申请比例最高的,有19.31%的专利为海外专利或国际专利。上汽、东风、广汽的比例不足3%,北汽和一汽的专利全部由本国授权。可见,中国企业的专利布局仍然仅限于本国,申请海外专利的积极性不高,专利战略的国际化程度很低。

在第八列我们列举了各个企业排名前三的专利授权国家(地区或组织)。专利申请具有"本土优势",由于语言、文化、市场信息等方面的优势和偏好,发明人总是优先向本国提出专利申请①。21个样本企业,除沃尔沃和日产以外,其余19个企业全部都是以母国作为第一专利申请国家。此外,15个外国企业中有2/3的企业将中国作为排名前三的主要专利申请国之一。可见,这些外国汽车企业对于中国市场的重视程度。

由专利家族情况的统计数据可知,世界500强汽车企业大部分都在积极谋划国际专利布局。在全球专利布局中,企业大多以本国作为主要的保护区域,与此同时,企业的国际化程度提升、国际竞争意识加强,纷纷走出国门参与国际竞争,海外专利申请数量不断增加②。与中国的几家汽车企业形成鲜明对比的是印度的塔塔汽车公司,同样来自于发展中国家,塔塔2016年的营业收入低于中国的汽车企业,2016年获得专利授权数量与几个中国企业相当,但是,塔塔在专利的海外布局方面,却明显优于中国企业。塔塔持有的529件专利由14个国家(地区或组织)授权,其中,国外授权比例高达75.41%,塔塔在英、美、中、日等国,以及世界知识产权组织和欧洲专利局获得了一定数量的专利授权,积极构筑海外保护区域。

(三)专利家族共现关系网络可视化分析

随后,利用专利家族中多个专利号码之间的共现现象,以及专

---

① Fritsch R, Schmoch U. Transnational patents and international markets [J]. *Scientometrics*, 2010, 82 (1): 185-200.

② 梁帅、李海波、陈娜:《世界新能源汽车专利主体的竞争态势研究》,《科技管理研究》2015年第4期。

第七章 专利多重共现分析在技术创新网络中的应用

利家族与专利权人之间的隶属关系，构建专利权人与专利授权国家之间的共现关系网络矩阵（21＊30），并导入 Ucinet 和 NetDraw 进行计量分析，以展示这些汽车企业在全球范围内的专利布局情况。如图7-9所示，圆形节点是21个样本企业，节点大小代表着样本集合中各个企业持有的相关专利数量；方形节点是30个专利授权国家、地区或组织，节点大小代表着样本集合中各个国家、地区或组织授权的专利数量（含本国企业的申请和外国企业的申请）；节点之间的连线显示出企业在各个国家或专利组织获得的专利授权情况，连线粗细反映了企业在各国获得的专利授权数量。

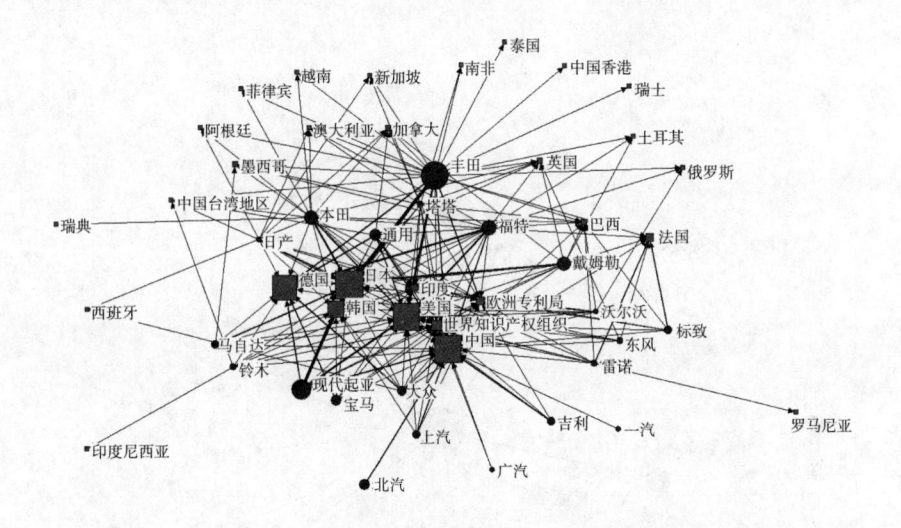

图7-9 样本企业的专利家族共现关系网络图

由图7-9可知，日本、中国、美国、德国、韩国、世界知识产权组织、欧洲专利局、印度等30个国家（地区或国际组织）受理了世界500强汽车企业2016年度的专利申请，这其中，日本、中国、美国、德国、韩国、世界知识产权组织、欧洲专利局、印度8个国家或组织在整个共现关系网络中居于核心位置。21个样本企业分布在日本、美国、中国、世界知识产权组织等8个国家或组织节点周围，且与这些国家或组织之间存在着广泛且紧密的共现关系。其余

22个国家和地区受理的专利数量很少，节点处于网络边缘位置，且与企业节点之间的连线非常稀疏。专利家族共现网络所呈现出的结构特征，反映出日、中、美、德、韩五国是全球主要的汽车专利受理国，它们受理了大量外国专利申请，这些申请具有明显的海外扩张意图，毋庸置疑，以上五国既是全球主要汽车企业进行专利布局的重点区域，也是全球汽车产业开展市场竞争的主要战场。

与此同时，共现关系网络还直观展示出了每个企业的专利布局情况，以中国为例，我们将共现关系网络的局部进行放大，以展示外国企业在华专利申请情况，如图7-10所示。

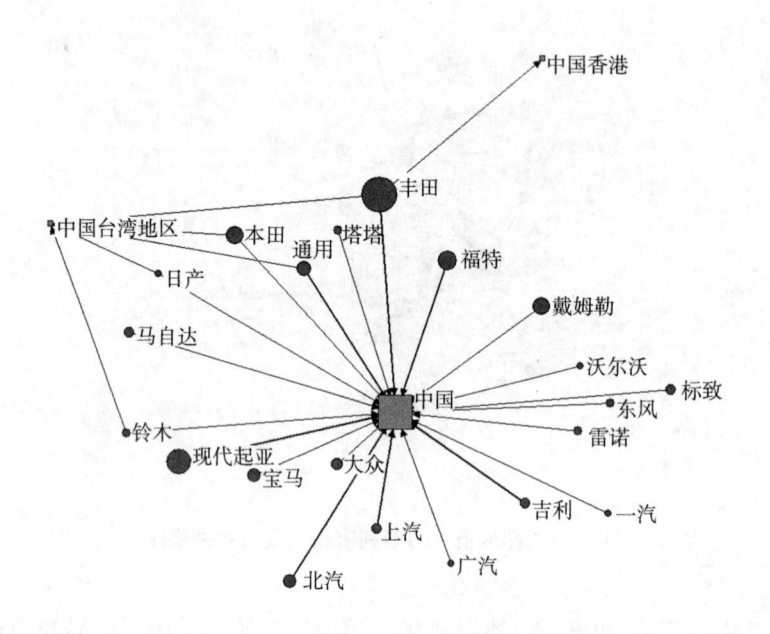

图7-10 样本企业在华专利申请情况

全部21个样本企业都持有在华专利，按照在华获得授权的专利数量排序，福特、丰田、北汽、现代起亚、通用5个企业2016年度在华获得授权的专利数量都在千件以上，除中国本土企业以外，本田、大众、宝马、铃木4个企业在华获得授权的专利数量都

第七章　专利多重共现分析在技术创新网络中的应用

超过了百件。此外，丰田、本田、日产、铃木、通用5个企业还在中国台湾地区申请了200多件专利。丰田公司在中国香港也有专利申请。当然，对华专利申请的重心仍然在中国大陆地区。以上情况显示出中国具有巨大的发展潜力和市场空间，也充分说明了全球主要汽车企业对于中国大陆市场的重视程度。仍以中国企业为例，将专利家族共现关系网络的局部进行放大，以展示中国企业对外专利申请情况，如图7-11所示。

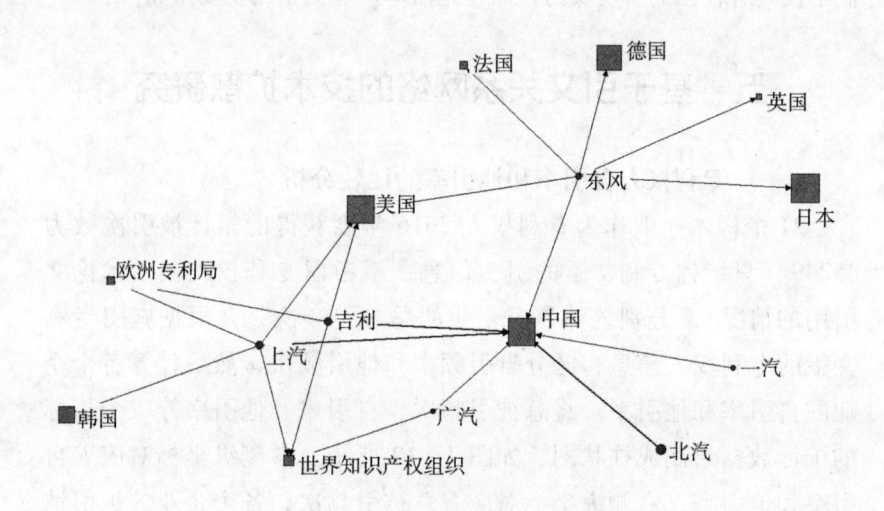

图7-11　中国汽车企业专利布局情况

中国的6个汽车企业向外国专利局或国际专利组织申请的专利数量很少，其中，东风获得外国专利授权来自美国、德国、日本、法国、英国5个国家，但专利数量仅为7件。吉利在欧洲专利局、美国、世界知识产权组织获得的专利数量分别为103件、84件和8件。上汽在美国、欧洲专利局、世界知识产权组织、韩国等处获得的专利授权数量为22件，广汽在世界知识产权组织获得授权专利是5件。以上几组数据反映出，相比较而言吉利是6个企业中专利国际化程度最高的企业，中国汽车企业在海外专利布局方面已经有所行动，但实际表现仍然差强人意。

综上所述，发明人或发明单位通常向希望获得专利保护的国家或地区提出专利申请，尤其是跨国专利申请，更是带有明显的商业目的。跨国专利申请日益频繁，某个国家受理的专利申请越多，说明该国的市场潜力越大，当然未来的市场竞争也会更为激烈。因此，各个国家受理的专利数量直接反映出世界500强汽车企业的全球专利分布格局。日本、中国、美国、德国、韩国等国家无疑是全球汽车产业的主力，这5个国家既是主要的专利申请国，也是主要的专利受理国，说明他们不仅具有较强的研发实力，而且是汽车产业竞争的主要市场。

五　基于引文关系网络的技术扩散研究

（一）专利权人自引率和他引率的比较分析

21个样本企业作为专利权人2016年度获得的累计被引次数为35249（只统计专利文献的引文信息，不考虑专利权人被学术论文引用的情况），分别统计各个企业的总被引频次，并根据施引专利文献的专利权人信息，区分自引频次和他引频次，然后计算各个企业的自引率和他引率。将总被引频次、自引率、他引率等三个指标的统计数据绘制成柱状图，如图7-12所示。左侧纵坐标对应着自引率和他引率，右侧纵坐标对应着总被引频次，各个企业的被引情况可以进行直接的比较。

总被引频次显示出企业拥有的专利的质量和影响力。自引率是指企业获得的被引频次中自我引用所占的比例，他引率是指企业获得的被引频次中他人引用所占的比例。来自科学计量学和专利计量学领域的学者们通常借用引文数据来考察技术溢出效应，自引率用来衡量技术的内部溢出（内溢）效应，他引率用来衡量技术的外部溢出（外溢）效应。自引率高一方面代表着企业的专利研发活动具有较强的连贯性和一致性；另一方面代表着企业具有较强的技术自给能力。他引率高代表着企业在行业中具有较高的技术影响力和技术外溢效应，高他引率的企业在推动整个行业的技术扩散和技术发展中发挥着积极的作用。

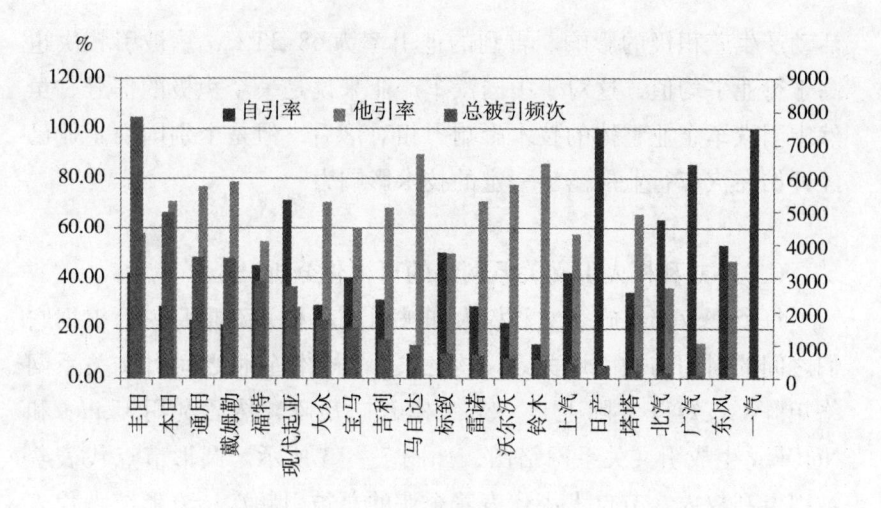

第七章 专利多重共现分析在技术创新网络中的应用

图 7-12 样本企业专利被引情况统计结果

综合专利总被引频次、自引率和他引率3个指标，我们可以对各个样本企业的技术影响力和技术溢出效应进行定量的考察和评估。由图7-12可知，丰田公司的总被引频次远高于其他企业，反映了丰田在整个汽车行业中的技术领先地位。其次是本田、通用、戴姆勒、福特、现代起亚等，这些企业成立时间较早，长期以来都是全世界汽车行业的领跑者，由被引频次指标衡量，这些企业的技术优势可见一斑。与之相比，国内几家汽车企业的技术影响力整体较弱，相对来说吉利的被引情况略好于其他5个中国企业。

由自引率指标值来看，日产、一汽、广汽、现代起亚、北汽、东风的自引率高于他引率，结合总被引频次指标考察，若总被引频次高且自引率高，说明企业的技术内溢效应显著，技术自给能力较强；若总被引频次低而自引率高，则只能说明企业所持有的专利技术的质量和影响力较低。由此，可以判断中国的一汽、广汽、北汽、东风的情况明显属于后者。马自达、铃木、戴姆勒、沃尔沃、通用、雷诺、本田、大众等企业的他引率指标都在70%以上，说明这些企业持有的专利技术受到其他企业的广泛关注和引用，具有较高的技术影响力和显著的技术外溢效应，对其他企业的专利研发活动产生着积极的影响。吉利的他引率为 68.33%，总被引频次也高于行业平均值，这对于中国汽车产业来说是一个积极的信号，虽然中国汽车企业整体的技术影响力相对落后，但是个别国内企业已经开始在汽车行业展露出一定的技术影响力。

（二）专利权人引文关系网络的可视化分析

每个企业都有施引专利权人和被引专利权人双重身份，根据它们之间的引用与被引用关系，构建 21 个样本企业之间引文关系网络矩阵，该矩阵实际上是一个二模有向矩阵，然后利用 Ucinet 和 NetDraw 生成引文关系网络图，如图 7 - 13 所示。圆形节点代表着被引专利权人，节点大小代表着企业的总被引频次；方形节点代表着施引专利权人，节点大小代表着企业的总施引频次，即引用自己和他人专利文献的次数；节点之间的连线反映了引文关系，由被引专利权人指向施引专利权人，箭头方向显示出技术扩散的方向，连线粗细显示出引用关系的强度（引用频次）的大小。

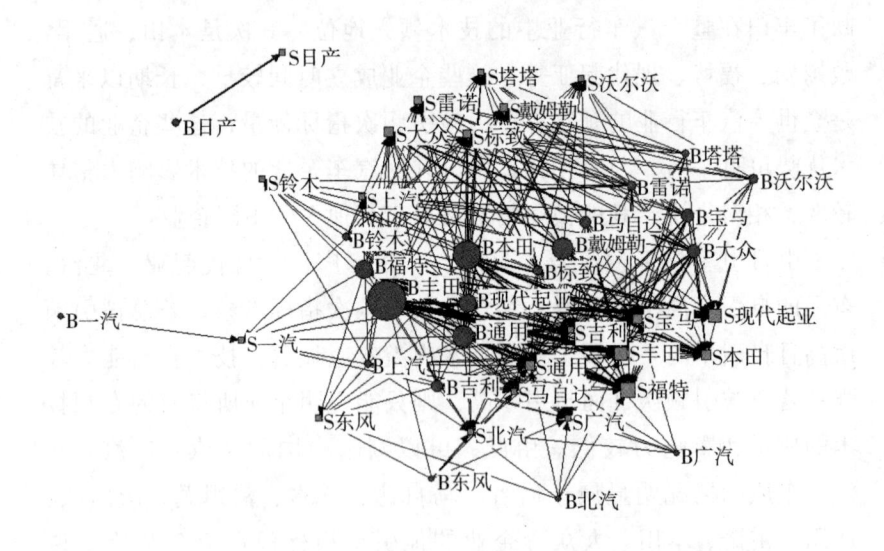

图 7 - 13 样本企业专利引文关系网络图

第七章 专利多重共现分析在技术创新网络中的应用

21个样本企业之间存在着非常密集的引文关系,从节点分布情况来看,居于网络中间位置的深色节点,丰田、本田、戴姆勒、通用、现代起亚、福特、标致等企业,被其他企业广泛且频繁地引用,在一定程度上证明了这些企业具有较高的技术影响力,在行业技术扩散中是主要的技术输出方。丰田和现代起亚两个企业被除日产以外的所有企业引用。反之,位于网络边缘位置的深色节点,如一汽、广汽、北汽、东风、日产等企业,较少被其他企业引用,技术影响力相对较弱。一汽和日产两个企业只存在自引,他引频次为零,从引文现象来看,它们对其他企业的专利研发活动几乎起不到任何参考和借鉴作用。

由于连线过于密集,网络结构不是很清晰,我们剔除了自引关系,以及引用频次低于20次的关系,只保留较高强度的他引关系,得到21个样本企业的引文关系网络简化图,如图7-14所示。

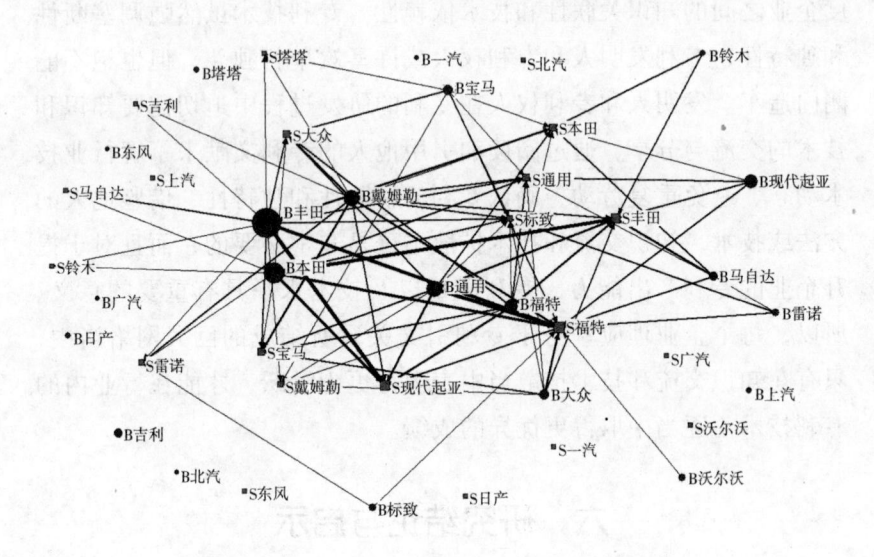

图7-14 样本企业引文关系网络简化图

初始网络中的引文关系虽然密集,但大多都是低频次的引文关系,当过滤掉自引和低频次的引文关系以后,网络中连线的数量大量减少,网络结构变得更加清晰。由图7-14可知,东风、上汽、北汽、一汽、日产、塔塔等变成孤立节点，表明这些企业与其他企业之间大多为低强度的引文关系。当考虑引文关系强度指标以后，丰田、本田、戴姆勒、通用、福特等节点，仍然具有较高的节点中心性，再次证实了这些企业具有较高的技术影响力和技术溢出效应。与此同时，浅深色节点作为施引专利权人在引文网络中的中心性和分布位置，说明了它们对外部知识和技术的吸收能力。从施引和被引两个角度综合考察，那些在施引和被引两个方面表现都比较活跃的节点，说明这些企业在技术扩散中发挥着更大的作用，既作为技术输入方广泛地吸收和借鉴其他企业的专利技术，又作为技术输出方积极地对外施加技术影响，它们对于整个行业的技术发展和进步做出了重要的贡献。

专利文献之间的引用关系实际上反映了新旧专利文献所包含的知识和技术的前后传承关系。因此，引文关系还可以用来表征和测度企业之间的知识关联性和技术依赖性。专利技术虽然强调垄断性和独特性，专利发明人和专利权人或许喜欢单打独斗，但也绝不能闭门造车。发明人和专利权人在专利的研发过程中迫切需要知识和技术的交流与分享，通过阅读和引用他人的专利文献来了解行业技术动态、避免重复劳动、确认专利的新颖性和独特性、借鉴他人的方法或技术，知识交流和技术扩散不仅是非常必要的，而且对于提升企业的专利产出能力、专利质量以及技术水平具有重要的意义。所以，每个企业理应置身于专利引文关系所结成的巨大网络当中，只有在知识交流和技术扩散当中表现得更为活跃，才能在行业内的专利技术角逐当中取得更优异的成绩。

六　研究结论与启示

汽车行业是技术密集型产业，专利研发活动非常活跃，市场竞争也异常激烈，市场的竞争归根结底又来自于技术的较量。所以，我们以汽车行业为例，选择2017年新近公布的世界500强汽车企业为研究对象，从DII数据库中获取专利的题录信息，综合采用多重共现分析、社会网络分析、可视化、因子分析等多种方法，从不同的角度展示了全球主要汽车企业的技术创新现状以及行业竞争态势。综合以上几个方面的计量分析，我们可以从中总结和提炼出以下几个方面的结论与启示。

（一）专利合作在揭示技术创新问题时的局限

专利权人之间的现实专利合作关系非常稀疏，合作网络的密度很低，且大部分的合作关系的强度和频次都很低。现实合作关系网络中寥寥无几的连线和许多的孤立节点，使得计量分析的意义大打折扣，我们能够从中解读出的有效信息很少。从社会网络分析的角度来看，这样的现实合作网络恐怕难以反映所有样本专利权人的技术创新特征，包括知识流动特征和专利权人之间的相似性特征等，都无法通过现实合作关系网络予以全面、准确地描述，尤其是那些孤立节点实际上在社会网络分析中并无太大意义。所以，以往有学者将专利合作网络等同于技术创新网络的做法是狭隘的，专利合作只能从某个方面反映技术创新的某些特征，但是根本无法代表某一行业领域的技术创新全貌。

鉴于专利的垄断性和排他性特征，专利研发并不像其他的科学研究活动一样鼓励合作，尤其是跨组织的合作情况非常少见。专利合作所导致的专利权分享可能会削弱企业的专利技术优势，出于技术保密和权利独享的目的，企业尤其不愿意同其他同行企业之间开展专利合作，所以，我们看到在21个样本汽车企业所结成的合作网络中，只有少数企业之间存在着现实的合作关系，且合作频次很低。事实上，企业在专利研发过程中真正排斥的并不是合作行为本身，而是合作行为所带来的技术泄露和权利分享。所以，通过前文21个样本企业与其他308个合作伙伴结成的现实合作网络的分析，我们可以判断，企业如果想要对外寻找合作伙伴，优先考虑的是存在亲缘关系的机构，例如，子公司与母公司、兄弟公司、战略合作伙伴等；其次是大学、研究结构，以及那些技术上存在关联性的上下游企业，而尽量避免那些在技术和产品上存在直接冲突和竞争的同行企业。

(二)专利分类号耦合分析的双重功效

专利分类号耦合关系网络密度很大,以专利分类号作为媒介建立耦合关联,可以直接用来衡量专利权人之间所持有的专利技术的相似性。我们将专利分类号耦合关系视为潜在的合作关系,认为技术相似程度高的专利权人之间更易于开展专利合作。这是一种单纯从技术主题相似性角度做出的假设和判断,并没有考虑专利权人之间的其他关系。实际上,我们在对现实的专利合作关系网络进行分析时发现,专利合作的首因并非技术相似性,而更多地受到社会关系因素的影响。所以,这种建立在专利分类号耦合关系基础上的潜在合作关系很难转化为现实。借助于专利分类号耦合分析,既可以用来寻找潜在的合作伙伴,也可以用来发掘潜在的竞争对手。我们认为该方法在发掘竞争对手时更为直接和有效,因为企业之间的技术相似性意味着产品的相似性,产品的相似性直接可以确认企业之间的竞争关系。

尽管潜在的合作关系未必能够转化为现实,但是,专利分类号耦合分析有助于我们发掘潜在的专利联盟。通过专利分类号耦合关系网络呈现出的聚类现象,我们能够识别出网络中的小团体,小团体内部的节点之间存在着更高强度的技术相似性,即它们所持有的专利在研究主题和应用领域上更为接近和相关,这些专利权人之间更易于缔结专利联盟。专利联盟是企业之间基于共同的战略利益,以一组相关的专利技术为纽带而建立的联盟,以专利组合形式进行进攻或防御。

随着社会化大生产的推进和科学技术的发展,分工精细化,产业链延长,企业之间的技术关联度增强,产品的技术含量增加,一件产品包含的专利技术愈发密集,"专利丛林"现象越来越普遍。企业在生产一种新产品或者引入一项新技术时,往往同时涉及许多组织或个人的相关专利,企业不得不就多项专利逐个进行谈判和购买,不仅过程繁琐、成本高昂,而且可能由于某项专利无法攻克而前功尽弃。许多企业面临着相同的问题,于是结成联盟,通过专利组合或搭配的形式对一组专利进行统一的处理或配置，对内部成员之间进行交叉许可，对外进行一站式许可，由此打破"专利丛林"的限制，也规避了"反公地悲剧"，从而有效地减少了专利纠纷、降低了专利交易成本。不仅为专利技术的推广使用和合理配置提供了便利，而且在较短的时期内改变了产业的竞争态势，也可以避免生产企业经常陷入专利诉讼的泥沼。

（三）技术创新网络是混合型网络

技术创新网络是技术创新过程中各种不同类型的创新主体和创新要素之间结成的复杂关系，并非单纯的合作关系网络、共类关系网络、耦合关系网络或者引文关系网络。尽管，每一种共现关系网络都分别从不同的角度揭示了技术创新过程中的规律和特征，例如，合作关系网络反映了各类创新主体之间的现实合作关系；共类关系网络反映了不同技术主题之间的学科交叉关系；耦合关系网络反映了创新主体之间的技术相似性；引文关系网络反映了专利文献或专利权人之间的知识交流与技术扩散情况。但是，每种共现关系网络都只能部分或局部地反映技术创新情况，而不能将技术创新网络简单地等同于合作关系网络、共类关系网络、耦合关系网络或者引文关系网络。

实际上，技术创新网络应该是一种综合了多类创新主体和多种创新要素的混合型网络，既包含合作关系，也包含竞争关系，正如我们在耦合分析中看到的，专利权人之间的合作关系与竞争关系是共存的，甚至很多时候合作与竞争的关系彼此相依、密不可分。创新网络是企业在技术创新过程中相关行为和关系的综合，

而合作关系只是其中的构成要素之一[①]。技术创新网络不仅同时包含合作与竞争关系，而且整合了技术、经济、法律等三个方面的信息，专利技术创新行为和关系的背后是企业的市场战略和商业

---

① 王大洲：《企业创新网络的进化与治理：一个文献综述》，《科研管理》2001年第5期。

模式。对于技术创新网络的研究不仅仅是一个学术问题,更具有科技情报和经济情报的双重价值。

技术创新网络的混合性和复杂性,意味着以往的一重共现分析并不能完整地呈现出技术创新过程中的复杂关系,尤其是不同特征项之间的交叉关联性。专利多重共现分析,将多种特征项和共现关系,包括同种特征项之间的同质共现关系和不同特征项之间的交叉共现关系,整合到同一个网络中进行综合分析和可视化展示,生成多模、异质的多重共现关系网络,能够在一定程度上弥补一重共现分析的不足,有利于更为全面、系统地揭示技术创新网络所包含的规律和特征。

(四) 中国汽车企业面临的专利问题

在应用研究部分,我们格外关注6个入选世界500强的中国汽车企业的情况。中国的汽车产业起步较晚,但是发展速度很快,在短短几十年间能够有6家汽车企业跻身于世界500强行列,超过了全球汽车行业入选企业总量的四分之一,充分展示出中国汽车产业和企业的良好发展势头。与福特、宝马、戴姆勒、丰田、大众等百年汽车企业相比,中国的6个相对年轻的汽车企业取得的成绩是显著的,但是差距也是显而易见的。通过与外国企业的直接比较,我们也看到了中国汽车企业乃至整个中国汽车产业的差距和不足,以及当前面临的主要问题。

1. 国内的几家汽车企业的专利总量和专利总被引频次两项指标都落后于美、日、德的汽车巨头企业,在专利被引方面的差距尤为明显,此外,中国企业在专利合作网络和专利引文网络中表现也不甚活跃。综合多个专利计量指标和方法可以发现,尽管整体落后于丰田、福特、现代起亚等外国企业,但就自身的发展和表现来看,中国的汽车企业的营业收入和专利数量逐年攀升,然而同时在合作率、他引率、海外申请比例等方面并未获得同步的提升。中国汽车企业在经济指标(营业收入)上的表现整体优于技术指标,在专利数量指标上的表现又优于专利被引频次指标。中国的汽车企业

第七章 专利多重共现分析在技术创新网络中的应用

面临着经济与技术不同步的问题，专利数量与质量之间的矛盾也比较突出，表明我国汽车企业的技术实力和技术影响力都亟待提高。对于正处于快速发展期的中国汽车产业和汽车企业来说，应当兼顾经济与技术、规模与效益、数量与质量。

2. 中国企业在合作网络和引文网络中几乎没有影响力和可见度，这样的表现，一方面说明中国企业的技术实力和技术影响力相对落后，另一方面也反映出中国企业对外开放的程度还远远不够。在世界经济一体化的背景下，每个企业都应该置身于全球经济和科技利益交织的大网当中，既充分竞争，也广泛合作；既相互依赖，又彼此制约。我国企业应该以更加开放的姿态，积极参与全球汽车行业的合作与竞争，主动融入经济和技术的关系网络当中，不断提升自己在全球行业领域中的活跃性、可见度和影响力。

3. 就各国企业的专利布局情况来看。美日等国的汽车企业拥有大量的海外专利，通过向其他国家的专利局以及世界知识产权组织和欧洲专利局申请专利，扩大本国专利在海外的受保护区域，以知识产权为手段积极拓展海外市场，

为开拓和占领国际市场，打击和削弱其他国家汽车企业的市场竞争力，西方国家基本上形成了以专利战略为主，以商业秘密、商标、版权等战略为辅的全方位、一体化的知识产权进攻模式[①]。专利战略是西方企业惯用的市场竞争手段，通过专利权获得技术和市场保护，阻挡和限制同行企业的追赶，从技术垄断中攫取超额利润。美日等国的汽车企业原本就处于全球领先的优势地位，当前这种优势仍然在进一步地延续和巩固，丰田、福特等老牌汽车企业抢先进行海外专利布局，实施带有明显进攻性的专利战略，积极构筑和扩张海外专利保护区域，试图凭借知识产权优势赢得全球市场竞争的主动权，显然中国是日美汽车企业争夺的主要市场，它们在华专利申请的数量持续攀升，也给中国本土的汽车企业带来了巨大的压力和干扰。

---

① 刘子豪：《日美在华专利布局分析及我国的应对策略》，天津大学，2011年。

4. 中国汽车产业的发展喜忧参半。与美国、日本、德国等传统的汽车强国相比，中国在汽车产业领域是后起之秀，虽起步较晚但发展势头迅猛，国内汽车企业的规模和收益不断提升，在专利产出方面也有着不错的表现。当前中国已经比肩日美，成为全球主要的专利申请国家和受理国家，外国企业在华专利申请活动异常频繁和活跃，说明外国企业对于中国市场的高度重视。这一现象反映了国外的发明人和专利权人对中国知识产权制度的认可和信心，以及国外企业对于中国市场潜力的巨大关注。由于专利的地域保护特征，大规模在华专利布局背后，外国汽车企业抢滩中国市场的野心也暴露无遗。

中国拥有全世界四分之一的人口，作为全球最大的汽车消费国，中国理所应当的成为全球汽车行业竞争的主要战场。外国企业在华专利申请的主要目的已经从技术保护和技术转移转变为技术垄断和市场扩张，其专利战略给我国企业造成了极大的困扰和限制，围绕专利产生的纠纷和冲突也不断升级①。统计数据显示，近年来美国国际贸易委员会（United States International Trade Commission，缩写 USITC）开展的"337 调查"，32.2%的被告是中国企业，其中超过 90%的诉讼与知识产权有关②。国内的汽车企业所采取的专利战略相对更为保守，持有的专利绝大部分由本国专利局授权，在其他国家或国际性专利组织获得授权的专利数量和比重很少。

5. 全球经济一体化趋势进一步加强，中国企业在国际市场上的参与热情日益高涨、参与程度不断提高，但是走出国门之后总是遭遇国外企业的技术封锁和专利限制，接踵而至的知识产权诉讼常常让中国企业苦不堪言，企业及其产品的市场竞争力被大大削弱。因此，缺乏科学有效的专利战略作支撑，企业在国际市场上几乎是

---

① 张瑜、蒙大斌：《外国在华专利战略的变化及应对》，《经济纵横》2015 年第 2 期。
② 赵建国：《知识产权是企业"走出去"的真金白银》，(2015 - 06 - 12)［2015 - 11 - 20］. http://www.sipo.gov.cn/mtjj/2015/201506/t20150612_ 1130333.html.

第七章　专利多重共现分析在技术创新网络中的应用

寸步难行①。科学的专利战略和合理的专利布局,能够有效地提升专利的整体价值以及企业的市场竞争力,最大程度地发挥专利武器在商业竞争中的作用②。为了能够突破外国企业的技术封锁和专利限制,中国企业不仅要加大研发投入、提高技术产出,更要对其专利战略和专利布局进行科学合理的规划和布局,尤其要加强海外专利的申请,提高海外授权专利的数量和比重。尽快熟悉知识产权游戏规则,并且利用该规则进行有效防御和主动反击。由于汽车行业的技术革新较快,尤其是当前面临着一场新能源汽车革命,市场竞争格局还处在不断的发展变化当中,所以,发展中国家的汽车企业仍有追赶的机会。对于中国的汽车产业和企业来说,正视自身存在的问题和差距,抓住当前的追赶时机、主动谋划全球专利布局、打破西方企业设置的专利重围,才能真正获得突破性与长远性的发展。

---

① 何青瓦:《调整专利诉讼思维推进市场营销策略》,(2014 - 09 - 26)［2015 - 12 - 16］. http://www.sipo.gov.cn/mtjj/2014/201409/t20140924_ 1013931.html.
② 谢顺星、高荣英、瞿卫军:《专利布局浅析》,《中国发明与专利》2012 年第 8 期。